U0162609

复旦大学"水安全、水外交与区域水治理"学术研讨会

2019.9.28

水外交与区域水治理

张　励◎主编

世界知识出版社
北京·2021

本书的出版得到"上海市高峰学科一类建设学科
政治学学科二期建设"资助

序　言

　　水与国家安全和国际关系有着不解之缘，关乎区域发展、全球治理乃至人类生存等重要命题。联合国在2020年3月22日"世界水日"发布的《世界水发展报告》中指出，在过去的100年里，全球用水量增加了6倍；到2050年，全球用水需求将比2000年增长55%；一项研究表明，按目前的发展，到2030年，全球水资源缺口可能高达40%。水资源正面临着前所未有的危机，这将深刻地作用于当今国际关系的发展。

　　早在20世纪末，时任联合国秘书长布特罗斯·布特罗斯–加利（Boutros Boutros-Ghali）就断言"水比石油更为重要"。世界银行前副行长伊斯梅尔·萨拉杰丁（Ismail Serageldin）也曾预测"在21世纪，水将成为战争之源"。随着水资源的日益短缺及其对国家间关系和区域合作影响的日益加深，联合国在2011年正式呼吁各国开展"水外交"，以缓解由水资源短缺造成的区域冲突，而包括中国、美国、欧盟各国、印度等在内的许多国家也开始致力于水外交理论与实践的研究。水外交在国际关系的舞台上异军突起，开始成为各国解决水资源冲突的新外交工具。作为"亚洲水塔"的中国，位于全球水安全和水外交问题最为严重的四大地区之一。水外交理论与区域水治理研究不仅对中国具有理论意义，而且对加强中国的水安全能力建设、国家水主权维护以及水外交话语权也具有现实意义。

　　近年来，上海高校智库复旦大学宗教与中国国家安全研究中心积极拓展研究空间，相继主办或协办了"宗教与外交""音乐与外交""医学与外交""总体安全观与中国对外关系"等一系列学术研讨会。2019年9月，本中心主办的以"水安全与水外交"为主题的学术研讨会，是我们在非传统外交和安全研究领域的一次新尝试。会议荣幸地邀请到来自中国社会科学院、外交学院、上海社会科学院、上海国际问题研究院、武汉大学、河海大学、对外经济贸易大学、中共湖北省委党校、上海政法学院、新加坡南洋理工大学和复旦大学等国内外高校和研究机构的近30位专家学者，他们从国际关系、国际法、宗教学、全球治理等各自的专业领域出发，对水安全和水外交作了全方位、多视角的考察，并最后聚焦于"水安全与湄公河水治理""水外交的理论与实践""区域水治理中的他国经验与宗教因素"三个中心议题。

　　本书就是在此次会议的论文集的基础上修改和编辑完成的。本书的出版离不开与会专家学者尤其是本书各位作者的积极贡献，离不开世界知识出版社的鼎力支持，离不开复旦大学国际关系与公共事务学院高峰学科建设计划的及时资助，离不开上海高校智库复旦大学宗教与中国国家安全研究中心师生的热情参与，也离不开诸多学界同仁的批评指点；本中心的张励博士对会议的筹办和本书的编辑出版付出了许多心血。在此，本人代表中心的全体同仁对上述单位和个人表示衷心的感谢。

复旦大学国际关系与公共事务学院特聘教授

复旦大学宗教与中国国家安全研究中心主任

上海市人民政府参事

徐以骅

2020年3月3日于上海西郊寓所

目 录

区域水治理中的他国经验与宗教因素

水安全与湄公河水治理

澜湄水资源治理中的社会组织及其倡议网络*

郭延军　任　娜**

【内容提要】冷战后，社会组织及其行动在全球和区域议题治理中发挥着越来越重要的作用，且通过不断搭建各种类型的倡议网络，一方面影响政府决策，另一方面提高公众意识，在治理中发挥着独特的作用。在澜湄水资源治理中，各种社会组织既发挥着重要作用，又面临着一定的发展障碍。本文从社会组织倡议网络的视角，梳理了社会组织倡议网络的发展和运行方式，以及对澜湄水资源治理所产生的影响，并结合案例分析了社会组织在澜湄水资源治理中面临的制度化障碍。提出中国应客观看待和正确引导社会组织，在流域和国内两个层面不断建立和完善制度化安排，鼓励社会组织在澜湄水资源治理中发挥应有的积极作用，推动实现澜湄水资源的良治。

【关键词】社会组织；澜湄水资源；倡议网络；治理

虽然主权国家是处理澜湄水资源开发治理的最主要行为体，但水资源开发利用与治理涉及的利益相关方较多，仅仅依靠国家或政府的力量无法有效解决水资源治理中出现的所有问题。澜湄流域各国的社会组织对地区治理进程发挥着越来越重要的作用。作为水资源治理中的重要参与方，这

---

* 本文系国家社科基金重大项目"一带一路"与澜湄国家命运共同体构建研究（2017ZDA042）的阶段性研究成果。

** 郭延军，外交学院亚洲研究所研究员；任娜，中国社会科学院亚太与全球战略研究院副研究员。

些社会组织不仅在参与解决环境、安全等问题上发挥着重要作用，在澜湄水资源治理中所发挥的作用亦会对中国与湄公河国家间关系以及中国参与水资源治理的模式产生一定影响，不容小觑。

一、社会组织倡议网络的形成及作用

在社会学中，社会组织指的是个体和群体之间关系的一种模式。[①] 从定义看，社会组织包罗万象，几乎囊括了政府组织之外的绝大多数组织形式。本文中的社会组织特指不同于政府和企业的、从事社会和环境事务的非营利组织，其功能基本等同于非政府组织和民间组织。1996年，联合国将非政府组织界定为"不是由政府实体或者政府间协定建立的组织"。[②] 从以上两个定义可以看出，社会组织所扮演的角色与政府不同，具有非政府性，同时具有组织性，是一个团体。社会组织所代表的往往是那些在政策制定中被忽略的群体[③]，被认为是确保良治、促进透明和可信度的关键性支柱力量。[④]

20世纪70年代以来，社会组织开始活跃于国际舞台，尤其在环境问题领域的影响日益增大。当前，社会组织已经成为环境治理的重要行为体，是推动社会可持续发展和参与全球治理的重要伙伴力量。

围绕跨界河流治理问题，社会组织参与决策的过程常常体现在广泛介入与水坝建设相关的广泛议题中。从全球各地的水坝发展过程中可以看到，社会组织经常通过创建国际联盟来向政策制定者反映地方社区的呼声。例如，为反对老挝兴建沙耶武里水电站，来自51个国家的263个社会

[①] Susan A. Wheelan, *The Handbook of Group Research and Practice* (California: Sage Publications, 2005), p.122.

[②] "Resolution 1996/31: Consultative Relationship between the United Nations and Non-governmental Organizations," United Nations, July 25, 1996, https://www.unog.ch/80256EDD006 B8954/(httpAssets)/C7E95770B97058CEC1256F5D003D82C3/$file/Eres96-31.pdf.

[③] Steve Charnovitz, "Two Centuries of Participation: NGOs and International Governance," *Michigan Journal of International Law* 18 (1997): 274.

[④] Michael Edward, *Civil Society* (Cambridge: Polity Press, 2004), p.15.

组织向老挝和泰国总理提交了联名信。① 一般来说，社会组织可以发挥很多积极作用：社会组织和利益团体的存在使得更多的社会团体有可能参与到水资源治理中来，从而将传统的精英治理模式向更加多元化参与的方式转变。而其"自下而上"所表达的利益诉求，往往是那些在政策制定领域没有很好反映出来的问题，且来自市民社会的倡议是促进向民主化治理政策转变的潜在方式。② 社会组织经常为有争议的问题提供技术性信息，作为其参与政策制定过程的一种方式。很多社会组织有能力向政府推荐特定领域的技术专家，政府官员也可以从技术专家那里迅速获得来自社会组织的反对观点。社会组织还在促进与环境治理相关的规则和规范形成和传播的过程中发挥重要作用。比如，一些环境社会组织被允许参加政府代表为主的全球环境协议谈判，虽然它们没有谈判权，但可以和政府代表形成互补，积极反映市民社会团体提出的规范。社会组织还可以监督政府法令及政策是否有效实施，以及政策实施过程是否符合程序。

社会组织的上述各种功能和作用，事实上可以被归纳为一种"倡议战略"（Advocacy Strategy）。按照美国国际开发署的定义，它是指一个或一些团体采用一系列的技术和技能来达到影响公共政策制定这一目的的过程，最终结果是实现明确的社会、经济和政治目标或改革。③ 而要实现"倡议战略"，社会组织依托的方式主要有3种：搭建网络、运用科学和利用媒体。

其一，搭建网络。在社会科学中，社会网络是适用于一组行为体的关系，以及关于这些行为体及其关系的任何附加信息。④ 当社会网络与政策过程发生联系时，政治学家一般使用"政策网络"来代替这一概念。一般认为，政策网络（Policy Network）的概念源于美国，发展、成熟于英国，现流行于西方学界。其产生的主要背景是由于现代公共政策的制定由多方

① Yumiko Yasuda, *Rules, Norms and NGO Advocacy Strategies: Hydropower Development on the Mekong River* (New York: Routledge Taylor and Francis Group, 2015), p. 1.

② Leslie M. Fox and Priya Helweg, "Advocacy Strategy for Civil Society: A Conceptual Framework and Practitioner's Guide," USAID, August 31, 1997, http://pdf.usaid.gov/pdf_docs/pnacn907.pdf.

③ Christina Prell, *Social Network Analysis: History, Theory and Methodology* (Washington D.C.: Sage, 2011), p. 9.

④ Ibid.

利益相关者共同参与，这些参与者之间形成一定的网络，以此影响着公共政策①，通常指的是政府和其他行为体之间在公共政策制定和执行过程中，基于共同利益而建立的一系列正式和非正式的制度性联系。②

由于政策网络是建立在特定利益基础之上的，也就是说，参与者加入网络的目的是推进自己的目标。因此，有学者认为，政策网络既不是从上至下的治理模式，也不是从下往上的影响模式，而是政府在协调各个政策参与者的利益关系的基础上，综合作出的政策选择。③ 虽然政策网络有众多不同的理论流派，但它们具有共同的特点，即认为政策网络是一种分析政策参与过程中利益集团与政府关系的方法和理论框架，强调在政策制定过程中，除了存在政府机构和官僚的关系，还存在着其他的行动者及其关系，所有治理结构都是多样化的跨越政策次级系统。④

对于政策网络的战略性使用，可以使社会组织和市民社会行为体具有影响政策及政策制定的能力。⑤ 为了解决跨境或国际问题，社会组织和市民社会行为体往往倾向于构建"跨国倡议网络"，从而汇聚更多行为体的力量，提升对相关问题的关注度，以此来达到影响政策的目的。网络的成员构成也十分复杂，通常包括国际和国内的社会组织、研究机构、基金会、媒体、商会、消费者组织以及地区或国际组织。对于"跨国倡议网络"来说，成员来自不同行业和国家。因此，如何有效管理网络成员间的关系是其面临的最大挑战。⑥

具体来讲，通过"跨国倡议网络"实现其目标，可以包括4种主要的战略：第一种战略被称为信息政治（information politics），指的是网络的信息获取和动员能力，并借此获得政治关注；第二种战略是象征性政治（symbolic politics），这是一种以象征性的方式破坏一种局面的行为，这种方式能够引起听众的共鸣，而听众的注意力已经脱离了宣传主题；第三

---

① 陈东：《政策网络氛围下的合作治理》，《管理观察》2012年第20期。

② Rod Rhodes, "Understanding Governance: Ten Years on," *Organization Studies* 28 (2016): 1243-1264.

③ 陈东：《政策网络氛围下的合作治理》，《管理观察》2012年第20期。

④ 任勇：《政策网络：流派、类型与价值》，《行政论坛》2007年第2期。

⑤ Yumiko Yasuda, *Rules, Norms and NGO Advocacy Strategies: Hydropower Development on the Mekong River* (New York: Routledge Taylor and Francis Group, 2015),p.16.

⑥ Ibid., p. 19.

种战略是杠杆政治（leverage politics），即一个网络对一些更强大的机构施加影响，而弱势群体是无法进入这些机构的；第四种战略是问责政治（accountability politics），即敦促政府兑现之前的承诺。① 这4种战略可以视为社会组织"倡议网络"在政府和民众间发挥桥梁作用的主要途径。

其二，运用科学。将科学与政策及政策制定联系起来被视为公共政策制定中一个重要且不具争议的方面。一些社会组织的专家会向政策制定者提供与政策相关的科学知识。然而，科学与政策这二者并不容易融合。科学的世界，被很多人认为是客观的、中性的、独立的以及基于标准化的方法；而政策制定领域，被很多人认为是主观的、基于价值观和意识形态以及机会主义的方式。② 比如，科学研究需要长期投入来获取结果，但结果往往具有不确定性；政策和决定是短周期的，往往从属于选举结果，而且即便没有确凿的科学依据，依然需要出台政策。由于科学和政策之间的巨大差异，将科学知识解释和传递给政策制定者的行为体变得很重要。这时候，处于科学和政策前沿的一些"边界组织"（boundary organization）可以推动科学家和非科学家之间的协作。社会组织如果作为科学的提供者来影响政策，那么它与"边界组织"的关系就变得十分重要。更为重要的是，社会组织提供的科学知识在"边界组织"和政府行为体眼里的可信度，对于社会组织实现其目标至关重要。③

其三，利用媒体。大众传媒在现代社会中扮演着多种角色。除了信息传播，媒体在社会化过程中也发挥着重要作用，即个体在媒体影响下将其所在社会的价值、信仰和文化的内化过程。④

社会组织经常利用媒体来宣传其倡议，提高公众意识，以在特定议题上获得更多潜在公众的支持，这样可以增加社会组织的可信度。当然，社

---

① Margaret E. Keck and Kathryn Sikkink, "Transnational Advocacy Networks in International and Regional Politics," *International Social Science Journal* 159(2002): 89-101.

② Dave Huitema and Turnbout Esther, "Working at the SciencePolicy Interface: A Discursive Analysis of Boundary Work at the Netherland Environmental Assessment Agency," *Environmental Politics* 18 (2009): 576-594.

③ Yumiko Yasuda, *Rules, Norms and NGO Advocacy Strategies: Hydropower Development on the Mekong River* (New York: Routledge Taylor and Francis Group, 2015), p. 21.

④ David Croteau and William Hoynes, *Media Society: Industries, Images, and Audiences*, 3rd Edition (London: Pine Forge Press, 2003), p. 13.

会组织利用媒体加强宣传其倡议也会存在一些挑战。比如，媒体的宣传并不总是能达到预期的效果，有时甚至会对社会组织自身产生消极影响；而记者也更倾向于报道从政府渠道获得的消息，这些都会阻碍社会组织利用媒体宣传其主张。①

二、社会组织参与澜湄水资源治理：发展与困境

社会组织在澜湄跨界水资源争端与合作进程中扮演着双重角色，既有积极的促进作用，亦有负面的消极影响。近年来，随着澜湄流域水资源开发日益增强，尤其是上中游干流大型水坝建设的展开，社会组织对澜湄水资源开发过程的参与程度逐渐提升。尽管很多社会组织网络尚未发展成为正式的政府间安排的补充机制，但因其可以显著提升流域治理中的公众参与②，故而其作用不可忽视。上述情况，对于中国开展澜湄水资源合作既提供了难得的机遇，又造成了不小的挑战。下文将分析社会组织如何通过搭建网络，运用科学和利用媒体对水资源治理施加影响。

（一）代表性社会组织网络

澜湄流域社会组织数量众多。据统计，截至2016年，在越南的国际性社会组织数量达到1000多个。缅甸有社会组织189个，且大约有1000多个国际性社会组织长期在缅甸活动。柬埔寨大约有3500个国际性社会组织。截至2013年，泰国有社会组织3654个。③在老挝的社会组织相对较少，截至2018年3月只有159个国际性社会组织。④活跃在澜湄流域的社会组织，重点关注人权、环境、扶贫、可持续发展等问题，关注水资源

---

① Yumiko Yasuda, *Rules, Norms and NGO Advocacy Strategies: Hydropower Development on the Mekong River* (New York: Routledge Taylor and Francis Group, 2015), p. 23.

② 关于跨国倡议网络在湄公河水资源开发中的影响及作用机制，参见：Pichamon Yeophantong, "China's Lancang Dam Cascade and Transnational Activism in the Mekong Region: Who's Got the Power?" *Asian Survey* 54 (2014):700-724。

③ 盖沂昆：《国际非政府组织在大湄公河次区域的活动及其对我国周边关系的影响》，《云南警官学院学报》2018年第4期。

④ "Lao Gov't, Int'l NGOs Discuss Effective Cooperation," Xinhuanet, March 1, 2018, http://www.xinhuanet.com/english/2018-03-01/c_137008140.htm.

开发治理的主要有国际性社会组织和国内社会组织两种。国际性社会组织主要有世界自然基金会（World Wildlife Fund）、拯救湄公河联盟（Save the Mekong，简称STM）、国际河流组织（International Rivers）等，国内社会组织主要有泰国环境研究所（Thailand Environment Institute）、柬埔寨河流联盟（Rivers Coalition in Cambodia，简称RCC）和越南河流网络（Vietnam Rivers Network，简称VRN）等。其中，最有影响力的国际性社会组织是拯救湄公河联盟。国内社会组织以柬埔寨和越南的最为活跃和最具代表性。本文将简要介绍拯救湄公河联盟及其成员柬埔寨河流联盟与越南河流网络这3个组织，分析和归纳社会组织网络在澜湄水资源管理中的作用。

拯救湄公河联盟是一个地区性社会组织网络，包括流域内和国际的社区组织、学者、普通民众，湄公河的未来是他们共同的关注点。该联盟正式成立于2009年，成立时是为了应对老挝的栋沙宏（Don Sahong）水电站建设。但事实上，一些个人或组织性的网络在该联盟正式成立前就已经存在了，该联盟内的一些成员也在联盟成立前就参与过反对在湄公河干流修建水坝的斗争。[①]该联盟成立后，并没有一个正式的协调员，国际河流组织和生态修复地区联盟（Towards Ecological Recovery and Regional Alliance，简称TERRA）两个社会组织实际上是拯救湄公河联盟的非正式协调员。其中，国际河流组织是一家总部设在美国的国际性社会组织，其主要任务是反对在国际河流上进行大型建设项目；生态修复地区联盟是一家泰国的环境社会组织，早在20世纪80年代就开始参与泰国国内的反坝运动。这两个组织在泰国曼谷均设有办公室，对于促进湄公河地区的社会组织网络建设发挥了重要作用。

柬埔寨河流联盟是一个关注与水电站建设相关环境和人权的社会组织，成立于2003年。该组织最初关注越南境内与柬埔寨边界湄公河水坝建设对柬埔寨民生和健康的影响。自成立以来，该组织成员规模不断扩大，到2012年已有28个柬埔寨本国社会组织成为其成员，另外还有14个国际合作伙伴。该组织最初的成员大多属于倡议型社会组织，新的成员则大多关

---

① Yumiko Yasuda, *Rules, Norms and NGO Advocacy Strategies: Hydropower Development on the Mekong River* (New York: Routledge Taylor and Francis Group, 2015), p. 76.

注农村发展、生态保护和人权。① 该组织也得到国际河流组织的支持。

越南河流网络是一个开放型论坛，其成员主要关注越南境内河流的保护与可持续发展。该组织成立于2005年，最初隶属于越南生态经济研究所，其最初的经费则来源于芬兰，后来得到国际河流组织的支持，并于2007年更名为"越南河流网络"。越南为此专门成立了一个新的机构——水资源保持与发展中心，其主要功能就是管理该组织。该组织的成员包括社会组织、研究人员和学者、政府官员、地方社区以及个人。至2012年底，该组织已有大约300名成员。与柬埔寨河流联盟不同的是，该组织除了拥有社会组织成员，大多数成员都是对河流管理感兴趣的个人。

上述3个社会组织的运行都得到国际河流组织的支持，很多主张和倡议也反映了美国等西方国家的意志，有时甚至会成为西方国家或社会组织介入本地区事务的工具。在湄公河水资源治理方面，这些社会组织通过其各自战略，努力向区域政策决策者、国内政策决策者、相关利益攸关方以及公众推广其倡议和主张，以期在水资源治理中发挥影响。从目前的发展态势看，无论是区域性的社会组织，还是区域内国家的社会组织，其组织架构和活动方式都呈现出网络化的态势，它们相互配合，给湄公河国家的水资源管理决策者制造了不小压力。

（二）社会组织的网络化行动：反对老挝兴建水电站

社会组织之所以对老挝的大坝建设存有疑虑且大力阻挠，实际上与老挝的大坝兴建计划有着密切关系。老挝是首先在湄公河干流上进行水电开发的流域国家，老挝计划在2020年以前完成84个大坝水电站项目，在湄公河干流上分布的大坝建设计划就有9个。此前，自1950年开始至1994年的几十年间，众多发达国家及专业国际机构进行实地勘察及论证后，最终都没有实施湄公河干流大坝项目。老挝这样一个水电技术不发达的国家，在十几年间想要大力兴建9座大坝，必然会遭到国际社会的极力反对。② 老挝不但面临来自国际社会的压力，而且需要应对社会组织及其网络化行

---

① Yumiko Yasuda, *Rules, Norms and NGO Advocacy Strategies: Hydropower Development on the Mekong River* (New York: Routledge Taylor and Francis Group, 2015), p. 78.

② 方晶晶：《湄公河干流水电站建设为何频惹争议？》，广西大学中国—东盟研究院网站，2015年3月2日，http://cari.gxu.edu.cn/info/1087/5982.htm。

动。上述社会组织网络均在老挝水电开发过程中发挥着重要影响，通过网络化行动，运用科学和利用媒体对老挝政府施加压力。

老挝沙耶武里水电站是湄公河下游地区建造的第一座大坝，于2012年11月宣布正式开工。该水电站总装机容量1285兆瓦，总投资额为35亿美元，已于2019年投入运营。泰国作为主要投资方，将购买沙耶武里水电站95%的发电量，并承担主要建设费用。老挝这一决定引发了国际社会特别是柬埔寨和越南的强烈反对。柬越两国认为，水坝建设会给两国的渔业、农业以及生态系统带来不可逆转的影响。然而，水利建设是老挝长期以来的政策，尽管遭到邻国和环保分子反对，老挝还是坚持认为，其水电站规划经过严格认真评估，对下游的影响在可控范围内。柬埔寨和越南则坚称，该水电站的建设并未严格履行湄公河委员会的"通知、事前协商和同意"（PNPCA）程序，因此不具有合法性。

该程序是湄公河委员会于2003年通过的用于管理流域水电开发的规定。其中，"通知"（notification）是指沿岸国向湄公河委员会联合委员会及时提供与水资源利用相关的信息。"事前协商"（prior consultation）是指在及时通知数据和信息的基础上，其他成员国可以就水资源利用与影响进行讨论与评估，并以此为基础达成协议。事前协商既不是一种否决权，也不代表任何国家可以在不考虑其他国家权利的情况下采取单边行动进行水资源开发。"同意"（agreement）是指所有成员国就特定的工程达成协议后，才能正式动工。该程序目前已成为湄公河下游干流大坝修建之前的必要条件。[①] 反对修建水坝的社会组织和有关人士认为，老挝对沙耶武里项目设计作出的很多修改方案未经测试，且未有效履行"通知、事前协商和同意"程序，如果项目成行，无疑是拿湄公河做一个高风险的试验。[②]

拯救湄公河联盟是湄公河地区反对沙耶武里水电站建设中最为活跃的社会组织之一。例如，拯救湄公河联盟在2016年第23次湄公河委员会委员会议召开之际，呼吁湄公河委员会优先推动"委员会研究"（council study）过程中的参与和协商，尽快完成"委员会研究"并将实时结果向公

---

① "1995 Mekong Agreement and Procedural Rules," Mekong River Commission, April 5, 1995, pp. 35-41, http://www.mrcmekong.org/assets/Publications/MRC-1995-Agreement-n-procedures.pdf.

② 《老挝要在湄公河建水电站》，《中国能源报》2012年11月12日，第7版。

众公开，以确保研究发现能够影响决策；优先进行湄公河委员会机构改革，包括对湄公河委员会1995年协议以及未来发展的评估，这一过程要确保公众参与和程序透明；在确保事先得到修建水坝的正式通知以及进行了有效的协商之前，特别是在没有充分考虑受项目影响的当地居民利益以及没有对水坝的跨境影响进行充分研究之前，湄公河委员会应阻止沿岸国家进一步在湄公河干流修建水坝的决定。可以看出，在这三条呼吁中，公众参与都被这一组织视为决策程序的重要组成部分。

2014年12月11日，湄公河委员会对老挝兴建的位于老柬边境北河两公里处的栋沙宏（Don Sahong）大坝计划举行公众磋商咨询。越南、柬埔寨对栋沙宏大坝建设颇有异议。各种社会组织如世界自然基金会、国际河流组织，对大坝建造将带来的毁损水系生态及当地渔业的后果表示担忧。尽管在磋商咨询会上，大坝建造工程师提出类似"另建新水道以减轻损害"的建议，但被质疑其吸引鱼群随之改变迁徙路径的有效性。参会的越南代表团认为，必须用5—10年时间才能确定大坝建设对鱼类迁徙的影响，而社会组织更是认为大坝沉积物堵塞、四千美岛旅游生态环境破坏、跨界调研缺乏等诸多问题并未得到解决。

从以上两个案例不难看出，社会组织对政府施加压力的途径就是通过其网络化的行动，呼吁在科学研究的基础上对水电开发进行全面评估，减少水电开发的负面影响，并利用各种媒体（包括互联网、主流报纸、新媒体等）宣传其主张，对政府决策施加影响。其结果是，国家主导下的水资源治理理念与方式遭到越来越多的质疑、争论，并以社会组织主导下的、自下而上的反对湄公河下游水电建设的社会运动形式呈现出来。[①]

尽管社会组织对政府的水电开发项目施加了重要影响，但同时，社会组织在参与澜湄水资源治理的过程中也存在不少障碍。一方面，其针对澜沧江—湄公河水坝建设对下游生态环境产生影响的评估，由于存在片面性，往往很难得到上游国家的认可。例如，2010年湄公河下游发生干旱时，不少社会组织指责是中国在上游修建大坝所致，但中国则提供了比较客观的水文数据和科学依据，对这种言论予以驳斥。同时，一些考察过中国澜沧

---

① 韩叶：《非政府组织、地方治理与海外投资风险——以湄公河下游水电开发为例》，《外交评论》（外交学院学报）2019年第1期。

江水电开发的湄公河委员会专家曾站出来客观地指出，"如果没有中国的澜沧江水电开发，湄公河的干旱，肯定要来得更早、更严重"。① 另一方面，湄公河流域的绝大多数社会组织尚未被湄公河委员会或流域国家政府正式纳入水资源治理的决策程序。② 特别是地方性社会组织，能力和资源的欠缺使其工作能力受限。加之大型水电站项目建设的复杂性，有时难以明确划分不同行为体应承担的责任，从而降低其提出具体主张的可能性。③ 这些社会组织所能发挥的作用也会因事件的不同而有所变化，在很大程度上影响了社会组织在水资源治理中发挥持续和稳定的影响力。

三、社会组织参与澜湄水资源治理的制度化路径

2016年3月，中国与湄公河五国正式启动了澜湄合作机制。水资源合作作为优先合作领域之一，受到流域国家的高度重视，涉水合作机制和合作规划不断完善，为实现更加有序、高效的流域水资源治理提供了平台和可能性。澜湄合作机制的一个重要原则就是鼓励多方参与，其中理应包括社会组织的参与。积极探索与社会组织建立制度化联系，是未来实现流域水资源善治的必由之路。

首先，在流域层面，积极推动澜湄合作机制与湄公河委员会的沟通与协调，为社会组织参与水资源治理提供更多制度化平台。社会组织在湄公河流域的活动非常活跃，影响也日益广泛。它们通过自下而上的进程，鼓励地方和本地区公众的参与，来弥补现有水资源治理机制的不足，寻求水资源特定问题的解决方案。湄公河委员会较为重视决策过程的社会参与。早在2008年，在芬兰和日本的资助下，湄公河委员会就在老挝举办过"水电项目地区利益攸关方研讨会"，希望借助会议逐步改变自己此前单纯与政府部门开展对话的角色，转而作为协调方推动不同层次的利益攸关方开

---

① 张博庭：《从"澜湄合作"看澜沧江水电开发与五大发展理念》，中国电力企业联合会网站，2016年3月26日，http://www.cec.org.cn/xinwenpingxi/2016-03-29/150763.html。

② 例如，目前唯一可以参与湄公河委员会决策程序的非政府组织只有世界自然基金会（WWF）。

③ Ben Boer and Philip Hirsch, *The Mekong: A Social-Legal Approach to River Basin Development* (New York: Routledge, 2016), p.175.

展对话，并直接与私营部门或民间社会团体讨论具体问题。湄公河委员会表示，这种转变是地区水电计划顺利实施的关键，以后还将以多种形式促进社会团体的参与。湄公河委员会对社会参与的重视还体现为其更加强调水电开发进程的"利益分享"。该委员会于2011年就"利益分享"的理念和主要内容进行了详细阐述，明确了国家和地方共同分享水电开发收益的原则。[①] 由此，社会团体不仅可以事先与政府、施工方以及湄公河委员会讨论水电项目的影响，而且能在具体项目的收益分配中拥有更大的发言权。湄公河委员会还建立了区域洪水论坛（Flood Forum），将其作为一个分享经验和信息的平台，协调国家决策部门、科学家、国际组织和民间社会组织的洪水管理活动，并发布年度洪水报告（Annual Flood Report）。自2005年以来，该报告每年向社会提供湄公河下游洪水泛滥的简要描述。在澜湄合作机制下成立的澜湄水资源合作论坛于2018年举行，每两年一次，加强了包括社会组织在内的多方对话。

在2019年12月举行的澜湄水资源部长级会议期间，澜湄水资源合作中心与湄公河委员会秘书处签署了合作谅解备忘录。双方明确在以下方面开展合作：水资源及相关资源开发与管理的经验分享、数据与信息交流、监测、联合评估、联合研究、知识管理和相关能力建设。[②] 这与湄公河委员会重点推进作为"水外交平台"和"知识中心"的定位高度契合。一方面，通过两个机制之间的政策协调和经验分享，在问题领域增进协商合作，在功能治理上创新合作途径，促进两个机制的健康协调发展；另一方面，更好地发挥专家、科研机构、社会组织的知识生产作用，达成更多的科学共识，形成"共识网络"，制定基于科学共识基础之上的更加符合流域需求的政策。

其次，在中国国内层面，通过构建社会组织的参与机制，实现政府与社会组织的良好合作关系。截至2019年，中国境内社会组织的数量已达到86万多家，其中在民政部登记的社会组织数量为2281家。[③] 从分布来看，

① "Knowledge Base on Benefit Sharing," Mekong River Commission, May 2011, pp.28-29, http://www.mrcmekong.org/assets/Publications/Manuals-and-Toolkits/knowledge-base-benefit-sharing-vol1-of-5-Jan-2012.pdf.

② 《澜湄水资源合作中心与湄公河委员会秘书处合作谅解备忘录》，中国水利网，2019年12月23日，http://www.chinawater.com.cn/ztgz/hy/2019lmhy/4/201912/t20191223_742573.html。

③ 《社会组织总览》，中国社会组织网，http://data.chinanpo.gov.cn/。

东南沿海经济发达省份较为集中，说明社会经济发展程度越高，社会组织就越发达，社会组织对于社会经济发展的支撑作用就越强。社会组织在水资源领域发挥的作用也越来越大，例如，自然之友等国内19家环境社会组织曾在2014年共同发布《中国江河的"最后"报告——中国民间组织对国内水电开发的思考及"十三五"规划的建议》，其中提出政府应撤销或搁置一些水电项目，并且提供了很多科学依据。[1]

推动与社会组织的伙伴关系建设，是实现利益分享并保持其可持续性的重要保证。[2] 在澜湄合作框架下，笔者多次参与中国环保部门组织的与国内外社会组织的对话，其中也包括关于澜湄水资源合作的讨论。社会组织的特定视角、专业知识和国际视野可以为政府制定政策提供一定的专业建议和政策启示。更为重要的是，通过这种对话机制，政府与社会组织可以建立更加紧密和融洽的关系，这是推动决策更加科学化和专业化的重要途径。

必须承认，中国的社会组织发展还相对滞后，无法满足中国周边外交社会化转型的需要。[3] 中国应培育一批政治上可靠、专业上过硬的社会组织，并逐步建立广泛的以社会组织为主体的海外活动网络，使其成为中国外交的得力助手。这些社会组织所编制的网络系统，在信息搜集和反馈、专业知识咨询、加强多层次社会交往并建立多渠道接触机制等方面，都能起到积极作用。[4] 同时，鉴于中国国内社会组织"走出去"还需要较长一段时间，可考虑与境外社会组织加强合作，选择和支持一批立场中立、观点客观的社会组织，促进知识生产和知识共享，力争在科学层面达成更多共识。在条件成熟时，可以考虑建立与境外社会组织的制度化联系，为澜湄水资源合作提供智力支撑和民意支持。

---

① 李波等：《中国江河的"最后"报告》，载刘鉴强主编《中国环境发展报告（2014）》，社会科学文献出版社，2014，第249—256页。

② 郭延军：《湄公河水资源治理的新趋向与中国应对》，《东方早报》2014年1月17日，第A14版。

③ 赵可金等：《中国外交进入怎样的时代》，《环球时报》2013年1月4日。

④ 朱锋：《2012：新周边外交元年》，《财经》2012年1月29日。

四、结论

社会组织及其倡议网络在全球治理、区域治理和国家治理中的作用日益提升，是国际关系民主化和社会管理网络化的必然反映。通过分析社会组织倡议网络在澜湄水资源治理中的作用，本文可以得出初步结论，即以国家为主导的澜湄水资源合作架构有助于快速推动澜湄水资源合作进程，并取得令人满意的合作成效。同时，要确保合作进程的可持续性以及决策的科学性，社会组织的制度化参与必不可少。主要原因在于，政府在面对一个日益多元化的社会时，有时对不同利益诉求的反应具有滞后性，或者不能充分了解各种利益诉求，而社会组织及其倡议网络的存在则能够有效弥补政府的短板，令政府决策更具包容性。在澜湄水资源治理中，流域各国利益诉求和关注重点不同。有的国家关注电力发展，有的国家关注渔业，有的国家关注农业，各国民众的利益关切更是千差万别。社会组织在反映民意、开展科学研究方面大有作为。当前，澜湄水资源合作正逐步走向深入。同社会组织建立制度化联系，更好发挥社会组织的正面作用，需要理论研究的跟进，更应尽快从"理论"走向"实践"。在实践中逐步完善社会组织的有效参与方式，结合国际社会的最佳实践，建立一套行之有效、符合澜湄地区特点的社会组织参与模式，是下一步进行水资源合作研究和政策设计时应给予高度关注的问题。

湄公河治理：发展途径及其启示

张宏洲　卢光盛[*]

【内容提要】随着水资源短缺的威胁日益突出，水资源学者和安全专家警告，水资源的减少可能会引发国家间冲突，尤其是跨界河流流域的国家间冲突。长期以来，一些有关湄公河流域跨界水纠纷的文章认为，中国是不合作的"水霸权"。中国因未加入湄公河委员会（MRC）且在上游修建水坝而备受指责，一些学者认为，这些大坝给下游国家带来了生态和社会经济的灾难。然而，在过去几年中，中国对湄公河水问题的政策发生了一些显著的变化。最引人注目的是，在澜沧江—湄公河合作机制下，中国正在领导和积极推动澜湄流域的多边跨界水合作。笔者运用彼得·霍尔（Peter Hall）的政策范式和社会学习框架来探讨这一政策变化的性质。笔者认为，中国在湄公河的治理模式发生了范式变化。中国在湄公河流域的新的治理模式可以被归纳为发展途径（development approach），这为湄公河治理带来了一系列的机遇和挑战。

【关键词】湄公河跨境河流冲突；湄公河合作；水资源一体化管理；水外交；利益共享；发展途径

一、背景介绍

不断增长的人口、全球变暖、经济增长、城市化、农业扩张和森林砍伐令地球上有限的淡水供应日趋紧张。与此同时，水资源短缺已成为对人类健康、卫生、社会经济发展和政治稳定的主要威胁之一。随着水资源短

---

* 张宏洲，新加坡南洋理工大学拉惹勒南国际研究院研究员；卢光盛，云南大学国际关系研究院、周边外交研究中心教授。

缺的威胁日益突出，水资源学者和安全专家敲响了警钟——水资源的减少可能引发国家间冲突或水战争，而水战争的风险在跨境河流上更为突出。虽然历史上大规模"水战争"的先例很少，但由于过度开采、水污染和气候变化，各国之间对水资源日益激烈的竞争可能会加剧。[①] 事实上，根据美国智库太平洋研究所的研究，与水有关的冲突在过去几年中出现了惊人的增长。[②]

大量的学术研究和实证经验表明，在共同的河流流域管理国家间，水冲突尤其具有挑战性，特别是有"水霸权"存在的流域。[③] 长期以来，中国一直被西方学者指责为一个典型的"水霸权"。尽管中国是亚洲的"水塔"，但中国在全球和区域层面的跨界水问题治理上，总体比较被动。[④] 多年来，中国一直因拒绝加入湄公河委员会（MRC）并在澜沧江（湄公河上游）修建水坝而受到批评。一些国外学者认为，中国的这些水利工程已成为中国与其他湄公河流域国家发生冲突的主要因素之一。[⑤]

然而，在过去几年中，在澜沧江—湄公河流域，中国不仅在区域水电

[①] Alister Doyle, "Hydro-Diplomacy Needed to Avert Arab Water Wars," Reuters, March 20, 2011, https://www.reuters.com/article/us-climate-water/hydro-diplomacy-needed-to-avert-arab-water-wars-idUSTRE72J2W620110320; Patrick Huntjens et al., *The Multi-Track Water Diplomacy Framework: A Legal and Political Economy Analysis for Advancing Cooperation over Shared Waters* (Hague: The Hague Institute for Global Justice, 2016); David Katz, "Hydro-Political Hyperbole: Examining Incentives for Overemphasizing the Risks of Water Wars," *Global Environmental Politics* 1 (2011):12-35; "Recommendations of the Preparatory Conference 'Towards the UN Conference on Sustainable Development (Rio+20): Water Cooperation Issues'," Recommendations (New York: United Nations, 2011).

[②] "Disputes over Water Will Be an Increasing Source of International Tension," The Economist, February 28, 2019, http://www.economist.com/special-report/2019/02/28/disputes-over-water-will-be-an-increasing-source-of-international-tension.

[③] Benjamin Pohl et al., "The Rise of Hydro-Diplomacy: Strengthening Foreign Policy for Transboundary Waters," https://www.adelphi.de/en/system/files/mediathek/bilder/the_rise_of_hydro-diplomacy_adelphi.pdf.

[④] Hongzhou Zhang and Mingjiang Li, *China and Transboundary Water Politics in Asia* (New York: Routledge, 2017); Hongzhou Zhang, "Sino-Indian Water Disputes: The Coming Water Wars?" *Wiley Interdisciplinary Reviews: Water* 2 (2016):155-166.

[⑤] Yong Zhong et al., "Rivers and Reciprocity: Perceptions and Policy on International Watercourses," *Water Policy* 4 (2016): 803-825.

和水资源开发方面更加积极，而且似乎在率先推进全流域跨界河流管理。事实上，水资源合作已成为中国主导的澜沧江—湄公河合作机制（以下简称"澜湄机制"）的优先事项之一，澜沧江—湄公河流域六国都加入了澜湄机制。[①] 然而，对于中国湄公河政策最近的变化是否仅仅是技术性调整，还是实际上标志着范式转变[②]，各方意见不一。本文旨在探讨中国跨界河流政策的最新变化，并阐明中国在湄公河治理中的新作用。

二、两个主要概念

（一）霍尔的政策范式与社会学习

在过去几十年里，社会学习已成为研究政策变化的关键方法之一。按照彼得·霍尔（Peter Hall）的说法，根据政策的变化类型，社会学习过程可以有不同的形式。[③] 霍尔在他的开创性论文中指出，决策作为一个过程，通常涉及3个关键变量：（1）特定领域政策的总体目标；（2）用于实现这些政策目标的政策工具；（3）政策工具的确切参数（见表1）。因此，将会有3种不同的政策变化，即一阶、二阶和三阶变化。一阶变化是关于政策工具参数的设置或水平的变化，通常显示"渐进主义"的特征。二阶变化通

[①] Vannarith Chheang, "Lancang-Mekong Cooperation: A Cambodian Perspective," *ISEAS Perspective* (2018).

[②] Richard Bernstein, "China's Mekong Plans Threaten Disaster for Countries Downstream," Foreign Policy, September 27, 2017, https://foreignpolicy.com/2017/09/27/chinas-mekong-plans-threaten-disaster-for-countries-downstream/; Sebastian Biba, "China's 'Old' and 'New' Mekong River Politics: The Lancang-Mekong Cooperation from a Comparative Benefit-Sharing Perspective," Water International, June 6, 2018, http://www.tandfonline.com/doi/abs/10.1080/02508060.2018.1474610; Rabea Brauer and Frederick Kliem, "Coercive Water-Diplomacy: Playing Politics with the Mekong," in *International Reports* [Berlin: Konrad-Adenauer-Stiftung (KAS) i, 2017]; Yanjun Guo, "The Evolution of China's Water Diplomacy in the Lancang-Mekong River Basin: Motivation and Policy Choices," in Hongzhou Zhang and Mingjiang Li, eds., *China and Transboundary Water Politics in Asia* (New York:Routledge, 2017), pp.82-98; Hongzhou Zhang and Mingjiang Li, eds., *China and Transboundary Water Politics in Asia* (New York:Routledge, 2017); 张励、卢光盛：《从应急补水看澜湄合作机制下的跨境水资源合作》，《国际展望》2016年第5期，第95—112页。

[③] Peter A. Hall, "Policy Paradigms, Social Learning, and the State: The Case of Economic Policymaking in Britain," *Comparative Politics* 3 (1993).

常涉及政策工具的变化，而特定领域政策背后的目标基本保持不变。三阶变化通常被认为是范式转变，是改变政策总体目标的过程。当然，政策目标的改变还需要同时改变政策工具和具体的政策工具参数。[①]

表1 霍尔的3个层次的政策变化

3个变更顺序	3个关键变量
第3层次	特定领域政策的总体目标
第2层次	实现这些目标的技术或政策工具
第1层次	政策和技术工具具体参数

霍尔认为，主导性的政策范式影响政策制定者如何界定政策问题，并为解决政策问题而提供解决方案。[②] 因此，一个策略范式类似于一个镜头，它"过滤信息并帮助政策制定者集中注意力"。[③] 此外，政策范式代表一套关于特定政策问题的假设，包括政策的原因、严重性和普遍性、负责制定或修改政策的人，以及政府针对政策问题的反应。政策范式也包含对受政策影响的群体的形象塑造，这些形象在很大程度上会影响政策的发展。

政策范式转变由两个主要因素导致。首先，权力问题在范式转变过程背后发挥核心作用。面对职业官僚、政策专家和其他政策倡导者的相互竞争意见，政治领袖必须决定谁的意见应该被视为权威。[④] 其次，政策试验实例和政策失败的经验对于推动范式转变至关重要。现有政策下，异常情况的积累和失败，以及新政策试验的成功，都可能导致对特定政策问题的权力转移，从而为对立的政策范式之间更广泛的竞争打开一扇窗。

---

① Pierre-Marc Daigneault, "Reassessing the Concept of Policy Paradigm: Aligning Ontology and Methodology in Policy Studies," *Journal of European Public Policy* 3 (2014): 453-469.

② Peter A. Hall, "Policy Paradigms, Social Learning, and the State: The Case of Economic Policymaking in Britain," *Comparative Politics* 3 (1993); Michael Howlett, M. Ramesh, and Anthony Perl, *Studying Public Policy: Policy Cycles and Policy Subsystems* (New York: Oxford University Press, 2009); Pierre-Marc Daigneault, "Reassessing the Concept of Policy Paradigm: Aligning Ontology and Methodology in Policy Studies," *Journal of European Public Policy* 3 (2014).

③ Peter A. Hall, "Policy Paradigms, Social Learning, and the State: The Case of Economic Policymaking in Britain," *Comparative Politics* 3 (1993).

④ Pierre-Marc Daigneault, "Reassessing the Concept of Policy Paradigm: Aligning Ontology and Methodology in Policy Studies," *Journal of European Public Policy* 3 (2014).

（二）跨界河流治理理念与发展途径

就跨界河流治理而言，水资源一体化管理不仅成为学术界主导性的理论，而且得到各国和国际组织的广泛认可。比如，联合国可持续发展目标（SDGs）第6个目标的第5个子目标就指出，到2030年，各个国家应该在各级实施水资源一体化管理，包括跨界河流合作。然而，也有不少学者指出，水资源一体化和其他关于跨界水管理的主流理论都侧重于各利益攸关方之间的技术合作①，特别是强调以技术官僚办法解决各种水问题。② 随着水资源一体化成为跨界水治理领域的主要政策理论，近年来也有不少学者对水资源一体化管理理念提出了尖锐的批评，其中一个主要原因是水资源一体化管理在现实生活中很难具体实施。一些学者还提出，水资源一体化管理在相对发达的国家比较成功，因为其大多数用水者是由有组织的提供者提供服务的，且基础设施建设方面的资本积累已经很成熟。③ 此外，一些研究人员还认为，水资源一体化管理改革及其实施相当耗费时间和财力，而水资源管理产生的积极作用还有待观察。④

针对这些批评，一些学者认为，水资源一体化管理仍是一个可行的理论，应试图对这一理论作进一步调整，使其能够更好地与有关国家的国情

① Shafiqul Islam and Amanda C. Repella, "Water Diplomacy: A Negotiated Approach to Manage Complex Water Problems," *Journal of Contemporary Water Research & Education* 1 (2015): 1-10; Shafiqul Islam and Lawrence Susskind, *Water Diplomacy: A Negotiated Approach to Managing Complex Water Networks* (New York : RFF Press, 2013); Kata Molnar et al., "Preventing Conflicts, Fostering Cooperation – The Many Roles of Water Diplomacy" (Stockholm: UNESCO's International Centre for Water Cooperation at SIWI, 2017); Kevin Watkins, "Human Development Report 2006 – Beyond Scarcity: Power, Poverty and the Global Water Crisis" (New York: United Nations - Human Development Report Office, 2006).

② Farhad Mukhtarov and Andrea K. Gerlak, "Epistemic Forms of Integrated Water Resources Management: Towards Knowledge Versatility," *Policy Sciences* 2 (2014): 101-120.

③ John Butterworth et al., "Finding Practical Approaches to Integrated Water Resources Management," *Water Alternatives* 3 (2010): 68-78.

④ Hongzhou Zhang and Mingjiang Li, "A Process-Based Framework to Examine China's Approach to Transboundary Water Management," *International Journal of Water Resources Development* 5 (2018): 705-731.

和政策执行能力相匹配，并应对多层次发展战略的实际挑战。① 另一些学者提出了一些替代理论，以推动跨界水治理。在替代理论中，利益分享被认为是管理跨界河流水纠纷的一个关键理论。由于利益分享可以绕过有争议的产权问题，因此受到水专家的特别关注。② 利益分享的理念是，如果跨界水治理的重点从水量转向多个领域（包括社会经济、政治和环境）发生的用水所产生的各种价值，沿岸国家将更有可能认识到水问题可以是"正和游戏以及水合作的好处，而非零和游戏（主要是关于水量分配）"。③ 因此，利益共享与跨流域合作同促进可持续水资源开发有关，其目的是促进湄公河流域以及其他国际河流流域的经济增长和可持续发展。④

另一个日益受到政策关注的理论是水外交。随着跨界河流水纠纷的日益安全化，水问题已成为外交和国家安全议程的一部分。因此，将跨界河流管理置于外交政策领域的重要性正得到更广泛的认识。⑤ 这促进了水外

---

① John Butterworth et al., "Finding Practical Approaches to Integrated Water Resources Management", *Water Alternatives* 3 (2010): 68-78; Denise Lach, Steve Rayner, and Helen Ingram, "Taming the Waters: Strategies to Domesticate the Wicked Problems of Water Resource Management," *International Journal of Water* 1 (2005):1-17; Mark Lubell and JurianEdelenbos, "Integrated Water Resources Management: A Comparative Laboratory for Water Governance," *International Journal of Water Governance* 3 (2013):177-196; V. S. Saravanan, Geoffrey T. McDonald, and Peter P. Mollinga, "Critical Review of Integrated Water Resources Management: Moving beyond Polarised Discourse," *Natural Resources Forum* 1 (2009): 76-86.

② Ines Dombrowsky, "Revisiting the Potential for Benefit Sharing in the Management of Trans-Boundary Rivers," *Water Policy* 2 (2009):125-140; Claudia W. Sadoff and David Grey, "Beyond the River: The Benefits of Cooperation on International Rivers," *Water Policy* 5 (2002): 389-403.

③ Halla Qaddumi, "Practical Approaches to Transboundary Water Benefit Sharing," Working Paper (London: Overseas Development Institute, 2008).

④ Sebastian Biba, "China's 'Old' and 'New' Mekong River Politics: The Lancang-Mekong Cooperation from a Comparative Benefit-Sharing Perspective," *Water International* 5 (2018): 622-641; Serey Sok et al., "Regional Cooperation and Benefit Sharing for Sustainable Water Resources Management in the Lower Mekong Basin," *Lakes & Reservoirs: Science, Policy and Management for Sustainable Use* 1 (2019).

⑤ Magdy A. Hefny, "Water Diplomacy: A Tool for Enhancing Water Peace and Sustainability in the Arab Region," Technical Document, http://www.unesco.org/new/fileadmin/MULTIMEDIA/FIELD/Cairo/Water%20Diplomacy%20in%20Action%20Strategy%20Doc%203%20Rev%202%2%20Final%20and%20Action%20Plan[1].pdf; Kata Molnar et al., "Preventing Conflicts, Fostering Cooperation – The Many Roles of Water Diplomacy" (Stockholm: UNESCO's International Centre for Water Cooperation at SIWI, 2017).

交概念的迅速发展。在国际层面，联合国一直是推动水外交的主导力量，致力于推广水外交作为解决跨界水冲突的重要政策工具。[①] 近些年，也有越来越多的中国学者开始致力于水外交的研究。[②]

虽然水外交已成为一个流行术语，但对其定义尚未达成共识。结合库帕里（Cuppari）[③]、施迈尔（Schmeier）以及莫尔纳（Molnar）[④] 等人的研究，笔者将水外交定义如下：将水问题提升到外交政策领域，并运用外交手段实现其范围比水危机管理和预防冲突的范围更广的长期目标，包括改善区域安全与稳定，促进区域发展。正如施迈尔指出的，从本质上讲，"水外交利用水资源作为通过外交接触与合作促进和平与稳定的更广泛目标的手段"。

目前，中国已经成为自由贸易和经济一体化的主要倡导者。中国在全球治理中日益增强的影响力不仅在经贸领域得到体现，在其他领域（包括各种非传统安全问题）也有显著提升。随着"一带一路"倡仪的推进，中国提出"中国解决方案"，以应对全球治理的各方面挑战。[⑤] 在恐怖主义、粮食安全、跨界水冲突等非传统安全问题上，笔者认为，"中国解决方案"

① "Introduction to Water Diplomacy Online Course," UN-Water (blog), October 24, 2017, http://www.unwater.org/introduction-water-diplomacy-online-course/.

② 张励、卢光盛：《"水外交"视角下的中国和下湄公河国家跨界水资源合作》，《东南亚研究》2015年第1期，第42—50页；夏朋等：《国外水外交模式及经验借鉴》，《水利发展研究》2017年第11期，第21—24页；张励：《水外交：中国与湄公河国家跨界水合作及战略布局》，《国际关系研究》2014年第4期，第25—36页；王建平等：《深入开展水外交合作的思考与对策》，《中国水利》2017年第18期，第62—64页；张林若等：《水外交框架在解决跨界水争端中的应用》，《边界与海洋研究》2018年第5期，第9页。

③ Rosa Cuppari, "Water Diplomacy," Policy Report (Koblenz: International Centre for Water Resources and Global Change, 2017).

④ Kata Molnar et al., "Preventing Conflicts, Fostering Cooperation – The Many Roles of Water Diplomacy" (Stockholm: UNESCO's International Centre for Water Cooperation at SIWI, 2017).

⑤ Michael M. Du, "China's 'One Belt, One Road' Initiative: Context, Focus, Institutions, and Implications," *The Chinese Journal of Global Governance* 1 (2016): 30-43; Jinghan Zeng, Tim Stevens, and Yaru Chen, "China's Solution to Global Cyber Governance: Unpacking the Domestic Discourse of 'Internet Sovereignty'," *Politics & Policy* 3 (2017): 432-464; Kaho Yu, "Energy Cooperation Under the Belt and Road Initiative: Implications for Global Energy Governance," *The Journal of World Investment & Trade* 2-3 (2019): 243-258; Suisheng Zhao, "A Revisionist Stakeholder: China and the Post-World War II World Order," *Journal of Contemporary China* 113 (2018): 643-658.

可归为"发展途径"（development approach）。笔者初步将发展途径定义为：通过深化区域经济一体化，促进跨界投资和贸易、基础设施建设以及推进知识和技术合作，进而通过减少贫困和增强社会的水韧性，以有效实现管控跨界水纠纷以及保障区域水安全。

2014年，在上海举行的亚洲相互协作与信任措施第四次峰会上，中国国家主席习近平发表了主旨演讲，倡导"新亚洲安全观"，强调恐怖主义、跨国犯罪、环境安全、网络安全、能源资源安全、重大自然灾害等传统安全威胁和非传统安全威胁带来的挑战，并指出发展是安全的基础，安全是发展的条件。贫瘠的土地上长不成和平的大树，连天的烽火中结不出发展的硕果。对大多数亚洲国家来说，发展就是最大的安全，也是解决地区安全问题的"总钥匙"。2017年1月，中国国务院新闻办公室发布了《中国的亚太安全合作政策》。该白皮书指出，亚太地区面临诸多不稳定、不确定因素，部分国家的非传统安全威胁日益突出。为应对这些威胁，应促进区域各国共同发展，为本地区的和平与稳定奠定坚实的经济基础，因为共同发展是地区和平与稳定的根本保障，是应对各种安全挑战的关键。2017年5月，在首届"一带一路"峰会上，中国国家主席习近平在开幕致辞中指出，"古丝绸之路沿线地区曾经是'流淌着牛奶与蜂蜜的地方'，如今很多地方却成了冲突动荡和危机挑战的代名词。这种状况不能再持续下去。我们要树立共同、综合、合作、可持续的安全观，营造共建共享的安全格局"，并强调"发展是解决一切问题的总钥匙"。[①] 长期以来，中国一直主张以这种发展途径来应对各种非传统安全挑战。例如，在2009年世界粮食峰会上，时任中国国务院副总理回良玉指出，粮食问题是一个根本的发展问题。因此，国际社会需要采取以发展为导向的粮食安全战略。[②] 近些年来，中国正在积极发展跨界水治理。

发展途径、利益分享和水外交有何不同？虽然发展途径在不少方面与

---

① 习近平:《携手推进"一带一路"建设——在"一带一路"国际合作高峰论坛开幕式上的演讲》，新华网，2017年5月14日，http://news.xinhuanet.com/english/2017-05/14/c_136282982.htm。

② Hongzhou Zhang, "A Hungry China and the Future of Global Food Governance," in Hongzhou Zhang, ed., *Securing the "Rice Bowl": China and Global Food Security* (Singapore: Springer Singapore, 2019), pp.265-295.

利益分享理念有重叠，但还是有3个关键区别。第一，虽然这两个理念都强调通过分享经济发展的红利以缓解跨界河流流域的紧张局势，但发展途径是一个更为广泛的概念，因为它超越了与水有关的利益。第二，机制不同。在利益分享下，重点是通过尽量扩大与水有关的惠益，然后以公平的方式分享，以此来缓解水紧张。发展途径则是通过消除水资源冲突的根源以及促进沿岸国家抵御与水有关的挑战的能力。例如，通过在其他产业和其他地区创造就业机会，直接依赖跨界河流渔业和农业为生的人口将减少，进而有助于降低对跨界河流作业的依赖，最终减少对共享水资源的竞争。此外，通过经济发展，较富裕的国家和社会在跨界河流流域发生严重干旱时，可以负担得起替代水源（如调水项目、再生水和海水淡水），因此，由淡水资源减少而引发区域水冲突的可能性会降低。第三，利益分享理念的主要承诺是：共同或单方面开发水资源所产生的各种利益需要在沿岸国之间分享，但发展途径理念则不同，国家之间不一定需要分享发展收益。例如，发展途径还包括个别沿岸国家完全采取单方面活动，以刺激本国的经济发展。然而，应该指出，促进发展只是第一步。发展途径的效率很大程度上取决于发展红利是否由各利益攸关方分享，而不是集中在区域既得利益集团和经济精英手中。否则，过度强调发展甚至会加剧跨界水冲突。从这个意义上说，发展途径需要纳入利益分享的关键原则。水外交和发展途径可视为同一枚硬币的两面（见图1）。如上文所述，水外交除了通

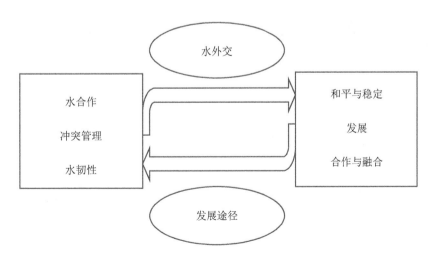

图1　发展方针和水外交

过水实现其他更广泛的目标，还涉及利用外交手段实现区域和平与稳定、区域发展和一体化。发展途径则是反其向而行：旨在通过推动区域发展和经济增长以及其他手段，增加区域国家抗水危机能力，更好地管理水冲突。这两个理念如果得到成功应用，可以启动区域发展、稳定和水合作的螺旋式上升模式。

三、中国湄公河政策的范式转变

（一）2013年之前：单边开发加有限的多边合作

过去几十年，中国在澜沧江（湄公河上游）流域修建大坝，引发了湄公河下游国家和国际社会的关注。[①] 为了与流域国家保持稳定关系，促进地区经济发展，中国在水资源问题上与其他沿岸国家进行了合作。在双边层面，除了投资东南亚的水电产业，中国还帮助其他国家进行节水灌溉基础设施建设。在多边层面，中国积极参与和其他流域国家的航运合作，以促进贸易发展。由于河道通航成本相对较低，运量大，因此被优先安排。自1996年以来，中国已成为湄公河委员会的对话伙伴。2002年，中国与湄公河委员会签署了关于在雨季提供每日河流流量和降水数据的谅解备忘录。

（二）2013年以来：发展途径成为主导

自2013年以来，中国更加重视周边外交。随着"一带一路"倡议的提出，由于经济重要性及与中国地理位置上的接近，湄公河下游地区成为"一带一路"合作的重要支点。在此背景下，中国的湄公河政策发生了显著变化，澜湄机制的建立和快速发展就是最佳的例证。2012年，泰国提出了澜沧江—湄公河次区域可持续发展倡议。[②] 两年后，2014年，在第17次

[①] Yong Zhong et al., "Rivers and Reciprocity: Perceptions and Policy on International Watercourses," *Water Policy* 4 (2016):803-825.

[②] Pongphisoot Busbarat, "Grabbing the Forgotten: China's Leadership Consolidation in Mainland Southeast Asia through the Mekong-Lancang Cooperation," *Perspective* (Singapore: ISEAS – Yusof Ishak Institute, 2018).

中国—东盟领导人会议上，中国倡议建立澜湄机制。[①] 2015年11月，在中国云南省景洪市举行了首届澜湄机制外长会会议。 2016年3月23日，中国与湄公河五国在中国海南省举行了首届澜湄领导人会议，标志着澜湄合作进程的正式启动。短短几年间，澜湄机制在机制建设方面取得了重大进展，建立了由领导人会议、外长会、高官会和工作组会组成的四级会议机制。此外，所有6个国家都设立了澜湄合作国家秘书处或协调机构。在2016年3月的首次领导人会议上，水资源合作被列为澜湄机制的5个优先领域之一。澜湄区域可持续发展正式启动后，中国努力加强与湄公河流域国家多层次、多层面的水合作。

在"硬件"方面，水电合作是澜湄机制下跨界水资源开发合作最重要的领域。中国一直带头资助和建设湄公河流域国家的水电站。[②] 例如，除了对老挝水电部门的巨额投资，中国还投资数十亿美元在柬埔寨修建水电站，这些水坝连同其他中国资助的发电厂，贡献了柬埔寨总电能的70%以上。在澜湄机制下，除了修建水坝，中国还支持发展区域的电力基础设施，以建立一个连接中国、越南、老挝、缅甸、泰国和柬埔寨的区域电网。另外，中国和湄公河国家还开展了其他水利合作项目，如通航、河岸整治、灌溉、防洪抗旱、饮用水供应、污水处理、畜牧业和农业合作等。例如，中国帮助老挝建立了国家水信息数据中心和水监测站。

在澜湄机制框架下，"软件"方面的水合作也已成为中国湄公河新政策的一个组成部分。中国与湄公河国家水"软件"合作的4个主要领域包括：与水有关的制度建设、技术转让、规章制度交流、与水相关的理念推广。[③] 在澜湄机制框架下，流域各国成立了水资源合作联合工作组、澜沧江—湄公河水资源合作中心、环境合作中心和全球湄公河研究中心。这些机构为各国政策对话、技术转让、联合研究、培训和教育提供了平台。作

[①] "China, Mekong Countries Launch Lancang-Mekong Cooperation Framework," Xinhuanet, November 13, 2015, http://www.xinhuanet.com/english/2015-11/13/c_134810678.htm.

[②] Frauke Urban, Giuseppina Siciliano, and Johan Nordensvard, "China's Dam-Builders: Their Role in Transboundary River Management in South-East Asia," *International Journal of Water Resources Development* 5 (2018):747-770.

[③] Yang Xiao, "China's Water Resources and Water Diplomacy: From the Perspective of International Political Resources," *Global Review* 3 (2018): 89-110.

为最重要的多边跨界水合作机制，六国制定了第一个《澜沧江—湄公河水资源合作五年行动计划》。中国通过这些平台，为来自湄公河流域国家的官员、学者以及学生提供了各种各样的培训，此举有助于改善湄公河流域国家的水资源管理能力。例如，2018年5月，来自湄公河下游五国的23名专家和政府官员参加了"中国水利水电技术标准培训班"。另外，中国还为湄公河下游五国的水专家提供了奖学金，用于研究水资源管理。以河海大学为例，2017年，在中国水利部的支持和中国教育部的资助下，成立了湄公河合作人才教育项目。[①]

因此，笔者认为，中国正通过发展途径应对湄公河水资源问题。在澜湄机制下，各国确定了3个合作支柱，即政治和安全问题、经济和可持续发展以及社会、文化和人文交流。此外，五大重点优先领域包括互联互通、产能、跨境经济、水资源、农业和减贫。中国已经开展了许多有利于流域国家合作的项目。[②] 显然，在澜湄机制的"3+5+X"合作框架下，中国将水合作作为促进区域互联互通、促进产业能力转移、加强跨境经济合作、促进农业和减贫的基础。

一些国外学者认为，中国目前的湄公河政策仅仅是一些技术层面上的调整。笔者则认为，中国的湄公河政策发生了范式转变。这一结论主要基于中国湄公河政策的总体目标、相关政策工具和政策设置发生了明显变化。

如上所述，中国逐渐把区域水资源合作列为重点发展方向并逐步推进。这种做法令湄公河流域国家纷纷加入水合作的行列。随着中国"一带一路"合作的逐步开展，该地区的经济得以发展，流域各国抵御水危机的

---

① "Lancang-Mekong International Vocational Institute," Yunnan Gateway, December 31, 2017, http://english.yunnan.cn/html/2017/culture_1231/13166.html; "GWP in Lancang-Mekong Water Resources Cooperation," Global Water Partnership, December 1, 2017, https://www.gwp.org/en/GWP-China/WE-ACT/events-list/2017/gwp-in-lancang-mekong-water-resources-cooperation/.

② 张励、卢光盛:《从应急补水看澜湄合作机制下的跨境水资源合作》,《国际展望》2016年第5期。

能力增强，减少了水资源争端发生的可能性。[①]

四、对湄公河水治理的影响

在发展中国家，一些对水资源一体化理论感到沮丧的学者开始意识到水合作本身不应是水资源治理的最终目的。相反，水资源合作应该是实现发展的手段。[②] 因此，考虑到湄公河流域国家都是发展中国家，水合作应视为促进发展的基础和途径。[③] 不少学者表达了类似的观点。例如，有学者认为，在某些情况下，特别是得到国际组织的支持下，水资源一体化本身已成为水合作的目的。[④] 但是，当政策的注意力从实际用水问题转移到其他方面且对水问题的替代解决方案被拒之门外时，水资源一体化理念可能妨碍跨界水治理。

在湄公河流域，已经意识到需要优先发展经济的学者则主张通过利益共享和水外交管理跨界河流和避免跨界水冲突。有人认为，湄公河流域水

---

① Brijesh Khemlani, "China and the Mekong: Future Flashpoint?" RUSI, June 25, 2018, https://rusi.org/commentary/china-and-mekong-future-flashpoin; Dinh Sach Neuyen, "The Lancang-Mekong Cooperation Mechanism (Lmcm) and Its Implications for the Mekong Sub-Region," Working Paper (Honolulu: Pacific Forum CSIS, 2018), https://csis-prod.s3.amazonaws.com/s3fs-public/publication/issuesinsights_vol18wp1_lancang-mekong-cooperation-mechanism-lmcm.pdf?76VizjQ09RU2Rnpn0HweoqeNaG8.xeLv; Pongsudhirak Thitinan, "Thitinan Pongsudhirak: China's Alarming 'Water Diplomacy' on the Mekong," Nikkei Asian Review, March 21, 2016, https://asia.nikkei.com/Politics/Thitinan-Pongsudhirak-China-s-alarming-water-diplomacy-on-the-Mekong.

② Asit K. Biswas, "Cooperation or Conflict in Transboundary Water Management: Case Study of South Asia," *Hydrological Sciences Journal* 4 (2011):662-670.

③ Asit K. Biswas, "Management of Transboundary Waters: An Overview," in Olli Varis, Asit K. Biswas, and Cecilia Tortajada, eds., *Management of Transboundary Rivers and Lakes*, (Berlin, Heidelberg: Springer Berlin Heidelberg, 2008), pp.1-20; Chris Sneddon and Coleen Fox, "Rethinking Transboundary Waters: A Critical Hydropolitics of the Mekong Basin," *Political Geography* 2 (2006):181-202; Hongzhou Zhang and Mingjiang Li, "A Process-Based Framework to Examine China's Approach to Transboundary Water Management," *International Journal of Water Resources Development* 5 (2018):705-731.

④ Mark Giordano and Tushaar Shah,"From IWRM Back to Integrated Water Resources Management," *International Journal of Water Resources Development* 3 (2014):364-376.

资源系统管理的首要目标应该是以公平、高效的方式使水效益最大化。[①]然而，这样做需要多个流域国家参与，而流域各国对水的需求存在相互竞争。有时，流域各国甚至存在完全不同的需求。在湄公河流域的利益分享具有一定的挑战性。同样，越来越受学者和水利专家推崇的水外交理念，在湄公河流域的适用性也遇到不小的挑战。在存在严重水冲突的地区，如湄公河流域，如何将"水资源"从区域冲突导火索转变为实现和推进区域和平与稳定的手段，是一个尚未解决的问题。换言之，在运用外交手段实现这些更广泛的目标之前，需要解决水冲突的根源（如缺水、过度依赖水资源就业和基本贫困问题）。

因此，如果有效的合作机制不存在，湄公河流域的水资源开发将不会通过统一规划进行，这将导致各利益攸关方之间在水利益分享问题上发生冲突。长期以来，许多跨界水合作研究认为，建立跨界水协定并将其制度化自然有助于建立有效的合作机制。但是，作为国际合作的关键执行部门，流域国家的行政机构往往被忽视。国际条约的引导作用很大程度上取决于国内行政机构的效率。一项正式的跨界水条约即使制度化，如果没有沿岸国家强大和有能力的政府部门配合，很难取得什么成就。不幸的是，就湄公河流域而言，沿岸国家的政府部门能力较弱，缺乏对各种国际协定的执行力。更糟糕的是，近年来，湄公河流域次区域发展合作受到社会经济、政治、安全等领域的瓶颈制约。以非传统安全问题为例，在该区域内，贩毒、走私、粮食安全和水冲突等越来越多的非传统安全威胁已变得非常严峻。[②]

在此背景下，中国的发展途径也可以被视为湄公河跨界水治理的补充或替代政策选项之一。鉴于发展途径仍处于起步阶段，现在要判断其将如何影响湄公河治理，可能还为时过早。然而，理论和有限的实证证据似乎表明，湄公河治理可能给该地区带来希望，但也存在着一定的风险。

---

① Dongnan Li, Jianshi Zhao, and Rao S. Govindaraju, "Water Benefits Sharing under Transboundary Cooperation in the Lancang-Mekong River Basin," *Journal of Hydrology* 577 (2019).

② Guangsheng Lu, "China Seeks to Improve Mekong Sub-Regional Cooperation: Causes and Policies," Policy Report (Singapore: RSIS, 2016), https://www.rsis.edu.sg/wp-content/uploads/2016/02/PR160225_China-Seeks-to-Improve-Mekong.pdf.

一方面，这种发展方法有助于提高社会的韧性，进而降低因水资源短缺而引起的区域间冲突的可能性。^① 就跨界水冲突而言，高度发达的社会经济往往对各种水冲击具有更高的社会韧性，从而有利于处理水冲突。以新加坡为例，这个岛国人均淡水只有110立方米，而根据国际标准，如果一个国家的年人均淡水资源低于1700立方米，这个国家则为缺水国。这意味着新加坡是全球水资源压力最大的国家之一。然而，新加坡人并没有任何来自水资源的压力，更不用说缺水。^② 由于在雨水收集、废水回收、海水淡化方面投入了大量资金，加上良好的水资源管理（包括更好的水价机制），新加坡成功地化解了水危机。据估计，目前50%的用水需从马来西亚进口的新加坡，将在不久的将来实现水资源自给自足。新加坡的例子说明，一个水资源极度紧张的国家可以通过探索各种替代水来避免跨界水冲突。因此，一个经济多样性和社会韧性较高的发达国家更有能力将不同的生产要素结合起来。这些国家会探索替代资源，通过虚拟水贸易进口水，采用先进技术（海水淡化、废水回收和节水技术）提高灌溉效率。再以农业用水为例，这个世界上最大的用水产业消耗全球约70%的淡水。然而，随着经济的发展、基础设施和技术的进步，农业用水占总用水量的比例在过去十年中一直稳步下降。就中国而言，从1990年到2012年，得益于大力投资节水技术和引进先进灌溉管理经验，农业单位面积的灌溉用水量降低了20%。^③

总之，政治经济发达的国家基本上有能力适应跨界河流流域水治理。^④ 因为较发达国家有能力通过技术替代或创新来弥补水短缺和应对其

---

① Ji Yeon Hong and Wenhui Yang, "Oilfields, Mosques and Violence: Is There a Resource Curse in Xinjiang?" *British Journal of Political Science* (2018): 1-34.

② Asit K. Biswas and Cecilia Tortajada, "Water Crisis and Water Wars: Myths and Realities," *International Journal of Water Resources Development* 5 (2019):727-731.

③ Ibid.

④ Nils Petter Gleditsch et al., "Conflicts over Shared Rivers: Resource Scarcity or Fuzzy Boundaries?" *Political Geography, Special Issue: Conflict and Cooperation over International Rivers* 4 (2006): 361-382.

他水压力。① 在某些情况下，较发达国家的优先事项或挑战是不同的。此外，相比弱小经济体，较发达的国家也有更多的资源可以用于各种跨界水域的合作项目。② 这一切有助于建立湄公河流域应对与水有关的冲击韧性，从而有助于整个湄公河水治理。从长期来看，经济发展，特别是与水有关的经济发展不仅可以提高各国水利部门的行政能力，且有助于创造缔结跨界水合约的需求。③

然而，另一方面，快速的城市化、工业化和农业发展可能进一步加剧区域国家的缺水状况。面对增长的水资源压力，区域国家可能会倾向于利用更多的跨界水资源。这可能使共有水资源的竞争加剧，从而引发跨界水冲突。此外，从中国自身的发展经验来看，如果在发展中不适当考虑环境因素，就会导致资源严重枯竭、环境污染和社会动荡，从而引发或加剧国内和国家间的水冲突。大量研究发现，在上游修建的水坝可能对湄公河造成不可逆转和长期的生态破坏，并可能威胁到沿岸数百万人的生计。④ 例如，在大规模筑坝的背景下，湄公河地区发生了几起溃坝事件。老挝的水坝于2018年7月发生坍塌。2018年8月，缅甸的大坝也发生坍塌，造成数百人死亡，数千人无家可归。这一切反映了以这一发展途径进行湄公河跨界水治理的潜在风险。

---

① Naho Mirumachi and John Anthony Allan, "Revisiting Transboundary Water Governance: Power, Conflict Cooperation and the Political Economy" (Basel: International Conference on Adaptive and Integrated Water Management, 2007).

② "Belt and Road Economics: Opportunities and Risks of Transport Corridors," World Bank, https://openknowledge.worldbank.org/bitstream/handle/10986/31878/9781464813924.pdf.

③ Jaroslav Tir and John T. Ackerman, "Politics of Formalized River Cooperation," *Journal of Peace Research* 5 (2009): 623-640.

④ Patrick J. Dugan et al., "Fish Migration, Dams, and Loss of Ecosystem Services in the Mekong Basin," *Ambio* 4 (2010):344-348; R. Edward Grumbine, "Using Transboundary Environmental Security to Manage the Mekong River: China and South-East Asian Countries," *International Journal of Water Resources Development* 1 (2017):1-20; Matti Kummu and Olli Varis, "Sediment-Related Impacts Due to Upstream Reservoir Trapping, the Lower Mekong River," *Geomorphology* 3-4 (2007): 275-293; Kenneth R. Olson and Lois Wright Morton, "Water Rights and Fights: Lao Dams on the Mekong River," *Journal of Soil and Water Conservation* 2 (2018): 35A-41A.

五、结论

过去几年来，中国的湄公河政策发生了显著变化。本文以霍尔的政策范式和社会学习理论为基础，论证这些变化不仅是技术上的调整，而且是中国湄公河政策的范式转变。笔者认为，自2013年以来，中国大力推进周边外交。随着"一带一路"合作的逐渐展开，中国正在以"中国方案"作为解决各种全球和地区治理问题的一个重要选项。笔者进一步认为，在跨境河流治理方面的"中国方案"，可以被称为"发展途径"。特别是自澜湄机制建立以来确立了"3+5+X"合作框架，即以政治安全、经济和可持续发展、社会人文为三大支柱，优先在互联互通、产能、跨境经济、水资源以及农业和减贫领域开展合作。过去几年，中国不仅与湄公河国家展开了全方位的水合作，还向区域基础设施开发、制造业、农业、旅游、教育等各个领域注入了数十亿美元的投资。

笔者认为，中国正在推动这种发展途径作为处理跨界水冲突的可能理论以及政策选项之一。虽然现在判断中国的发展途径最终将如何影响湄公河流域及其他地区的水政治还为时过早，但理论和实证证据表明，这既存在机遇，也带来风险。一方面，经济发展和区域一体化有助于社会韧性，减少因资源竞争引起的冲突。另一方面，在未适当考虑社会和环境的情况下，不平衡和不可持续的发展会导致严重的资源枯竭、环境污染和社会动荡，从而可能引发或扩大地区和国家间的水冲突。此外，鉴于中国过去几十年的经济持续增长带来的社会巨变，不难理解为什么中国决策者和学者认为发展是解决各种问题，包括跨界水冲突的根本途径。然而，应该指出的是，在世界上许多国家，发展作为一个术语，已不再具有完全正面的含义。相反，世界许多地区都见证了反发展运动的兴起。就湄公河而言，在过去几十年中，环境团体、民间社会行动者和当地社区针对水坝、河流疏浚项目和调水工程的反对声音越来越强烈。因此，在湄公河地区，中国倡导并推动的发展途径是否会被其他国家认同并接受还有待观察，而问题的关键在于如何确保可持续发展。

国际河流综合管理的理论和实证

何艳梅[*]

【内容提要】共同利益理论是目前最先进、最理想的国家水权理论，其实质是对国际流域水资源及相关资源和生态系统进行综合管理。综合管理是确保国际河流水安全、生态安全和地区安全的最有效手段，其实施路径大致包括数据和信息交流、签订局部流域水条约、建立和运作局部流域管理机构、单纯的水量分配、进行联合开发、签订全流域水条约、建立和运作全流域管理机构等。综合管理应当成为每个国际流域开发利用和管理的理想和目标。自20世纪90年代以来，在欧洲、北美洲、南部非洲和南美洲的部分国际河流流域，都出现了全流域或子流域综合管理的趋势。我国对境内国际河流的开发利用可以考虑以共同利益理论为指导，逐步迈向综合管理。

【关键词】国际河流；共同利益理论；综合管理；流域条约联合管理机构

国际河流的开发利用及其综合管理问题是沿岸国边界和外交事务中的重大问题，是影响沿岸国水资源安全、能源安全和边疆地区国计民生的重大问题，也是关系到区域政治、经济稳定与生态安全的重大问题。根据2002年对国际河流的统计，全球现有265条国际水道，分布在146个国家，其流域面积占地球陆地面积的47.9%[①]，拥有全球60%的河川径流水资源，居住着世界约40%的人口。我国境内大约有42条国际河流，包括黑

---

* 何艳梅，上海政法学院教授。

① 国际大坝委员会：《国际共享河流开发利用的原则与实践》，贾金生、郑璀莹、袁玉兰、马忠丽译，中国水利水电出版社，2009，第4页。

龙江（阿穆尔河）、额尔齐斯河—鄂毕河、伊犁河、澜沧江—湄公河、雅鲁藏布江—布拉马普特拉河、怒江—萨尔温江等，多为有世界影响的大河。[1] 这些河流绝大多数发源于我国，它们流经14个邻国[2]，或者形成两国之间的边界。这些河流流域涉及我国9个边界省份和自治区[3]，延伸向19个国家。[4] 这些河流流域面积约占全国陆地面积的21%，界河长度约占全国陆地边界的1/3，出境和流入界河的年均水量占全国总水量的26%。我国是亚洲乃至全球最重要的上游国之一，也是"水塔"。为了满足对日益匮乏的水资源的需求，尤其是水能资源的需求，我国积极调整水电开发战略，将国际河流特别是西南地区的国际河流作为未来水电开发的重点。我国对国际河流的开发势必受到国际政治、地缘政治、国际水法、区域稳定、环保压力等各种因素的影响。在严峻的形势面前，我们需要关注国际河流综合管理的理论与实践，并从中获取启迪和借鉴。

一、共同利益理论与国际流域综合管理

共同利益理论是国际水法的基本理论之一，也是目前最先进、最理想的国家水权理论。所有法律和政治秩序都围绕着社会承认的共同利益，在国际流域综合管理领域也不例外。

（一）共同利益理论的含义

国际流域是指跨越两个或两个以上国家，在水系的分界线内的整个地理区域，包括该区域内流向同一终点的地表水和地下水，也包括国际河流（湖泊）、跨界地下水等。国际流域的整体性，决定了流域各国对国际流域

---

[1] 关于这些河流的流域面积、沿岸国等基本特征，详见：何艳梅《中国跨界水资源利用和保护法律问题研究》，复旦大学出版社，2013，第28—29页。

[2] 这些邻国包括朝鲜、俄罗斯、蒙古国、哈萨克斯坦、吉尔吉斯斯坦、塔吉克斯坦、不丹、缅甸、老挝、尼泊尔、巴基斯坦、阿富汗、印度和越南。

[3] 这些省份和自治区包括黑龙江、内蒙古、吉林、辽宁、新疆、青海、西藏、云南、广西。

[4] Patricia Wouters and Huiping Chen, "China's 'Soft Path' to Transboundary Water Cooperation Examined in the Light of Two UN Global Water Conventions—Exploring the 'Chinese Way'," *The Journal of Water Law* 22 (2011): 229.

具有共同利益，或者必须寻找到利益的共同点。国际流域各国对共享水资源的开发利用，由于各国政治、经济状况和利益诉求的不同，以及地质、地理、气候和生态环境的差异，不可避免地存在利益矛盾和冲突。但是流域各国也存在着一些共同的利益和目标，包括对流域水资源的合理开发利用（灌溉、航行、渔业、工业、娱乐等）、对流域生态系统健康的关注，对流域可持续发展的愿望等。共同利益理论的出现和发展，反映了在全球化、水短缺、水污染的趋势下，流域各国之间共同分享、合作利用流域水资源，以共享其利，共同维护流域生态系统，改善流域各国人民生活条件的愿望。①

（二）共同利益理论在国际文件中的规定及其运用

共同利益理论是在国际河流的航行活动中形成和发展起来的。共同利益理论在国际条约和软法文件中都有规定或体现。国际法研究院1961年《关于国际非海洋水域利用的决议》序言、1979年《关于河流和湖泊的污染与国际法的决议》序言、1969年《银河流域条约》第1章、1995年《南部非洲发展共同体关于共享水道的修订议定书》第3条第3款明确规定了共同利益原则。《关于国际非海洋水域利用的决议》序言认识到，在对可得自然资源进行最大化利用时存在共同利益；为了对涉及几个国家的水进行利用，每个国家都可以通过协商、共同规划和互惠的让步，获得更有效地开发自然资源的收益。《关于河流和湖泊的污染与国际法的决议》序言指出，关注对国际河流和湖泊的各种潜在利用，（关注）对这些资源合理和公平利用中的共同利益，在各种利益之间获得合理的平衡。《银河流域条约》第1章明确规定，签约各方同意联合各方力量以促进银河流域的协调发展，并实现对该地区有直接和间接影响的区域物理上的统一；为实现该目标，将在流域范围内寻有共同利益的领域，并促进其研究及各种项目和工程的开展，同时制定必要的操作协议和裁决手段，促进涉及共同利益的其他工程的开展，特别是那些关于地区自然资源的储存量、评估和发展情况的工程。《南部非洲发展共同体关于共享水道的修订议定书》第3条第3款规

---

① 何艳梅:《中国跨界水资源利用和保护法律问题研究》，复旦大学出版社，2013，第34—35页。

定，成员国承诺尊重和适用有关共享水道系统资源的利用和管理的一般或习惯国际法的现行规则，尤其是，在这些系统和有关资源的公平利用中，尊重和遵守……共同利益原则。

联合国1997年《国际水道非航行使用法公约》和国际法协会2004年《柏林规则》没有使用共同利益的措辞，但是都是以共同利益理论为指导或者受其影响。《国际水道非航行使用法公约》没有直接使用"共同利益"的措辞，而是规定国际水道"最佳和可持续的利用和受益""公平合理地参与国际水道的利用、开发和保护"等内容。这些内容显然以共同利益理论为指导。公约第3条第4款规定，两个或两个以上水道国之间缔结的水道协定，可就整个国际水道或其任何部分或某一特定项目、方案或使用订立，除非该协定对一个或多个其他水道国使用该水道的水产生重大不利影响，而未经它们明示同意。这显然受到了共同利益理论的影响。公约第5条引入了公平参与的概念和原则，同样也是受到共同利益理论的启发。《柏林规则》也没有使用共同利益的措辞，但是，其第10条第1款和第2款规定了"公平、合理和可持续地参与国际流域水的管理""实现最佳和可持续的利用和受益"等内容。这些内容显然也以共同利益理论为指导。《柏林规则》第3条第19款规定，可持续利用是指对水资源的一体化管理，以确保为了当代和将来后代的利益有效利用和公平获得水，同时保全可更新资源，将不可更新资源维持在可能合理的最大限度。规则第10条第2款显然受到了共同利益理论的影响，它规定流域国对国际流域水的利用不应对其他流域国的权利或运用造成重大不利影响，除非有后者的明确同意。规则第12条第2款规定实现国际流域最佳和可持续的利用和受益，第10条第1款确立了公平参与的权利，这些都体现了共同利益理论的特点。

（三）共同利益理论与限制领土主权理论的关系

共同利益理论以生态系统为本位。尽管限制领土主权理论较好地平衡了共同沿岸国之间的主权、权力和利益，是对国际法律秩序的核心仍是国家主权这一客观现实的正确反映，然而它过于强调国家主权的维护和国家利益的满足在跨界水资源利用中的核心地位，忽视了跨界水资源的水文特性和水生态系统的整体性。在水资源的经济、社会和生态需求发生冲突时，往往牺牲生态需求，不利于对跨界水资源和水生态系统的保护。美国和加拿大签订的《哥伦比亚河条约》，尽管其水电和洪水控制目标已经实现，但是该条约也是仅注重河流开发的经济效益，两个沿岸国面临着保护流域濒危生物物种、环境质量和可持续性的挑战。[①] 咸海流域因为流域各国各自为政的开发活动和对水资源的挥霍性消耗[②] 而造成的水位下降、水质恶化、河流断流、生物多样性受到严重威胁、居民健康严重受损等生态灾难，更是触目惊心。[③] 因此，水文学家和环境保护组织主张在国际水法中实施共同利益理论。

限制领土主权理论与共同利益理论是现行的国家水权理论，都是对传统国家水权理论的突破。两者都强调国际合作，但是所要求的合作程度有异。限制领土主权理论强调在尊重国家主权的基础上进行合作，着眼点在于"主权"；而共同利益理论在一定程度上超越了主权，要求为了满足流域人民基本需求、合理分配水量、保护水质和水生态系统而进行一体化管理。以限制领土主权理论为依据的公平和合理利用、不造成重大损害、国际合作等原则，都将重点集中在水量分配、水益分享和污染控制方面；而以共同利益理论为依据的保护跨界水生态系统原则，目的是保障所有沿岸国人民的基本用水需求，保护流域水生态系统，实现流域经济、社会和环境的可持续发展。因此，共同利益理论强化和拓展了限制领土主权理论，因为它要求在管理跨界水资源方面的较高程度的合作，而且更准确地界定了流域系统，将其作为由所有沿岸国分享的统一体。[④]

（四）共同利益理论的实质——国际流域综合管理

从上述文件的规定和国际社会的实践来看，共同利益理论的实质是：不仅在自然、地理方面，更重要的是在生态环境方面，将整个国际流域作

① Thomas G. Bode, "A Modern Treaty for the Columbia River," *Environmental Law* 47 (2017): 82.

② 特别是在灌溉农业方面，咸海流域灌溉农业占总用水量的92%。

③ Victor Dukhovny and Vadim Sokolov, "Lessons on Cooperation Building to Manage Water Conflicts in the Aral Sea Basin," Technical Documents in Hydrology 11 (2003)；杨立信：《水利工程与生态环境（一）——咸海流域实例分析》，黄河水利出版社，2004，第68—80页。

④ Albert E. Utton and John Utton, "The International Law of Minimum Stream Flows," *Colorado Journal of International Environmental Law and Policy* 10 (1999): 9.

为一个整体来看待，对流域及其水资源进行综合管理，这是对国际流域水资源进行公平和合理利用、以取得最佳效益的唯一途径。综合管理的概念早在1958年被联合国一个专家组提出，与流域可持续发展的目标有很大相似性。包括联合国环境规划署、全球水伙伴[①]等在内的各种政府间和民间国际组织，都努力在全世界推行水资源综合管理。全球水伙伴将水资源综合管理定义为"在不损害重要生态系统的可持续性的同时，以公平的方式促进水、土地及相关资源的协调开发和管理，以使经济和社会福利最大化的过程"。[②]

笔者认为，综合管理具有两种含义：一是实施流域水资源综合管理，即将流域水质与水量、地表水与地下水进行统一管理；二是实施流域生态系统管理，即将水资源的管理与水生生物、陆地、森林、海洋等其他资源的管理适当结合，因为"在生态系统中，一切都相互依赖"[③]。科学研究和事实表明，流域水资源的利用与其他自然因素具有密切联结，比如森林砍伐和气候变化、土地退化和荒漠化。流域生态系统管理也可以在对水资源的经济、社会和环境利用等各种冲突的利益之间进行有效协调。《21世纪议程》第18章第8条规定，"水资源综合管理的依据构想是，水是生态系统的组成部分，水是一种自然资源，也是一种社会物品和有价物品，水资源的数量和质量决定了它的用途性质。为此目的，考虑到水生生态系统的运行和水资源的持续性，必须予以保护，以便满足和调和人类活动对水的需求。在开发和利用水资源时，必须优先满足基本需要和保护生态系统"。《21世纪议程》第18章第5条就淡水部门提出了7个方案领域[④]，第一个就是"水资源的综合开发与管理"，并在该章第6—22条详细规定了水资源综合开发与管理的行动依据、目标、活动和实施手段。

---

① 全球水伙伴（Global Water Partnership, GWP）是一个国际网络组织，它的宗旨是通过推动、促进和催化，在全球实现水资源一体化管理的理念和行动。

② Thomas G. Bode, "A Modern Treaty for the Columbia River," *Environmental Law* 47 (2017): 85.

③ 陶希东：《中国跨界区域管理：理论与实践探索》，上海社会科学院出版社，2010，第76—77页、第95—96页。

④ 这7个方案领域分别是：（1）水资源的综合开发与管理；（2）水资源评价；（3）水资源、水质和水生生态系统的保护；（4）饮用水的供应与卫生；（5）水与可持续的城市发展；（6）可持续的粮食生产和农村发展的用水；（7）气候变化对水资源的影响。

综上，笔者认为，国际流域综合管理应当包含以下一些要素：流域各国共享流域水资源，对流域水资源享有平等的管理权、利用权、水益权和补偿权；通过所有流域国的合作和参与，制定并实施全流域利用和保护规划、方案、协议等；签订和实施全流域条约，建立和运作全流域的联合管理机构；实行综合生态系统管理，即将水资源的管理与水生生物、陆地、森林、海洋等其他资源的管理适当结合。

二、国际河流综合管理的路径

国际河流一般是指流经或分隔两个或两个以上国家的河流或湖泊，包括一般国际法意义上的界河（界湖）、多国河流（湖泊）和通洋河流（湖泊）等。尽管国际河流数量极为有限，在全球淡水资源总量中所占比例极小，却是国际社会对国际流域进行利用的最主要的对象，也是相关国际实践最早、最丰富的领域。

国际河流综合管理的路径问题，实际上就是如何处理沿岸国个体利益与流域整体利益之间的矛盾，即如何实现沿岸国个体理性与集体理性相统一，谋求流域整体利益的最优化。在一个具有共同利益的群体中，每个个体都是从自身利益出发进行理性选择。忽视或牺牲集体的共同利益，结果往往对共同利益造成损害，即个体的理性往往导致集体的非理性。而集体理性是指某一集体中的大部分成员在"共同信念"导向下，采取一致行为追求公共利益最大化，而且集体行动存在潜在收益。很明显，促使个体理性与集体理性保持一致，才能实现集体公共利益的最大化。但是，这需要利益共同体中的每个个体成员都能够按照某一准则采取统一的集体行动。就国际河流流域而言，这"某一准则"是指全流域条约或全流域开发利用规划。当然，在国际流域开发利用问题上，流域各国采取统一集体行动存在着利益各异、主权至上、霸权主义、官僚腐败、"搭便车"心理等现实的困境。要走出集体行动的困境，不能单纯依靠国家、政府之间的正式组织，也不能单纯依靠市场、公民等非正式组织，而是需要"政策网络"之内的各行动主体的平等参与和协商。应将计划与市场相结合，集权与分权相结合，正式组织与非正式组织相结合，进行"全社会治理"。①

国际河流综合管理可以由以下循序渐进的路径组成：数据和信息交流—签订局部流域水条约—建立和运作局部流域管理机构—单纯的水量分配—进行联合开发—签订全流域水条约—建立和运作全流域管理机构—进行流域综合管理。共同沿岸国之间可以先建立信息共享和交流机制，之后再谈判达成双边或多边水条约，建立局部流域管理机构，单纯进行水量分配，或者联合进行水利工程开发，在条件成熟时再达成全流域条约，建立和运作全流域管理机构，最终实现综合管理。流域各国通过合作与协商，订立一个兼顾各国国家利益的公正合理的全流域条约，建立和运作全流域管理机构，也是解决流域水争端的最佳途径。

（一）数据和信息交流

由国际河流的跨国性、整体性和共享性所决定，国际合作应当成为国际河流开发利用和保护的基本原则。沿岸国之间的稳固合作，是对国际河流实施综合管理的先决条件。事实证明，大多沿岸国都有合作的意愿。美国俄勒冈州立大学的研究发现，在过去的50年中，沿岸国之间的合作要比冲突多两倍多。1996年《南非新水法的基本原则和目标》明确规定，对于跨界水资源，特别是共享的河流体系，应当本着相互合作的精神，以一种使各方利益最佳化的方式进行管理。②

信息共享往往是走向正式合作机制的第一步，通常可以在技术层面实现。国际河流综合管理或合作开发的第一步，就是促进共享流域的水文数据和信息交流。信息交流可以促进国家关系的发展，建立信任，推动对话进程，为未来水条约的签订打下良好的基础。通常需要交流的信息如下：接近实时的气象水文数据、地下水位及埋深数据、用水数据、水质数据、土地使用变化数据、人口统计数据、环境参数的监测数据。

现代信息交流技术使数据系统的建立成为可能，利用互联网，各种数据可以接近实时地收集和传输。目前，世界气象组织正在推广数据和信息

---

① 国际大坝委员会：《国际共享河流开发利用的原则与实践》，贾金生、郑璀莹、袁玉兰、马忠丽译，中国水利水电出版社，2009，第9页。

② 参见《南非新水法的基本原则和目标》原则11的规定。

的交流，并号召建立世界水文循环观测系统。世界气象组织和欧盟已经资助建立了南部非洲发展共同体水文循环观测系统，覆盖了南部非洲的大部分国家。此举在严重干旱和洪水时期非常有效，能够使沿岸国特别是下游国实时了解跨境来水量或连续监测洪水位的变化，以及时采取有效的应对措施，将损害降至最低程度。

（二）签订流域水条约

在进行信息交流的基础上，通过谈判和协商，沿岸国之间可以达成流域水条约，为共享水资源利用和保护的进一步合作提供依据。流域水条约的总体目标是促进沿岸国之间更为密切的合作，促进对共享水域可持续或协调的利用、保护和管理。但是缔结流域水条约的最常见和最迫切的原因，是沿岸国之间维持良好关系和互惠的愿望。[①] 美加《哥伦比亚河条约》和《美国和加拿大关于大湖水质的协定》成功签订和实施的实例说明，当共同沿岸国有友好关系的历史，并且创建了一个旨在解决跨界水利用问题的永久的法律和行政框架时，跨界水资源管理更有可能获得成功。[②]

沿岸国之间的友好关系有助于它们之间达成和较好地实施流域水条约，但是也有实例证明，如果条约带给所有缔约方有形的好处和利益，条约也会发生积极作用，而不论当事方之间的总体关系如何。以《印度河水条约》为例，尽管印度与巴基斯坦之间一直存在矛盾和冲突，有些还很尖锐，但是都保持在水问题之外，并没有影响条约发挥作用。

（三）建立和运作流域联合管理机构

条块分割、各自为政的国别政治治理格局，难以适应流域的整体性、共享性特点和流域综合管理的需要。综合管理的必不可少的形式是采用流域方法，建立流域联合管理机构。事实上，组织机构建设是综合管理的根本基础。

---

① Asit K. Biswas, "Management of Transboundary Waters: An Overview," in Olli Varis, Cecilia Tortajadas, and Asit K. Biswas, eds., *Management of Transboundary Rivers and Lakes* (Berlin: Springer-Verlag Berlin Heidelberg, 2008), p.38.

② Keith W. Muckleston, "*International Management in the Columbia River System*," PCCP Publications 2001-2003,PCCP Series,No.12.

流域联合管理机构是一种依据流域水条约而设立的专门性的政府间国际组织,是流域管理的常设机构,参加的成员是缔约方政府所指定的代表。它具有国际组织的共性,同时也有其鲜明个性,主要表现在两方面。一是行政管理性。流域联合管理机构一般都有权力监督各缔约国的履约情况,并定期向缔约国政府提出报告,与缔约国互相交换和收集信息,有些机构还有解决争议的职能,因此有较强的行政管理性。二是科学技术性。流域联合管理机构技术力量雄厚,专门人才众多,重视发挥专家的作用,往往在对流域水体本身以及流域工程设施进行实证调查和研究的基础上开展工作,履行职责。

尽管流域联合管理机构通常实施权力有限,作为实施机构也不是很有效,但是大量事实证明,它们在作为联系、讨论、材料和信息交流的渠道方面发挥了重要作用。另外,它们的贡献有时可能超出水领域。从已经建立的流域联合管理机构的运作情况来看,沿岸国之间存在争议的许多问题可以在这一机构的框架内解决。它们即使没有真正地改进国际关系,至少也阻止了关系的恶化。[①]

三、国际河流综合管理的实证

综合管理应当成为每个国际流域开发利用和管理的理想和目标。国际河流水资源开发利用的世界趋势已经证明,这一理想并非遥不可及。自20世纪90年代以来,在南部非洲、南美洲、欧洲和北美洲的部分国际河流流域,都出现了全流域或子流域综合管理的趋势。下面以南部非洲国际河流流域的综合管理为例进行实证。

南部非洲地区有3个突出特征:第一,它包含至少15条国际河流流域,其中有著名的因科马蒂河(Incomati River)、马普托河(Maputo River)、林波波河(Limpopo River)、奥兰治河(Orange River)、赞比亚河(Zambezi River)、库内纳河(Cunene River)等。这些河流虽然跨越不

---

① Asit K. Biswas, "Management of Ganges-Brahmaputra–MeghnaSystem: Way Forward," in Olli Varis, Cecilia Tortajada, and Asit K. Biswas,eds., *Management of Transboundary Rivers and Lakes* (Berlin: Springer-Verlag Berlin Heidelberg, 2008), p.2.

同政治边界，但是相互之间形成了不同类型的水文联系。第二，该地区4个经济最发达的国家，即南非、纳米比亚、津巴布韦和博茨瓦纳，都是水短缺国，用水量接近它们可得水资源的极限。普遍的水短缺很可能在不久的将来限制它们的经济发展潜力，于是，水资源管理就被提升到了关乎国家安全的高度。如果水资源管理不力，将成为未来冲突的动因。第三，这4个国家彼此关联，因为它们是奥兰治河和林波波河流域的共同沿岸国。而这两个河流流域对每个沿岸国都具有战略重要性，它们的经济活动在很大程度上依靠这两条河流。

因科马蒂河、马普托河、林波波河和奥兰治河都曾经是存在安全风险的河流，有的共同沿岸国之间存在敌对关系，甚至爆发过武力冲突。然而，随着国际关系的正常化，在共同利益的驱动下，这些河流流域的沿岸国都缔结了全流域条约，建立并运作全流域管理机构。

（一）林波波河流域综合管理进程

林波波河从上游往下游依次流经博茨瓦纳、南非、津巴布韦和莫桑比克4个沿岸国。其中博茨瓦纳是上游国，气候干燥，南非和津巴布韦是中游国，林波波河的主航道形成了它们之间的边界。该河对各沿岸国都具有战略重要性。它是博茨瓦纳大量人口的生计所在；它维持南非许多采矿业和农业，还是南非克鲁格国家公园的重大生态资源；它是津巴布韦唯一可依赖的水源；它是居住在莫桑比克干燥地区的大量高密度人口的唯一可依赖的水源。而该河流域的水资源已被分配殆尽，面临着在不同用水部门之间重新分配水、水质管理（治理非点源污染）、代际公平（保证克鲁格国家公园的生态流量）、国际公平（莫桑比克长期遭受水分配的不公平）、种际公平（南非历史上长期处于不利地位的农民有重新分配水和获取政府支持的需要）等各种问题。

林波波河水管理体制的历史可以追溯到1926年，南非和当时的殖民国葡萄牙就所谓的"共同利益"河流（包括库内纳河、因科马蒂河、马普托河、林波波河等）签订了第一个用水协议，1964年又签署了第二个用水协议。1967年，斯威士兰加入第二个用水协议。1983年，南非、斯威士兰和莫桑比克三国签署协议，成立了三方常设技术委员会，负责管理科马蒂河、马普托河和林波波河。但是，津巴布韦被排除在外，因为当时津巴布韦与南非关系紧张。由于三方常设技术委员会排除了津巴布韦，并且管理范围过大（同时管理3条不同的河流），运作效果并不理想。于是，南非和博茨瓦纳于1983年谈判，设立了一个双边体制，成立了联合常设技术委员会。1984年，南非和莫桑比克签署和平协议，使南非和莫桑比克关系正常化。随着国际关系的稳定，水资源的联合开发变得可行。于是在1986年，4个沿岸国共同建立了全流域管理机构——林波波河流域常设技术委员会。2003年，所有沿岸国达成了全流域的协议，即《关于建立林波波水道委员会的协议》，成立了林波波水道委员会，该流域管理体制的演变最终形成。这种演变说明，在达成更有包容性的全流域协议之前，沿岸国会谈判达成双边安排。一旦国际关系正常化的政治气候形成，就更易谈判达成全流域安排。①

（二）奥兰治河流域综合管理进程

奥兰治河从上游往下游依次流经莱索托、南非和纳米比亚，并形成南非和纳米比亚的边界，但是两国对这一边界存在争议。上游国莱索托对南非的经济依赖程度很高，而南非对奥兰治河的经济依赖程度很高。下游沿岸国纳米比亚南部地区的经济活动亦高度依赖奥兰治河。博茨瓦纳较为特别，它没有为奥兰治河贡献流量，没有利用该流域的地表水，但是它是奥兰治河的沿岸国。这是因为林波波河和莫洛波河（Molopo River）这两条河形成了博茨瓦纳与南非的边界，虽然这两条河都对奥兰治河没有水力贡献。博茨瓦纳利用其法律权利，从事一个"正常"沿岸国的所有活动，大打水文政治牌，这样也打开了将来从"莱索托高地水项目"得到水供给的大门。目前，这种供给在技术上是可行的，但是可能因费用较高而不够现实。

奥兰治河流域也面临着水短缺、水量再分配、水质恶化等问题，不过幸运的是，生态需水问题得到了重视。南非和莱索托于1978年创建了联合技术委员会，以调查签订条约（即后来的《莱索托高地水项目条约》）的

① Anthony Turton,"The Southern African Hydropolitical Complex," in Olli Varis, Cecilia Tortajada, and Asit K. Biswas, eds., *Management of Transboundary Rivers and Lakes* (Berlin: Springer-Verlag Berlin Heidelberg, 2008), pp.35-36, pp.48-50.

可行性。该条约于1986年签订，规定了复杂的水共享方案。条约创立了联合常设技术委员会、莱索托高地开发管理局等机构。在该条约和项目实施期间，两国签署了各种新协议，每个都处理特定的事宜。1999年，联合常设技术委员会被升级为"莱索托高地水委员会"，以便开展更为密切的合作。随着冷战的结束，南非从各种地区解放战争中解脱出来，而纳米比亚的独立已成事实。于是，南非和纳米比亚于1999年建立了常设水委员会，实施了联合灌溉项目。而纳米比亚一旦独立，奥兰治河流域的所有沿岸国就开始了建立奥兰治河委员会的谈判，并在2000年结出果实。4个沿岸国签署了《关于建立奥兰治河委员会的协议》，成为南共体《南部非洲发展共同体关于共享水道的修订议定书》之下建立的第一个全流域体制。因此，虽然时代的发展会演变出诸多体制，但是最初的焦点是作为地区霸权国的南非与其他沿岸国的双边安排。当各种条件都具备时，谈判达成全流域体制也就水到渠成。而《莱索托高地水项目条约》后来成为科马蒂流域水管理局成立和《因科马蒂和马普托水道临时协议》达成的基础。

（三）因科马蒂河和马普托河流域综合管理趋势

因科马蒂河从上游国南非流经斯威士兰，后又流回南非，两国称之为"科马蒂河"，南非是科马蒂河的上游国兼下游国。该河到达下游国莫桑比克，始称为因科马蒂河。马普托河同样从南非流经斯威士兰，到达下游国莫桑比克。南非和斯威士兰对于在科马蒂河开发联合项目的可行性进行了共同研究，制订了科马蒂河的优化开发方案，并最终达成了共享水资源与共同投资的协议。协议规定，在南非和斯威士兰的科马蒂河上各建一座大坝，南非的大坝只为南非及莫桑比克供水，而斯威士兰的大坝可同时为3个国家供水。但是，这项研究及随后签订的协议有个缺点，缺乏下游国莫桑比克的参与，因为当时该国发生了严重的国内冲突，并且与南非关系紧张。后来经过谈判，莫桑比克在1992年签署了协议，同意在南非和斯威士兰的科马蒂河上建造两座大坝，前提条件是它能够参加整个因科马蒂河和马普托河开发项目的联合研究，并且确保它能够得到一定的跨境来水流量。在通过1983年成立的全流域组织机构——三方常设技术委员会对因科马蒂河和马普托河进行联合研究的基础上，并且根据《南部非洲发展共同体关于共享水道的修订议定书》的规定，3个沿岸国于2002年8月签署了

《因科马蒂和马普托水道临时协议》。这是一个所有沿岸国参加的全流域协议，是在沿岸国国内局势稳定、国际关系正常化之后签署的。协议规定，确保今后共享流域内所有基础设施的建设都应当事先通过研究和评价，以及在信息交流、监测和控制水污染方面合作，以保护流域所有国家不会因为项目开发或其他活动遭受重大的不利影响。① 该协议反映了三国经济与社会发展中公平和合理地利用共享水道、公平参与共享水道的管理，以及保护水环境的原则，以免上游国家对共享河流过度开发，为下游国莫桑比克提供了保护。此后，三国开始实施该临时协议，并且进行了一系列详细研究，以最终达成两条河流水资源全面开发和利用的长期协议。② 其中，因科马蒂河的综合协议已经完成，马普托河的综合协议尚未完成。

在哥伦比亚河（Columbia River）、科罗拉多河（Colorado River）等北美洲的界水流域，也有望建立基于流域生态系统方法的综合管理体制。因为除五大湖流域之外，美国与加拿大和墨西哥关于界水的现行条约和管理体制偏重于水供给，忽视水污染和生态系统保护，沿岸国正在考虑予以改进。比如，美墨两国在考虑通过一项新的综合性条约，建立一个“国际咨询理事会”或委员会，以综合解决两国边界地区所有的水供给和水污染问题。③ 由于在生效60年后任何一方都可以随时通知对方于10年后终止《哥伦比亚河条约》，美加两国于2018年5月开始了对条约现代化的谈判。美国政府在其启动关于条约现代化谈判的新闻稿中称，其核心目标包括持续而谨慎地管理洪水风险、确保可靠而经济的电力供应，以及更好地处理生态系统方面的关切。④

---

① 参见《莫桑比克共和国、南非共和国和斯威士兰王国关于合作保护和可持续利用因科马蒂河和马普托河水道水资源的三方临时议定书》第4—13条。

② 国际大坝委员会：《国际共享河流开发利用的原则与实践》，贾金生、郑璀莹、袁玉兰、马忠丽译，中国水利水电出版社，2009，第15页，第28页，第30页。

③ Robert C. Gavrell, "The Elephant under the Border: An Argument for a New, Comprehensive Treaty for the Transboundary Waters and Aquifers of the United States and Mexico," *Colorado Journal of International Environmental Law and Policy* 189 (2005): 34.

④ 胡德胜：《国际水法上的利益共同体理论：理想与现实之间》，《政法论丛》2018年第5期。

四、对我国国际河流综合管理的设想与建议

（一）我国国际河流的开发利用和合作管理现状

长期以来，由于我国境内的国际河流多处于高山峡谷，生态环境脆弱，或者沿岸国众多，有的甚至还没有解决边界纠纷，加之某些开发规划或项目受到下游国和环保组织的反对或抵制，总体开发利用程度较低。但是，进入21世纪前后，在能源需求、大坝承建方和电力企业不断努力，以及实现"十二五"期间的低碳目标等多种因素的影响下，我国国际河流的大坝建设和分水行为密集起来。比如，我国为了油田开发、棉花灌溉等的需要，在额尔齐斯河和伊犁河实施了分水工程。① 在发源于青藏高原的澜沧江流域，云南段计划建设15座梯级电站，其中5座已经完成建设并投入运营。澜沧江西藏段计划建设6座梯级电站，预计2030年完成。② 在发源于青藏高原的雅鲁藏布江流域，其水电呈梯级开发趋势，干流中游规划了五级电站，其中的藏木水电站于2010年9月正式开工建设。在发源于青藏高原的怒江流域，其干流梯级水电开发规划早于2003年出台，由于社会争议非常激烈，规划被暂时搁置。

同时，为了促进与俄罗斯、哈萨克斯坦、蒙古国、朝鲜等国际河流沿岸国的合作，或者响应其要求，我国分别与上述各国缔结了一些双边水道协定。比如，2011年的中哈《界河水质保护协定》、2010年的中哈《关于共同建设霍尔果斯河友谊联合引水枢纽工程协定》、2008年的中俄《关于合理利用和保护跨界水的协定》、2001年的中哈《关于界河利用和保护的合作协定》、1994年的中蒙《界水保护和利用协定》、1978年的中朝《鸭绿江和图们江水利工程合作协定》。其中，中俄《关于合理利用和保护跨界水的协定》、中哈《关于界河利用和保护的合作协定》、中蒙《界水保护和利用协定》是关于界水利用和保护的综合性、框架性协定，规定或体现了国际水法的基本原则，即公平和合理利用、不造成重大损害、国际合作

---

① Richard Stone, "For China and Kazakhstan, No Meeting of the Minds on Water," *Science* 337 (2012):406.

② Meng Si, "The Fate of People Displaced by the Mekong Dams," China Dialogue, https://www.chinadialogue.net.

原则。其他双边协定则属于专门的水质保护协定、水量分配协定、合作开发协定或科研合作协定。这些框架性或专门性水道协定也相当具体地规定了合作的方式和途径，包括信息交流、水质监测、联合科研、紧急反应合作、通过协商解决争端等。有的双边协定还建立了联合管理机构，它们给缔约方提供了协商的平台，为争端预防发挥了重要作用。

此外，我国还与几个邻国和国际组织签署了双边的水文信息交换协定或备忘，包括与哈萨克斯坦（2006年）、孟加拉国（2008年）、印度（2008年，2013年更新）、俄罗斯（2008年），以及与湄公河下游四国组成的湄公河委员会（2002年，2008年更新），并以其为依据向哈萨克斯坦和俄罗斯提供界河水文资料，向孟加拉国和印度提供雅鲁藏布江汛期水文资料，向湄公河委员会提供澜沧江汛期水文资料。我国根据双边水道协定，分别与俄罗斯和哈萨克斯坦建立了突发事件应急通知和报告制度，与俄罗斯开展了跨界水质水体联合监测和保护、流域生物多样性保护的合作，与哈萨克斯坦开展了界河水质保护、水量分配谈判和合作，并且取得了一定成效。[①] 至于西南地区的国际河流，我国倡导建立了澜湄合作机制，在其之下建立了水资源工作组，与澜沧江—湄公河流域的其他5个沿岸国开展信息交流、应急合作、项目资助等水资源合作。

（二）对我国国际河流开展综合管理的建议

虽然我国已与俄罗斯、哈萨克斯坦、蒙古国、朝鲜等境内某些东北或西北地区国际河流的沿岸国分别缔结了界水利用和保护协定，与有些国家还建立了双边委员会，对界河进行合作开发或管理，但是在这些双边水条约的签订方面采取了非常谨慎的态度，一般避免作出实质性承诺。我国还没有与西南地区国际河流的共同沿岸国签署双边条约和多边条约，开展正式的双边和多边合作。我国的这些做法已经受到了沿岸国的挑战和压力，遭到了国际观察家和学者的批评，美欧等第三行为体也开始介入和干预。因此，我国需要及时调整跨界水资源开发策略，适当顾及共同利益理论，加强与共同沿岸国的国际合作。但是，国际河流的综合管理是需要一

---

① 何艳梅：《联合国国际水道公约生效后的中国策略》，《上海政法学院学报》2015年第5期。

定条件和基础的，并需要一个逐渐完善的过程，现实情况决定了我国要循序渐进地开展有关工作。比如，可以先与共同沿岸国建立信息共享和交流机制，之后再谈判达成双边或多边水条约，建立局部流域管理机构，单纯地进行水量分配或者联合进行水利工程开发。在条件成熟时再达成全流域条约，建立和运作全流域管理机构。

笔者认为，我国对界河和界湖的开发利用可以以共同利益理论为指导，考虑进行综合管理：签订和实施全流域条约，建立和运作全流域组织机构，制定和实施全流域开发利用规则。至于多国河流，我国可以在以下领域与共同沿岸国开展合作，逐步实现共同利益：收集关于水文、水质、水资源利用、土地利用等方面的可靠信息并进行交流；联合开展水资源分布情况和利用规划研究，在设置最小跨境流量方面达成共识，这可最大限度地促成联合建设水利工程；坚持公平和合理的利用和参与原则，解决问题的方案应当以需求而不是以权利为基础；在所有沿岸国参与下，决定最佳的流域开发和管理方案，可以在河流上游联合修建大坝，也可在上游和下游修建跨流域调水工程；改进和加强机构建设，流域管理机构最好能够包括所有沿岸国。

五、结 语

必须承认，国际河流综合管理的概念太宽泛。它试图将流域内的所有涉水活动同时涵盖在一个管理体制之下，要求进行跨地区、跨行业、跨部门的统合和协调管理，这需要对现行流域管理体制进行"大手术"，牵涉复杂的利益博弈和整合，因此在实施过程中面临许多困难。国际河流综合管理的实践还不够丰富，其发展还远未达到足够综合或有效的程度。然而，国际河流的沿岸国为了实现流域共同利益，保障流域水安全、生态安全和地区安全，必须克服非合作博弈的零和思维，秉承流域利益共同体、流域命运共同体的信念，独立自主地建立和实施涵盖地表水和地下水，甚至其他相关资源和生态系统的综合管理体制。因为跨国流域尤其是多国流域的管理具有高度关联性和复杂性，它关乎流域地区和流域国政治安全、经济发展、社会稳定、生态平衡、公众健康甚至文化传承等许多重大问题，涉及国家、国际组织、地方政府、公立和私营部门、公民社会等许多不同行为体的利益，碎片化的协议、制度和组织架构无法切实解决这些问题。从欧洲和北美的成功实践来看，对某一跨国流域的所有流域国来说，使其整体利益最大化的最佳途径，是缔结和实施一项符合流域生态系统方法和现代可持续发展原则的、内容上相对综合的流域条约，建立综合性流域管理机构，赋予其规划、协调、监测、管理等广泛的职权。以此标准衡量，全球尤其是亚非拉地区国际河流综合管理体制的建设任重道远。

适度安全化：湄公河流域命运共同体的构建[*]

王志坚　颜月明^{**}

【内容提要】澜沧江—湄公河的航运、水电、灌溉、环保等问题涉及流域六国，国家间政治、经济、文化差异明显，利益交叉重合。要维持地区水资源可持续和合理发展，提高流域命运共同体认识，湄公河水问题应适度安全化。当前，湄公河流域旱涝等问题安全化程度不够，水电开发和环境保护安全化过度，应分别提高（安全化）和降低其安全级别（去安全化）。而航行问题由于流域当事国依托有关条约和国际法，迅速、妥当地处理了贩毒等国际犯罪带来的威胁，使该问题仍旧处于比较适中的安全级别，这也为我们处理其他安全问题提供了借鉴。因此，湄公河水问题适度安全化应基于国际法，进行水信息适度共享、明确国家水权、健全流域重大事项决策机制。在主权平等、权利义务对等前提下的国际水合作是构建湄公河流域命运共同体的重要一环。

【关键词】湄公河适度安全化；流域命运共同体；国际河流

根据联合国环境规划署（United Nations Environment Programme，简称UNEP）统计，中国有18条国际河流，国际河流数量仅次于俄罗斯、美国、智利，与阿根廷并列第4位。这些流域涉及东北亚、中亚、南亚、东南亚等19个国家，影响约30亿人口。中国境内国际流域面积约280万平方公里，约占整个国土面积的30%，流域水资源量约占中国水资源总量的

* 本文得到江苏省2019年高校优秀中青年教师和校长赴境外研修项目的资助。

** 王志坚，河海大学法学院副教授，南京大学亚太发展研究中心研究员；颜月明，加拿大麦吉尔大学法学院博士研究生。

40%。① 中国也是世界上人均水资源较贫乏的国家，约为世界人均的三分之一，对国际河流的开发有助于缓解水资源供需矛盾。但由于中国国际河流开发时间晚，面临着包括国际舆论、技术、理论等许多阻碍。澜沧江—湄公河（中国境内河段被称为澜沧江）② 是中国西南及东南亚最重要的国际河流，共有中国、老挝、缅甸、泰国、柬埔寨和越南6个流域国。根据美国俄勒冈州立大学跨界淡水争端数据库（TFDD）统计，湄公河流域的总面积与各国所占面积、流域内总人口、各国人口数量以及人口密度等参数如表1所示。

表1　湄公河流域基本参数

国家	流域面积（平方公里）	人口数量（人）	人口密度（人／平方公里）	国家水资源开发利用率
柬埔寨	157831	11260000	71.34	0.1%
中国	171363	6405000	37.78	19.3%
老挝	197254	6062000	30.37	0.8%
缅甸	27581	647100	23.46	0.4%
泰国	193457	24502000	126.65	32.1%
越南	37986	10479000	275.86	2.8%
流域汇总	785472	59355100	75.75（平均）	9.25%（平均）

注：表中流域面积、人口数量、人口密度的数据来自TFDD 2016年统计；国家水资源开发利用率数据参见https://transboundarywaters.science.oregonstate.edu/sites/transboundarywaters.science.oregonstate.edu/files/Database/ResearchProjects/casestudies/mekong.pdf。

湄公河的航运、水能开发、水资源灌溉、水环境保护问题涉及多国，有多种利益交叉重合。流域各国均为发展中国家，在政治、经济、文化上差异明显，加上历史上的矛盾冲突，现实中该地区域外势力的掺杂，使流域合作成为地区安全合作中的重点和难点。本文即以湄公河流域为分析单位，以湄公河航行开发、水电开发、防洪与灌溉、环境保护等领域带来的

① 王志坚：《水霸权、安全制度与制度构建——国际河流安全复合体研究》，社会科学文献出版社，2015，第195页。

② 一般表述为"澜沧江—湄公河"，后文统称为"湄公河"。

安全问题为主要内容，结合俄勒冈州立大学跨界淡水争端数据库和湄公河委员会（MRC）等机构的流域水资源统计数据，对湄公河流域主要的水资源安全问题进行阐述和评价。

一、文献综述

由于澜湄六国对湄公河开发的进程不一以及上下游国家关注的重点不同，伴随着地区复杂的政治气候，湄公河在国际河流跨界航行、共享水资源开发、水环境保护方面，都出现了一系列非传统安全问题。这些问题的加剧会影响到流域国家间关系甚至东南亚安全。

在湄公河航行安全方面，学者的研究多集中于2011年"10·5"湄公河惨案引发的一系列安全问题。谈谭等分析了惨案发生后中国展开的后续处理行动，认为此案是中国通过"创造性介入"实现跨境安全治理的重要尝试。中国外交的"创造性介入"将有利于中国政府切实维护海外中国公民的合法权益[1]，但中老缅泰四国的航运安全合作并非一帆风顺。杨焰婵认为，在集体安全合作中，小国总是对大国心存疑虑，担心大国利用安全合作机制，侵害自己国家的主权。泰国、缅甸在四国航运安全执法行动的某些行为便是这种心态的反应。[2] 陈红梅认为，中老缅泰四国湄公河流域航运执法合作事实上面临着缅甸、泰国政局不稳，域外大国介入，非政府组织和媒体敌意报道的干扰。[3] 雷珺从区域性安全公共产品供给的角度指出，由于中老缅泰四国在文化、政治制度、安全观念等方面存在地区问题，湄公河航运安全制度很难有效建立。[4]

在湄公河水资源安全方面，周章贵认为，澜湄六国对国际水资源的危机应对具有明显的非传统安全合作特征，其实质是"共享安全"。但这样的"共享安全"由于上下游国家利益取向的背离，成为影响地区安全的重

---

① 谈谭、陈剑峰：《"创造性介入"与跨境安全治理——以湄公河惨案后续处理的国际合法律性为例》，《国际展望》2015年第1期。

② 杨焰婵：《中老缅泰湄公河安全合作形势探析》，《云南警官学院学报》2013年第5期。

③ 陈红梅：《中老缅泰湄公河流域执法安全合作的挑战》，《东南亚研究》2014年第4期。

④ 雷珺：《区域性安全公共产品供给的"湄公河模式"——以湄公河流域联合执法安全合作机制为例》，《南洋问题研究》2015年第3期。

要因素。① 郭延军指出，各国目前争议的焦点是下游国家担心上游国家的水坝建设、水电开发等活动会影响下游径流，进而威胁本地区生态、经济甚至国家安全。②

在湄公河水环境保护方面，黎尔平指出，湄公河合作中最大的非传统安全是生态环境安全问题。③

潘一宁论述湄公河水资源的安全化有其必然性和必要性，"其存在实际上较有利于或者说更能促进中国与东南亚国家之间的协商合作，而非敌意对抗"。④

一些学者还对湄公河水安全化的原因作出分析。张励、卢光盛认为，湄公河自然洪涝、湄公河惨案、大坝引起的环境问题等自然因素，加之区外大国和部分国际组织的推波助澜，造成湄公河水安全形势不容乐观。⑤张业亮、谢来辉认为，美国从全球卫生安全、气候合作等问题介入湄公河事务，增加了地区合作难度。⑥ 包广将认为，由于湄公河国家间缺乏信任，湄公河水运还不能发展成为拉动经济增长的重要力量。⑦

关于湄公河水问题的去安全化手段，一些学者认为安全观念、流域机制建设是主要的着力点。叶贵认为，要构建大湄公河次区域（GMS）安全合作机制，首要是确立正确的安全合作理念，积极倡导新安全观。⑧ 郭延军认为，中国应积极推动湄公河体制建设，进行全流域合作。刘瑞、金新

---

① 周章贵：《中国—东盟湄公河次区域合作机制剖析：模式、问题与应对》，《东南亚纵横》2014年第11期。

② 郭延军：《大湄公河水资源安全：多层治理及中国的政策选择》，《外交评论》2011年第2期。

③ 黎尔平：《大湄公河次区域经济合作政治信任度研究》，《东南亚研究》2006年第5期。

④ 潘一宁：《非传统安全与中国—东南亚国家的安全关系——以澜沧江—湄公河次区域水资源开发问题为例》，《东南亚研究》2011年第4期。

⑤ 张励、卢光盛：《"水外交"视角下的中国和下湄公河国家跨界水资源合作》，《东南亚研究》2015年第1期。

⑥ 张业亮：《美国的全球卫生安全政策——以大湄公河次区域为例的国际政治分析》，《美国研究》2014年第3期；谢来辉：《试析美国重返亚太的战略"软"维度：湄公河区域气候合作的意义与挑战》，《辽宁大学学报（哲学社会科学版）》2014年第1期。

⑦ 包广将：《湄公河安全合作中的信任元素与中国的战略选择》，《亚非纵横》2014年第3期。

⑧ 叶贵：《大湄公河次区域安全合作机制研究》，《东南亚纵横》2009年第11期。

认为，大湄公河次区域的非传统安全治理要以"和合主义"为指导，以机制建设为核心，完善沟通渠道。①

在国外文献方面，西西里斯（M. Sithirith）考察了湄公河下游柬埔寨境内的大坝发展、环境和人类安全之间的关系，认为国际河流上的大坝会引起下游国家的不安全感，流域国之间的合作至关重要。② 赛琳娜·何（S. Ho）认为，中国在湄公河流域合作上虽然存在问题，但与下游国家有深层次的联系，这有助于促进湄公河流域合作。③ 武龙明（T. Vu）通过中国在大湄公河次区域的领导力项目作为案例研究，认为中国作为一个有地位和能力的"系统制造者"，特别受益于水电系统的建设，但中国也应注意国家利益与地区团结的平衡问题。④ 皮尔斯·史密斯（S. Pearse-Smith）认为，在湄公河流域不可能发生武装冲突，因为湄公河国家经济发展迫切需要包括水电领域的合作。⑤ 苏哈迪曼（D. Suhardiman）等通过对湄公河委员会的制度分析，揭示了湄公河下游地区国家决策与湄公河委员会制度并不协调，只有国家是国际水政治关系中的唯一或主要参与者。⑥ 舍诺维斯（J. L. Chenoweth）等考察了湄公河、格兰德河和莱茵河流域案例，说明了跨界水资源有关的数据和信息交流是全面合作的起点。⑦ 吉（Seung-Ji）等用"水霸权"框架讨论了中国与湄公河下游国家水电方面的关系，中国水坝收益

---

① 刘瑞、金新：《大湄公河次区域非传统安全治理探析》，《东南亚南亚研究》2013年第2期。

② Mak Sithirith, "Dams and State Security: Damming the 3S Rivers as a Threat to Cambodian State Security," *Asia Pacific Viewpoint* 57(2016): 60-75.

③ Selina Ho, "River Politics: China's Policies in the Mekong and the Brahmaputra in Comparative Perspective," *Journal of Contemporary China* 23 (2014): 1-20.

④ Truong-Minh Vu, "Between System Maker and Privileges Taker: The Role of China in the Greater Mekong Sub-region," *Revista Brasileira De Politica Internacional* 57 (2014):157-173.

⑤ Scott W. D. Pearse-Smith, "'Water War' in the Mekong Basin?" *Asia Pacific Viewpoint* 53 (2012): 147-162.

⑥ Diana Suhardiman, Mark Giordano, and Francois Molle, "Scalar Disconnect: The Logic of Transboundary Water Governance in the Mekong," *Society & Natural Resources* 25 (2012): 572-586.

⑦ J.L. Chenoweth and E. Feitelson, "Analysis of Factors Influencing Data and Information Exchange in International River Basins – Can Such Exchanges Be Used to Build Confidence in Cooperative Management?" *Water International* 26 (2001): 499-512.

可能与下游国家有冲突，但中国也作为投资者和开发商参与下游国家的众多大坝项目。[①]

二、湄公河水问题安全化与去安全化

"安全化"研究是哥本哈根学派在国际安全领域的主要贡献之一。"安全化"概念把安全问题由静止的概念发展成动态概念，成为描述、追踪、判断以及转化安全问题与普通社会问题的重要工具。布赞等认为，安全化是一个过程，当某公共问题被政府部门、社会精英、大众媒体等利益相关方作为"存在性威胁"提出，即使超出一般政治程序也不失为正当，则这个问题就成为安全问题了。[②] 因此，安全化就是使某一公共问题（reference，指涉对象）经过特定演变而成为需要国家高层介入的过程。国家在不同时期有不同的安全重点。在现实中，当某问题被认定为安全化指涉对象时，就会形成新的安全领域。[③]

湄公河的开发与保护问题本不是安全问题。20世纪70年代以前，美国较多地参与了湄公河的调查与开发。越战结束后，美国的直接参与有所减少，其影响主要在湄公河下游的越南。冷战结束后，联合国环境规划署对湄公河水资源开发保护的兴趣增加，欧洲一些国家通过官方援助或直接投资、财团捐助等方式亦参与下湄公河的合作。随着中国的持续发展、对水资源利用效率的提高，一些西方国家、国际组织以及环境保护团体出于不同的目的，利用湄公河沿岸国之间某些正常的矛盾争议，联合下游受影响的国家、社区，提高了各流域国对湄公河水资源的关注度。该公共问题因其"具有危险性"逐渐被安全化，成为安全问题。因此，王庆忠认为，下游国家必须使湄公河水问题去安全化，才能让湄公河水合作健康发展。[④]

---

① Seung-Ji and Lee Seung Ho Choi, "Patterns of International Relations on Hydropower Development in the Mekong River Basin," *Peace Studies* 22 (2014): 389-434.

② 巴·布赞、奥·维夫、迪·怀尔德：《新安全论》，朱宁译，浙江出版社，2003，第32—33页。

③ 梅利·拉贝若-安东尼等：《安全化困境：亚洲的视角》，段青编译，浙江大学出版社，2010，第3页。

④ 王庆忠：《大湄公河水资源"安全化"的形成及影响》，《东南亚纵横》2016年第5期。

但笔者认为，湄公河水问题的安全化并非全是下游国家发动的，上游国、域外势力、非政府组织等都有参与。就目前情况来看，湄公河水问题"适度安全化"有其必然性和必要性。

湄公河水问题安全化一开始是由一些西方国家、湄公河下游国家以及国际环保团体共同推动的。对"共享水资源"是否构成"存在性威胁"的争论，有利于湄公河各国完善综合安全观和地区国家综合发展战略。由于"共同利益困境"，流域各国对合作机制产生了更大的需求，各国政府愿意化解矛盾，推动进一步技术合作，启动去安全化的进程。如从2002年开始，中国无偿向湄公河委员会提供澜沧江—湄公河汛期水文资料。为了增信释疑，2010年6月，中国邀请湄公河委员会参观景洪和小湾大坝。从2011年开始，中国向湄公河委员会提供澜沧江旱季水文数据。中国通过这种去安全化的行为令下游国家和国际社会体会到中国的合作善意，增加了合作机会。

因此，要维持地区水资源可持续开发和合理发展，促进地区水生态、水环境保护，同时保护国家发展利益和社会关切，湄公河水问题的"适度安全化"是必要的。湄公河水问题"适度安全化"要明确其安全化施动者，即由谁来宣布湄公河流域的人们面临着"存在性威胁"。目前，国际组织、环保组织和学术团体，甚至某些西方国家，在湄公河水安全化过程中基本处于主导地位，而各国政府（尤其是下游国政府）被边缘化。这非常不利于地区客观认识问题、达成共同目标，会造成某些水问题的安全化不足或过度安全化。下游很多民众受到一些环保国际组织和团体的过分宣传，对流域生态保护极端敏感，轻视集体利益、国家发展和现代文明带来的好处，造成下湄公河流域地区各国（包括泰国）长时间发展缓慢。湄公河洪涝治理、六国商船自由通航计划、灌溉粮食、贫困等亟待解决的问题往往让位于生物多样化、气候变化等宏大话题。本应成为国家合理开发对象、经济发展重要依赖的湄公河成为国际最先进环保理念的"试验田"。

三、湄公河水安全状况评估

（一）旱涝等问题安全化程度不够

湄公河在流域六国的社会经济发展中具有非常重要的作用。农业是湄公河水资源的主要耗水部门，消耗整个河流总水量的80%—90%。[①] 湄公河下游四国常因灌溉发生冲突。泰国东北部呵叻高原（主要位于湄公河流域）属贫穷地区，人均收入不到曼谷的1/10。为灌溉这一8.5万平方公里的缺水可耕地，泰国政府从20世纪80年代末90年代初就开始计划从湄公河取水，并设计孔敬牧（Khong-Chi-Mun）流域调水方案。为此，泰国与老挝、柬埔寨、越南产生分歧。越南认为，其湄公河三角洲（本国主要大米产区）关系到1800万人的生活，如泰国调水，会抽取湄公河枯季约1/3（300—400立方米/秒）的径流，从而造成巨大的负面影响。但泰国认为，其仅抽取100立方米/秒的径流，且只在雨季调取，对湄公河影响不大。而老挝认为，其相近地区也有很多土地需要灌溉，对此心怀芥蒂。

除了在灌溉引水方面有国家间争议，各国内部不同部门、不同利益群体也有水分歧。柬埔寨金边附近河段由于河沙堆积，近年来可灌溉面积大幅度减少，亟须清理河沙、恢复河流灌溉功能。但对于洞里萨湖次流域"靠天吃饭"的超过100万的渔农"两栖"居民来说，灌溉影响了湄公河季节性泛洪，减少了天然农业和渔业收入。在越南，湄公河水量减少和泥沙量增大造成了三角洲面积扩大，农田面积增加，但地势低洼、海水倒灌又困扰着农业生产。

湄公河流域并不缺水，造成缺水的原因主要是经济原因，而不是地理原因。基础设施不足、灌溉不力的落后农业导致国家发展乏力。但下游四国的灌溉与粮食问题并没有引起流域国的足够重视，形成安全问题。四国很少在灌溉渠道等基础设施领域进行高层次的国际合作。与干旱半干旱地区的美国科罗拉多河流域相比，湄公河自然条件优越许多。但美国最早从1922年开始，流域7个州就把农业灌溉提到生存与发展的高度，通过一系列的条约确定各州的水权，建设灌溉基础设施，因农业灌溉带来的纷争从20世纪50年代以来就很少发生。反观水量总体丰沛的湄公河流域[②]，近20年来，越来越多的非政府组织以环保和保护沿岸居民利益的名义对流域国合理的水库建设行为提出抗议，致使河流开发中可控制的负面影响凸

---

① Frangois Molle et al., eds., *Contested Waterscapes in the Mekong Region:Hydropower, Livelihoods and Governance* (London:Earthscan, 2009), p.14.

② 虽然与州际关系不同，但下湄公河各国在水资源可持续发展方面，其实比美国的州际关系更为密切，甚至更容易达成协议。

显，给流域国政府决策造成压力。一些流域国只好跟随西方发达国家的环保主义理念，在防止气候变化等问题上大做文章，迟滞了本国灌溉农业的发展。

与灌溉问题相对应的是，湄公河洪水也是威胁地区生命财产的大问题。湄公河上游中国境内的洪涝灾害主要发生在云南，根据资料统计，20世纪50—80年代，洪涝灾害平均3—5年出现一次。1966年，澜沧江、金沙江发生有实测资料以来的最大洪水，云南28个县市受灾，冲淹农田1.9万公顷，倒塌房屋3713间，冲毁202座桥梁和3座小型水库。云南最大的公路桥允景洪大桥在洪峰持续期一直处于危急状态。① 近年来，随着中国一系列水库的建成，洪水已经很难对上游构成威胁。但对于中下游国家来说，每年8—10月，湄公河洪水造成的损失仍十分严重。根据湄公河委员会2015年国家洪水报告，2010—2014年，湄公河洪水共导致下游四国867人死亡。②

下湄公河四国每年都有几十到上百人的生命被洪水夺去，这种亟待解决的人权问题的重要性不言自明。不管何时，应对洪水、避免人员伤亡都应是沿岸国家合作的重中之重。20世纪60年代，美国和加拿大在哥伦比亚河的合作为国际河流治洪防洪起到了很好的示范作用。1948年5月，哥伦比亚河流域的洪水造成美国俄勒冈州波特兰及附近城市50多人死亡及上亿美元的损失，这成为美加在哥伦比亚河合作建设防洪大坝的催化剂。1961年，美加《哥伦比亚河条约》签订，根据条约，上游国加拿大在境内建设大坝水库为流域提供1550万英亩–英尺的有效库容，以调节哥伦比亚河的水流量，美国付给加拿大6440万美元的先期防洪费用，而新建大坝水库带来的水电收益由两国分享。由于加拿大不需要额外电力，美国同意向加拿大一次性支付2.544亿美元作为预先购买电力的金额。③ 条约生效后，位于美国和加拿大境内的大坝、水库与水电站，由双方共同协调与管理，两国在防洪、水电、航运等方面都取得了很大的收益。

———————

① 龚振文：《试论澜沧江洪水预警系统的建立》，《水资源研究》2009年第4期。
② MRC, *Annual Mekong Flood Report, Mekong River Commission* (Vientiane: MRCS, 2014), p. 6.
③ 参见1964年1月2日加拿大和美国关于加拿大出售《哥伦比亚河条约》下有关下游受益的换文。

与此形成鲜明对照的是，因下湄公河流域国家活跃着各种环境保护组织和私营媒体，有的国际组织与非政府组织（NGO）甚至主导当地媒体的话语倾向。它们忽视所在国家每年的生命损失，无根据地将发生洪水灾害归咎于中国，鼓吹"中国水威胁论"，而没有将洪水灾害问题视为六国需要联合应对、迫在眉睫的安全问题。在此过程中，安全化指涉对象错误造成湄公河下游国家的官方媒体很难发挥作用，这些下游国家很难与中国合作且共同面对洪水灾害带来的安全威胁。洪涝灾害问题的解决亟须全流域国家把其提高到对地区人民造成"存在性威胁"的高度，并在全流域统筹规划、信息共享、合理建设堤坝等防洪设施。事实证明，近几年，中国在云南澜沧江上的梯级水库对下游洪水防治、干旱缓解状况有明显有利影响。上游修筑梯级水坝，除了发电还可以调控水流量，可以使河道旱季不枯、雨季不涝，起到"削峰填谷"的作用，既保障农业生产，又保障人民的生命财产安全。[①]

（二）水电、环境问题安全化过度

湄公河多年平均径流总量约484亿立方千米，从河源到河口总落差达5000多米，水能资源丰富，水电理论蕴藏9000多万千瓦，可开发装机容量6000多万千瓦。下湄公河（中国以下）的水电开发过程较为复杂。虽然其规划较早（20世纪50年代），但因受制于历史、技术、资金、流域局势以及环保组织反对等因素的影响，实际开发较晚。据估计，湄公河中下游四国可开发电资源为3000多万千瓦，但目前仅开发了其中的5%。根据2000年湄公河委员会秘书处制定的《湄公河流域水电站规划》，湄公河中下游干流将建设11座梯级电站，分别是北本（PakBeng）、琅勃拉邦（Luang Prabang）、沙耶武里（Sayaboury）、巴莱（PakLay）、萨拉康（Chiang Khan）、巴蒙（Pamong）、班库（Ban Koum）、栋沙宏（Don Sahong）、上丁（Stung Treng）、松博（Sambor）、洞里萨（Tonle Sap）水电站。目前，沙耶武里等一些水电站投入运营，中国于1986年规划的澜沧江中下游两库八级开发方案，现有7座水电站（功果桥、小湾、漫湾、大朝山、糯扎渡、

---

① 张锡镇：《中国参与大湄公河次区域合作的进展、障碍与出路》，《南洋问题研究》2007年第3期。

景洪、橄榄坝，总装机容量1560万千瓦）建成运营。

　　水电负面影响的过度安全化，导致湄公河流域水电能源综合规划困难。下游水电网络不能建立，一些国家经常处在缺电与贫穷的恶劣生存环境中。泰国缺电严重，但民间对水电多有不同之声，地方法规对此也限制颇多，目前只好寄希望于从老挝、马来西亚、缅甸、中国多购买电力。老挝的水电修建计划也并不顺利，世界银行、亚洲开发银行曾批准向老挝贷款援建南俄2号、南柳、南俄、欣本等水电站，但这些项目都曾遭到各种利益团体和非政府组织的反对。非政府组织在湄公河流域最关心的问题是环保。这些组织中的国际自然保护联盟（IUCN）、世界自然基金会（WWF）、国际河流组织（IRN）等多发端于发达国家，代表发达国家或某些特定社会阶层的利益与价值。它们往往过分强调保护环境而忽视流域内国家的基本国情和发展经济的需要。

　　水电的过度安全化也造成湄公河流域各国水电合作困难。能源缺乏使下游一些国家的工业迟迟不能得到长足发展。老挝有83%的国土位于湄公河流域内，能源发展潜力最大，因此，老挝十分重视水电开发。但到2012年，老挝已投入运营的支流水电站只有12座，总装机容量187万千瓦，仅占全国水电技术可开发的8%。[①]

　　水电被认为是流域存在性威胁的主要理由有：（1）旱季时水电大坝会减少下泄水量，造成下游更加干旱，而雨季时水库泄洪造成洪涝灾害；（2）由于失去天然径流，破坏湄公河动植物生物多样性；（3）加剧下游洪灾，给当地依靠天然鱼类和洪泛沉积良田的渔民和农民的生活造成灾难等。而实际上，大坝不仅可以发电，而且对整个水流有非常强的调控作用。大坝雨季蓄水，旱季增加下游水量。无论是湄公河委员会专家，还是下游国家的水利学者，都一再强调中国建坝对湄公河的调节作用。2009年，联合国环境规划署有关研究报告曾明确指出，中国澜沧江水坝全部建成之后，能够减少湄公河洪水季节水量的17%，而在旱季可以增加40%的水

　　① 王科、吕星：《大湄公河次区域水资源合作开发的现状、问题及对策》，载刘稚、李晨阳、卢光盛主编《大湄公河次区域合作发展报告（2011—2012）》，社会科学文献出版社，2012，第110页。

流量。① 由于水库的调节作用，流域国家将在防洪、农田灌溉、航运能力、水库养殖、防止海水倒灌以及生态环境的改善等方面得到益处。对于自然渔业而言，湄公河确实为许多河岸渔民提供食物，也是其稳定收入的保障。但即便自然资源丰富，随着人口增加、需求加大，也需要转换思路，提高养殖渔业、灌溉农业的比重，确保产量的可供应性和可持续性。

（三）航行问题安全化适度，但仍需要加大合作力度

理论上，中国西南地区货物经由澜沧江—湄公河出口泰国、新加坡等国，可比从沿海绕道马六甲海峡缩短3000—4000公里，节省一半以上时间，降低转运费40%—60%。② 但湄公河的航运开发还没有达到欧洲一些河流多年前的水平。莱茵河很早就开始了对国际河流航行问题的关注，1648年的《威斯特伐利亚和约》将莱茵河下游开放航行。1814年，《巴黎条约》扩大了航行自由范围，莱茵河对在干流的所有沿岸国开放航行。根据1815年维也纳会议《最后议定书》第108条产生的莱茵河航行中心委员会，到今天仍健康运行。而被称为"东方莱茵河"的澜沧江—湄公河流域，其航行利用的时间比欧洲莱茵河晚得多。直到1954年，越南、老挝、柬埔寨三国才在巴黎签订了关于湄公河航行的公约，规定凡同缔约国有外交关系的国家均可在越南、柬埔寨、老挝境内的湄公河上航行。直到2001年，中国、老挝、缅甸和泰国四国才就湄公河上中游的通航问题达成协议。

鉴于对国际河流航行政治、经济重要性的考虑，沿岸国通常基于领土主权原则并不允许非沿岸国船舶自由航行，规制国际河流航行和安全的国际法渊源主要是沿岸国达成的国际水道协定。③ 迄今为止，湄公河上中游的航行平稳运行了近20年，正逐渐成为上游四国重要的商业通道。虽然2011年湄公河惨案曾使四国航运合作一度发生波折，但湄公河上中游四国通过基于国际法的协调，控制了危机，使航运问题一直保持在适度安全化

---

① 《澜沧江水库的蒸发不会加剧下游湄公河的干旱》，中国网，2010年4月12日，http://www.china.com.cn/economic/txt/2010-04/12/content_19793411.htm。

② 李贵梅：《大湄公河次区域合作新范式——湄公河流域中老缅泰执法安全合作机制建立研究》，《红河学院学报》2014年第5期。

③ 孔令杰：《中老缅泰湄公河流域联合执法的法律基础与制度建构》，《东南亚研究》2013年第2期。

的水平。

由糯康贩毒集团制造的2011年"10·5"湄公河惨案是中老缅泰四国开通国际航行以来最严重的国际犯罪，极大地威胁了航运安全。中老缅泰四国遵循国际法原则，根据各国相关国内法以及与之相关的国际冲突法规则，《联合国打击跨国有组织犯罪公约》《关于湄公河流域执法安全合作的联合声明》等多边国际条约，《中国和老挝关于民事和刑事司法协助的条约》《中国和泰王国关于刑事司法协助的条约》等双边国际条约，联合侦查、打击糯康跨国犯罪团伙，妥善处理了湄公河惨案的管辖权、罪名适用、外国法院判决与执行问题。该案件是四国通过法律方法处理航行事件的一次成功的案例，既给犯罪分子以严厉震慑，又有力有序有节，努力确保该航道的长治久安，并降低对国际贸易的消极影响。虽然该事件也被一些西方媒体过度解读，但并没有掀起太大的波澜，四国航道贸易在平等互利的原则下运行平稳。

近些年，对湄公河航道问题的疑虑主要来自炸掉河中礁石、疏浚航道对鱼类生活环境的负面影响和六国自由通航问题。随着经济、科技的发展，对航道的整治正努力与保护生态环境的长远目标相协调。中老缅泰四国航道虽然经过四国联合平整疏浚，航运条件有很大改善，但是暗礁险滩太多、载货有限，特别是南腊河到孟莫段航道，滩多、暗礁多、流急，枯水期大型运输船舶无法通航。湄公河全程通航尚未实现的主要问题也出在老挝到柬埔寨航段的航道疏浚上，依靠老挝或柬埔寨的技术资金短期内难以完成。如果进一步疏浚河道，使湄公河全线通航，对流域国社会经济发展意义重大。[①] 总体来说，湄公河航道问题被沿岸六国控制在理性、适度安全化的范围之内，当前的主要矛盾在于技术问题。

四、以适度安全化构建湄公河流域命运共同体

湄公河水问题要保持适度安全化才能既提高流域国家和人民对共享水的认知、共同开发和保护，又避免过度安全化造成的互相怀疑猜忌、用不

---

① 雷建峰：《大湄公河合作开发与综合治理——简论国际水法理论的发展》，《太平洋学报》2014年第8期。

合理的因素制约地区发展的消极后果。只有适度安全化，才能使本地区国家和人民认识到湄公河是流域地区人民的命运共同体，达到共同发展与协调保护。湄公河流域命运共同体的主要内涵是：（1）主体是国家。在湄公河流域，它是指中、缅、老、泰、柬、越六国，主体间的关系是国家间的关系，体现在流域国的国家主权、国际法主体地位平等，国家间权利义务对等。（2）命运共同体的最终受益对象是各国流域内人口，流域边界的分水岭是流域命运共同体的物理边界。（3）流域安全共同体形成的内在机理是物质共享性，由于湄公河自由地穿越国界，历经数千年生生不息，有史以来就是一个整体，地图上的国界线不可能使其有片刻的割裂。（4）从法理上来讲，共同体只存在于六国。流域国的合伙关系是被动的，而且在现代地理水文信息技术产生以前，六国之间的"投资"比例无从知晓。数百年来，六国都是一种共同共有的关系，而流域外其他国家和实体与湄公河这份共有财产没有利益关系，也谈不上命运相互依存。

要做到适度安全化，构建湄公河流域命运共同体，笔者认为必须从以下几个方面着手。

（一）流域信息适度共享

湄公河是个完整的、不可分割的生态系统，它连接着 6 个国家、近80万平方公里土地，每平方公里土地上平均生活着76人，流域总人口近6000万。局部的开发必将带来整体性的影响，局部的环境保护也很难达到预期效果。值得注意的是，水坝经济在当代日益成为一个敏感问题，许多领域都有待全面深入研究。在该地区水资源发展过程中，要站在流域整体的高度，强化流域可持续发展、整体协调、一体化管理的理念，克服分歧和纠纷，建立局部利益损失的补偿机制，实现整体共赢。在获得水坝防洪、灌溉、发电利益的同时，也要兼顾流量时间分布，即时进行上下游水文数据沟通，注意季节调配，对因流量波动带来的下游损失要给予相应补偿。建设水坝确实能给所在国防洪和地区能源发展带来相当的好处。即使是季节性的洪灾，一定程度上也会给一些地区带来益处。如每年洞里萨湖区域的雨季，使湖面扩展到原来的约4倍，洪泛区淤泥为构成湄公河下游流域生物链提供营养基础。

适度信息共享还可以有效消减域外不负责任的媒体对该区域合作发展

的主观臆断，为全流域合作营造良好氛围。2010 年初，湄公河流域发生百年一遇的旱灾，造成旱灾的主要原因是2009年季风推迟和雨季提前结束。然而，有些国家媒体却渲染"中国环境威胁论"，认为中国在上游建设的水电站和水库导致下游湄公河地区生态系统破坏。美国《外交政策》杂志网站还以"中国霸占资源"为题，宣扬美国应遏制中国扩张。[①] 鉴于中国在湄公河流域的优势地位，中国应主动加大信息共享力度，在力所能及的范围内，为下游国家提供抗旱抗洪关键信息。流域六国目前还应该在各国人口、土地、贡献量、水库时间调节数据信息共享方面进一步协调一致，共同防灾，趋利避害。

（二）明确流域各国国家水权

澜湄六国处于一个独立的地貌与水文体系之内，这一点决定了它们之间有着复杂的合作关系。自然的地理因素决定了流域国之间天然的合作关系，这种合作关系套用国内民法的理论，就是合伙关系。由于该合伙关系基本上是被动的，没有在合伙前确定权利和义务，所以合伙人（国家）对共有物的使用和收益发生冲突或矛盾在所难免。而这种天然合伙关系又决定它们之间的冲突是有限度的，因为它们不能自愿退伙。如果不合作，其后果难以预测。流域国家因自然地理位置和实力的区别，其在流域中的地位并不平等。在自然出资（即水权）没有确定的情况下，各流域国家一般依赖于各种可得条件扩大本国利益，容易导致不公平。湄公河流域要实现去安全化，构建稳定和谐的命运共同体，必须要在确定各国水权的基础上进行。

国际河流水权指沿岸各国有关国际河流水资源的权利的总和，它以水资源所有权和利用收益为主要内容，是国际河流水资源管理的核心。各流域国家的水权是根据一定标准所分得的那部分水资源的所有权。但各流域国家所拥有的水权并不一定是该河所有可用水资源。现代河流除了灌溉、航运、供水、发电、水产养殖等供人类使用的功能，还有重要的生态与环境功能。河流水体、湿地以及河口地区，是水生生物理想的栖息地，河中

---

① 李承霖：《"中国环境威胁论"的传播特点及应对——以澜沧江—湄公河修建水坝舆论危机为例》，《对外传播》2016年第2期。

泥沙也可为水中生物提供营养物质。河道缺水带来的自然生态系统的退化，不但会影响人类的可持续发展，甚至会威胁人类的生存。因此，根据可持续发展原则，国际河流的开发不仅应满足流域国家社会经济发展的需要，还应该保护生态环境，预留满足生态用水需要的河水。在确定沿岸国家水资源所有权之前，必须预留一定水量以满足河流的最低生态要求。此后，沿岸国家才可以对剩余水量进行水权分配。

国际河流水权确定的基础是预留生态需水量。但生态需水量并不是国际河流水权确定的唯一因素。要公平合理地分配国际河流水权，还需要另外两个数据，即国际河流总水量以及流域国家各自对总水量的贡献率。将贡献率确定为国际河流水权划分的标准和比率是国际河流水权构建中的重要环节。对于一条国际河流来说，可分配水权总量为国际河流水资源总量减去生态需水量；而可得水权，则需要按照各国贡献率确定。根据国际河流水权计算公式，湄公河各国的水权份额如下：中国为64.82立方千米/年，缅甸为7.21立方千米/年，老挝为126.71立方千米/年，泰国为56.17立方千米/年，柬埔寨为69.84立方千米/年，越南为23.77立方千米/年。[①] 根据这样的理论计算，每个国家都有权在每年使用、调配水权份额内水量，主权用水行为不应该被其他流域国无端否决。此外，以水权为基础，流域各国可以进行权利基础之上的公平合理利用、责任承担、利益分享，并可以对水权进行交易，平衡上游和下游国家之间的权利和义务。

（三）健全流域决策机制

根据1995年《湄公河流域可持续发展合作协议》成立的湄公河委员会是目前湄公河流域唯一的水资源相关政府间国际组织，旨在为湄公河的航行与非航行利用与环境保护提供有法律约束力的规则。但湄公河委员会的国际法主体资格并不完善，根据协议第1条，湄公河合作范围是"所有沿岸国按最佳利用和互利互惠的方式在湄公河流域水资源及相关资源的可持续开发、利用、管理及保护等所有领域，包括但不限于灌溉、水电、航运、防洪、渔业、漂木、娱乐及旅游等方面进行合作，并尽量减少偶发事件及人为活动可能造成的不利影响"。但条约缔约国和湄公河委员会成员

---

① 王志坚：《国际河流法研究》，法律出版社，2012，第208页。

国仅包括老挝、柬埔寨、泰国和越南四国，中国和缅甸不是协议缔约国和湄公河委员会成员国。因此，没有上游国中国、缅甸的参与，协议的关键条款形同虚设。如协议第5条指出，流域国应公平合理利用湄公河，包括在湄公河干支流上进行跨流域调水和流域内用水所需要达到的程序性要求。

湄公河委员会虽然是一个专门性的政府间国际组织，主要关注下湄公河流域的水资源管理和可持续发展，但是其作用长期以来饱受诟病。[①] 主要问题包括：(1)湄公河委员会并没有充分的决策和裁决权。虽然该委员会有3个常设机构，包括由缔约国各一名部长级代表组成的理事会，各一名司局级代表组成的联合委员会，以及为理事会和联合委员会提供技术和行政管理服务的秘书处。但"一旦湄公河委员会未能及时解决分歧与争端，上述问题应移交各自政府，由其政府及时通过外交渠道谈判解决"（第35条）。这就从机制上否定了湄公河委员会最终的决策权和裁决权。(2)目前，湄公河委员会的资金主要来自发达国家和发展伙伴（包括国际组织）。现阶段，湄公河委员会约有80%的资金来源于发达国家的援助[②]，这些援助的重点集中在环境保护、生物多样化、气候变化、人权、文化保护等方面，其政策并不能完全反映经济发展落后的流域国家的意愿和需求。(3)不是全流域组织。中国和缅甸尚未加入该组织，使其在全流域治理中缺乏广泛代表性，从而限制其决策有效性，影响湄公河委员会职能的发挥。

综上，在湄公河全流域内建立具有约束性的地区性协议和流域决策机制是构建湄公河流域命运共同体的关键。流域六国应借鉴国际上一些成功的委员会表决机制，在湄公河全流域制定基于各国水权份额的决策方法。如根据流域六国水权比例（中国占18.60%，缅甸占2.07%，老挝占36.36%，泰国占16.12%，柬埔寨占20.04%，越南占6.82%）进行决策，而重大事项的通过需要有85%以上的赞成票。

另外，当前，在决策机制中尤其要确定湄公河利用与保护的优先顺序。各国依据流域具体条件，进行权重评价，制定水利用层级。对于水使

---

① 郭延军：《权力流散与利益分享——湄公河水电开发新趋势与中国的应对》，《世界经济与政治》2014年第10期。

② 卢光盛：《中国加入湄公河委员会，利弊如何》，《世界知识》2012年第8期。

用权的范围以及优先权的确定，一般是通过条约来划定。如美国和墨西哥 1906年签署的《格兰德河灌溉公约》和1944年签署的《关于利用科罗拉多河、提华纳河和格兰德河从得克萨斯州奎得曼堡到墨西哥湾水域的条约》，美国和加拿大1909年签署的《边界水资源条约》，印度和巴基斯坦1960年签署的《印度河用水条约》，都对生活用水、航行、电力、农业等做了先后排序。而根据2016—2020年水资源综合管理（IWRM）对湄公河发展战略的评估，考虑到平衡水、粮食和能源安全的关系，评估结果显示，湄公河全流域今后的发展机会包括:（1）支流水电发展;（2）扩大灌溉农业;（3）干流水电发展;（4）其他机会。如果这样的水利用优先规划能得到实施，无疑会大大减少湄公河流域水电负面影响的过度安全化问题，同时使灌溉问题适度保持在公共问题的平台上，得到流域国家的重视，给流域人民带来福音。

湄公河水资源问题安全化现象探析

——以越南为例

刘若楠　尚　锋[*]

【内容提要】 湄公河三角洲在越南境内。对越南来说，湄公河水资源问题涉及经济发展、民族团结、政治稳定和对外关系。越南政府和非政府行为体采取了各种措施提高水资源问题在政治议程中的优先性，推动这一议题安全化。经过一系列言语—行为的建构，作为综合性议题的水资源问题被上升为安全问题。总体来看，越南湄公河水资源问题安全化呈现出来的政府主导、多主体参与，安全化加速、安全化是主流以及安全化、泛安全化并存的特点。这一现象背后是地区间国家关系、越南政治制度和水资源相关的突发事件等多方面因素共同作用的结果。

【关键词】 越南；澜沧江—湄公河；水资源；安全化

一、引言

越南是澜沧江—湄公河①流经的最后一个国家。湄公河入海口形成的冲积平原几乎全部在越南境内，即湄公河三角洲，越南称其为"九龙江平原"。九龙江平原占越南国土总面积的20%左右，人口约1800万。作为越南农业主产区，九龙江平原的水稻和水产产量均占全国的一半左右。稳定、适当的上游来水量是越南农业持续发展和当地居民正常生产生活的重

---

　* 刘若楠，对外经济贸易大学国际关系学院副教授；尚锋，对外经济贸易大学外语学院越南语系讲师。
　① 全称为"澜沧江—湄公河"，后文统称为"湄公河"。

要保障。为此，越南在保护湄公河三角洲的总体生态环境的同时，在旱季要合理分配水资源、控制海水倒灌，在汛期则要防止或减少洪水的发生。此外，这一地区民族成分复杂、经济落后于越南全国平均水平，水资源问题不仅涉及经济发展，还牵扯民族问题、政治稳定甚至对外关系。

尽管上游来水如此重要，越南政府却缺乏管控的能力。这是因为湄公河三角洲的自然条件极为脆弱，非常容易受到海水侵蚀。加之，下游国家在水资源的使用和管理上具有天然劣势，稳定上游来水殊为不易。近年来，受全球和地区气候变化的影响，九龙江平原耕地退缩，农业经济发展前景并不乐观。越南政府和非政府行为体采取了各种措施来提高水资源问题在政治议程中的优先性，即推动这一议题的安全化。在一系列的言语—行为的建构之下，原本涉及气候变化、生态保护和农业发展等区域治理的综合性议题被人为上升为安全问题。在这一过程中，出现了泛安全化的声音。比如，部分西方媒体和学者围绕九龙江平原的生态环境问题做文章，认为中国应当为此负责，甚至指责中国在实施所谓的"水垄断"，是"水霸权"。

除了越南，湄公河水资源问题安全化的现象也不同程度地存在于柬埔寨、老挝和泰国。之所以选择越南为研究对象，一方面是如上文所述，越南农业对三角洲生态环境的高度依赖和后者的脆弱性之间存在非常尖锐的矛盾。因此，水资源问题在越南更易产生政治和社会效应，更可能对政治议程和对外决策产生影响，安全化具有一定的典型性。另一方面，近年来，由于南海争议引发的摩擦不时发生，中越关系常有波动。水资源问题安全化的产生和向泛安全化的过渡，不仅可能强化越南政府和民众对澜湄合作的抵触和怀疑，影响区域治理的成效，还有损中国在越南的形象和声誉，不利于中越关系的稳定发展。

鉴于此，本文以越南为分析对象，回答以下问题：湄公河水资源问题安全化现象形成的机制和原因是什么？安全化现象能否以及在多大程度上影响越南政府对与湄公河有关的国际合作的态度？为此，后文的内容如下：第二部分对安全化的概念、机制和原因进行理论分析，重点探讨关于水资源问题安全化的研究成果。在此基础上，第三部分探讨越南推动湄公河水资源问题安全化的路径，即政府和非政府行为体如何对存在性威胁进行言语—行为建构。第四部分将考察越南水资源问题安全化现象的原因。

结论部分对全文进行总结并围绕"去安全化"的应对措施提出初步建议。

二、安全化的概念与机制

（一）安全化的概念

20世纪80年代中后期，军事安全在世界政治中的重要性下降，而原本被抑制和忽视的其他类型的安全问题凸显。学术界开始把安全的主体由国家扩展到人，人的安全被重视起来。同期，美国政策界也越来越多地将环境问题视为安全威胁。[①] 国际形势的重大变化激发了学术界对安全的内涵和边界的反思。结合建构主义兴起的学科发展背景，安全、安全复合体等相关概念的主观维度被国际关系理论界重视起来。安全化就是这一时期理论创新的成果之一。安全化的概念是由哥本哈根学派首次提出的，在冷战后欧洲的安全研究中占有重要地位。

布赞（Burry Buzan）在《人、国家和恐惧》中将安全的概念延伸至国家安全之外，详尽讨论了人的安全并在此基础上对安全威胁的来源进行了拓展。[②] 奥利·维夫（Ole Wæver）认为，安全并不是先于语言存在的客观事实，安全是言语—行为。[③] 布赞在此后发表的论文中也表示，安全是一种探讨威胁及其应对措施的政治。[④] 安全化本质上是掌握一定社会资源、具备舆论影响力的行为体将与安全无直接关系的议题设置为安全问题的现象。安全化包括两个基本要素：一是客观存在的现实威胁；二是对客观存在的现实威胁的主观建构。安全化就是对存在性威胁进行话语建构，通过建构语境将某一件事贴上安全的标签。[⑤] 其目的是争取舆论支持、对目标对象进

---

① Norman Myers, "Environment and Security," *Foreign Policy* 74(1989): 23-41; Jessica Truman Mathews, "Redefining Security," *Foreign Affairs* 68 (1989): 162-177.

② Burry Buzan, *People, States and Fear: The National Security Problem in International Relations* (London: Harvester Wheatsheaf, 1983), p. 83.

③ Ole Wæver, "Securitization and Desecuritization," in Ronnie D. Lipschutz, ed., *On Security* (New York: Columbia University Press, 1995), pp.46-86.

④ Burry Buzan, "Rethinking Security After the Cold War," *Cooperation and Conflict* 32 (1997): 5.

⑤ 叶晓红：《哥本哈根学派安全化理论评述》，《社会主义研究》2015年第6期，第165页。

行道德约束或推动议题进入政治议程，进而影响政策走向。安全化本身就是安全化为施动者采取额外措施以应对威胁提供合法性的过程。安全化的施动者通常是拥有权力的主体，比如统治精英，尤其是政治或军事精英。[①]

安全化理论的产生和发展丰富了安全研究的议程，还原了安全原本多元化的面貌，同时催生了大量的实证研究。在相关的实证研究中，安全化的实施主体、对象和研究层次是必须明确的问题。安全化的实施主体或施动者，既可以是政府，也可以是非政府行为体。安全化的客体，即被安全化的对象，则涉及众多的议题领域。从既有的研究成果来看，气候、移民、生态环境、宗教、文化和恐怖主义等都可以是安全化的客体。有关安全化的研究涉及不同的层次。比如，气候变化不仅在全球层面被建构为一个安全威胁，在国内层面，各类行为体也通过政治和科学议程推动气候问题的安全化，呼吁政府采取相应的气候政策。用安全化理论的路径理解水冲突与合作的优势体现在3个方面：一是囊括了所有相关的主体，特别是本地的农民和妇女；二是提供了一个涉及水的宽泛议程，比如资源的非物质性价值；三是拓展了对安全威胁的理解。[②]

（二）安全化的机制

在明确了安全化的概念后，需要对安全化的机制进行理论层面的探讨。目前，多数相关研究在这方面达成了共识，即认为成功的安全化包含3个要素：公共性问题的客观存在、有组织的言语—行为的主体间建构、民众的广泛接受。三者之间建立有逻辑的、稳定的联系就形成了安全化的机制。安全化机制的讨论见于大多数关于安全化的理论研究中。比如，安全化是施动者通过语言将客观的安全性与主观的安全感相联系，成为主客观结合的"主体间安全"实现的。[③]安全化的机制是存在性威胁出现、言语—行为

---

① Bezen Balamir Coskun, "Cooperation over Water Resources as a Tool for Desecuritization: The Israeli-Palestinian Environmental NGOs as Desecuritization Actor," *European Journal of Economics and Political Studies* 2 (2009): 98-99.

② J. Peter Burgess, Taylor Owen, and Uttam Kumar Sinha, "Human Securitization of Water? A Case Study of the Indus Waters Basin,"*Cambridge Review of International Affair* 29 (2016): 22-23.

③ 王江丽：《安全化：生态问题如何成为一个安全问题》，《浙江大学学报（人文社会科学版）》2010年第4期，第36页。

建构为安全动议以及被听众认同，即建立主体间性。[①] 需要指出的是，在具体的实证研究中，安全化的主体是什么、如何定义存在性威胁，采取何种方式进行言语—行为的建构，会产生不同的安全化机制。正如蒂里·巴尔扎克（Thierry Balzacq）所指出的，由于安全化主体、情境和受众三者之间可能出现多种组合形态，很难归纳一个单一的安全化路径。[②]

鉴于本文的核心是探讨水资源问题安全化的机制，因此重点介绍与之相关的研究结论。有学者结合对湄公河的研究，比较笼统地将安全化机制分为3个阶段，分别是水资源问题由普通的公共问题纳入国家政策议程，政府将水资源问题认定为"存在性威胁"和国内民众在政府、精英的倡导游说之下相信水资源问题安全化的合理性。[③] 在这一过程中，政府是安全化的主体。研究没有就存在性威胁、言语—行为等关键概念做进一步的理论探讨。

水资源问题的安全化机制部分取决于存在性威胁如何定义。一方面，有研究指出，存在性威胁本质上是水的稀缺性，经济发展和人口增加又加剧了对水资源的竞争。气候变化也是推动水资源问题上升为国家安全威胁的一大客观因素，而且它造成的威胁具有很强的不可预测性。[④] 在一些地区，水资源正变得越来越匮乏，比如中东、撒哈拉以南的非洲和东南亚。[⑤] 在主体间建构的过程中，联合国开发计划署、世界环境与发展委员会等国际组织发挥了重要作用。它们以报告和数据形式，借用并改造了传统安全的概念，呼吁在安全定义中加入水的维度。[⑥] 政界和学界也不同程

[①] 马建英、蒋云磊：《试析全球气候变化问题的安全化》，《国际论坛》2010年第2期，第9页。

[②] Thierry Balzacq, "The Three Faces of Securitization: Political Agent, Audience and Context," *European Journal of International Politics* 11 (2005): 192.

[③] 王庆忠：《大湄公河水资源"安全化"的形成及其影响》，《东南亚纵横》2016年第5期，第14—15页。

[④] Benjamin Zala, "The Strategic Dimension of Water: From National Security to Sustainable Security," in Bruce Lankford, Karren Bakker, and Mark Zeitoun et al., eds., *Water Security: Principles Perspectives and Practice* (Oxon: Routledge, 2014), pp. 275-276.

[⑤] Christina Leb, "Changing Paradigm: The Impact of Water Securitization on International Law," *Il Politico* 74 (2009): 116-117.

[⑥] Ibid., pp.116-119.

度地接受了水资源问题的安全化。需要指出的是，除了水量不足，水的质量差也是水资源问题中的一种存在性威胁。

另一方面，存在性威胁有时会被建构为一种来自外部的传统安全威胁。官方评估、政策文件和智库报告通过稀缺导致水冲突以及把水作为武器的话语，给人造成一种冲突的危险加剧、复杂性提高、可能性上升的印象。[①] 以中国周边的水资源问题为例，中国在与周边流域国家的比较中，无论是国内生产总值还是军事实力都是最强的。中国还是15条国际河流的上游国家，所处地理位置有利于控制下游水量。[②] 鉴于此，安全化的机制是西方和中国周边国家的媒体、学者通过言语—行动将实力和地缘占据优势的中国建构为支配他国的"霸权"。由此可见，如何定义存在性威胁决定了安全化的方向。有研究将上述两类安全化路径分别称之为"策略性的安全化"和"战略性的安全化"。[③]

水资源问题的安全化机制与言语—行为建构的方式也有关系。比如，在水安全概念定义和选取上，如果决策者和水资源问题的相关方使用相对宽泛的概念，可以将更多的议题领域包括进来，更容易建立话语同盟。与此同时，与水有关的部门将会对与水有关的议题设置门槛，也可能会以水安全为名实现其他的目的。[④] 也有学者认为，在水资源问题安全化的过程中，话语只是三种机制里的一种，另外两种是结构性和制度性机制。结构性机制指的是保护水资源的实际措施，比如早期预警机制、在水源附近建立非军事区等。[⑤] 结构性机制的效力离不开制度性机制的支持。比如，将与水资源有关的条款写入国家之间的安全协议才能确保落实。制度性机制要提高水资源问题的优先性和紧迫性，还需要将国内社会和国际组织排除

---

① Benjamin Zala, "The Strategic Dimension of Water: From National Security to Sustainable Security," in Bruce Lankford, Karren Bakker, and Mark Zeitoun et al., eds., *Water Security: Principles Perspectives and Practice* (Oxon: Routledge, 2014), p.275.

② 王志坚：《中国如何走出"水霸权"话语困境》，《世界知识》2019年第3期，第54页。

③ Itay Fischhendler, "The Securitization of Water Discourse," *International Environmental Agreements: Politics, Law and Economics* 15 (2015): 247.

④ Christina Cook and Karen Bakker, "Water Security: Debating an Emerging Paradigm," *Global Environment Change* 22 (2012): 100.

⑤ Itay Fischhendler, "The Securitization of Water Discourse," *International Environmental Agreements: Politics, Law and Economics* 15 (2015): 248.

在外。当然，语言工具作为一种安全化的机制是不可或缺的，具体包括比喻、框定和描述。[①]

在理解安全化机制时，还需要注意到，安全化是一个动态的过程。在安全化的对象被列为安全议程中的优先项之前，一般会先进入政策讨论的范围。一些研究将这一阶段称为"政治化"或者"准安全化"，并认为这是安全化的初始状态。比如，有学者认为，安全化是公共问题政治化，再从政治化走向超政治化的过程。[②] 安全化走向极端的表现则是泛安全化，有时也被称为"过度安全化"。泛安全化有两个具体的表现，即非安全议题的安全化和非传统安全领域的过度传统安全化。[③] 由于与安全化并不容易区分，探讨泛安全化的研究一般都会涉及安全化的过程。两者之间的差异主要是程度上的，泛安全化往往伴随着更明显的歪曲解读、夸大威胁和错误归因的主观故意。

（三）安全化形成的原因

某个议题在一国国内被安全化的原因至少包括结构性因素、国内因素和触发条件3个方面。首先，安全化现象在冷战后的大量出现有深刻的结构性原因。安全化的产生和流行有3个共通原因：（1）非传统安全与军事安全之间的界限越发不清，两者之间的联动性更加明显，在治理手段上也难以区分。比如，恐怖主义属于非传统安全议题，但反恐的国家间合作涉及军队、警卫队和情报等部门，与军事安全合作差别不大。将水与安全这两个概念联系在一起也是冷战后学者就安全概念进行辩论时产生的，目的是在新形势下为美国外交政策建言献策。[④]（2）定义安全的主体多元化。二战结束后，非国家行为体的安全参与以及非对称安全挑战出现在次国家、

---

① Itay Fischhendler, "The Securitization of Water Discourse," *International Environmental Agreements: Politics, Law and Economics* 15 (2015): 249.

② 王江丽：《安全化：生态问题如何成为一个安全问题》，《浙江大学学报（人文社会科学版）》2010年第4期，第37页。

③ 郭锐、陈鑫：《泛安全化倾向与东亚军备安全风险》，《国际安全研究》2018年第5期，第41页。

④ J. Peter Burgess, Taylor Owen, and Uttam Kumar Sinha, "Human Securitization of Water? A Case Study of the Indus Waters Basin," *Cambridge Review of International Affair* 29 (2016): 1.

国家、跨国、地区和全球各个层次。^①主权国家定义安全威胁的绝对权威被打破。结果是，在国家边界外，国际组织、国际媒体和跨国公司等都不同程度地拥有了定义安全的话语权。在国家边界内，媒体、学术机构和智库等也越来越多地就安全问题发声。（3）随着大众政治时代的到来，安全化有了更多的潜在受众。各国民众在有了更多的兴趣和机会了解、评论和参与公共事件的同时，也更易受到混乱信息的影响和舆论的引导。某种观点只要能够引起共鸣或者焦虑，就能得到快速传播。

其次，内部因素对于解释安全化现象的具体原因同样不可或缺。冷战后的东亚和欧洲都受到上述结构性因素的影响，区域化均有快速发展，但是，东亚却出现了将经贸合作、地区制度等议题安全化的现象。^②可见，东亚地区的内部因素起到了不可忽视的作用。对于国家来说，情况也是如此。在国界范围内，非传统议题安全化的过程是发生在一国之内的说服行为，或者是政府、精英对大众的说服，或者是国家中的一部分人对另一部分人的说服。^③哪些国内行为体参与说服、以何种形式说服、说服的效果如何等与国家利益、国家能力、政治结构和政治文化等诸多因素有关，还涉及国家、政府和社会三者之间的互动。安全化形成的过程，体现为安全化主体之间的关系、安全化主体与受众之间的关系以及受众的情绪和心理状态。这些因素只有结合具体的国家和安全化的对象，才能给出相应的解释。以生态问题在中国的安全化为例，对国际安全形势变化的认知、国内生态问题的严重程度以及官方、学界的不断重视，共同推动了安全化的形成。其中，生态问题的恶化速度与改革开放之后的经济发展不无关系。可见，解释中国生态问题安全化现象的成因和发展需要结合国情。

最后，在国内因素和结构性因素都具备的情况下，安全化现象在何时、以何种形式出现，还需要一个触发条件。就水资源问题的安全化来说，产生重大影响的自然灾害或人为破坏是最有可能触发或显著加快安全化进程的事件。政治议程和科学议程中的讨论，将不断完善和推进这一

---

① 余潇枫、魏志江:《非传统安全概论》，北京大学出版社，2015，第7页。

② 齐琳:《生态环境问题在中国的安全化进程》，《江南社会学院学报》2016年第4期，第8页。

③ 汤蓓:《安全化与国家对国际合作形式的选择：以美国在艾滋病问题上的对外政策为例》，博士学位论文，复旦大学国际关系与公共事务学院，2009，第36—37页。

议题的话语建构。与之相应的，设立组织机构、简化决策程序或提出国际合作倡议等提高议题优先性的措施也会应运而生。以越南推动湄公河水资源问题的安全化为例，沙耶武里水电站的修建是加快安全化进程的触发条件。下文将就这一问题进行进一步的论述。

三、湄公河水资源问题安全化的路径

根据本文的第二部分，水资源问题的安全化遵循事实存在、过程建构、民众接受和政策生成的路径。其中，过程建构的主要方式是通过制度和话语。姑且不论是自然还是人为因素占主导，三角洲的逐渐退化的确是越南面临的切实威胁。越南政府、非政府组织和学者在安全化过程中形成了用以说服公众的话语体系。受到政治制度的影响和稳定对外关系的需要，越南水资源问题安全化的主流是可控的安全化。尽管如此，泛安全化的声音依然存在，并且有不断加剧的趋势。

（一）作为存在性威胁的水资源问题

在国际河流水资源开发的过程中，上下游国家在成本和收益的分配中地位不平等。无政府状态下，没有超国家的权威机构能有效地对成本和收益进行重新分割，流域内各国也就无法做到"谁开发，谁保护"。因此，国际河流的开发往往缺乏整体规划，呈现出无序和过度的倾向。在流域国家经济发展需求强烈的情况下，上下游国家之间的矛盾更加突出。越南是湄公河流经的最后一个国家，在地缘上处于明显的不利地位。因此，越南不得不承担上游开发的主要成本，但却很难享受其中的收益，这是水资源问题构成存在性威胁的根源。具体来说，越南面临的存在性威胁至少有以下3个方面。

第一，近年来，湄公河下游的来水量和淤泥减少，加剧了三角洲地区的盐碱化。湄公河有9个入海口，其中2个已经消失。三角洲平均海拔不足2米。据世界银行预计，随着全球变暖带来的海平面上升，到2100年，一半以上的湄公河三角洲将被淹没。地区性的气候变化，特别是厄尔尼诺现象，是其水量减少的重要原因。有观点认为，上游国家建设的水电站进一步导致淤泥沉积减少，对下游平原造成地面塌陷、土地退化等不利影响。也有观点认为，水电站本身并不消耗水，海水倒灌主要是农业用水量增大的结果。[①] 此外，流域内各国的商业性挖沙也是三角洲的泥沙得不到足够补充的重要原因之一，而这与各国进行房地产开发和基础设施建设密不可分。

第二，三角洲退化的一大连带效应是越南的农业经济受到冲击，包括鱼类资源减少和粮食减产等。越南全国50%的大米、52%的海产品和70%的水果产自三角洲。[②] 越南用于出口的90%的大米也出自这里。[③] 湄公河流域还是世界上生物多样性丰富的地区之一，淡水捕捞量占全世界的1/4。[④] 2016年，受气候变化的影响，国际市场大米需求量增加，价格暴涨，但因产出减少，越南农林业的产值却只比上一年增长了1.36%，为2011年以来的最低增长率。一些言论认为，上游国家修建的过多水坝拦截了河水，阻碍了鱼类洄游，导致下游粮食减产，构成了国际和地区市场大米价格动荡的不利因素。

第三，三角洲地区的经济发展状况还关乎越南的民族分离主义问题。作为少数民族，三角洲地区的土著居民下高棉人与越南的主体民族京族生活在一起。下高棉人对越南的国家认同度一直不高，存在民族分离主义倾向。历史隔阂结合现实利益的矛盾，加剧了民族问题的严峻程度。京族聚居的前江和后江地区自然条件好、经济发展快且国家投资规模大，下高棉人则主要集中在低洼和沿海地区。[⑤] 三角洲水资源问题的持续恶化势必加剧经济利益分配不均，将进一步危及越南南部地区的民族团结和政治社会的稳定。

---

① 李晨阳：《中国不是东盟国家环境恶化的罪魁》，《世界知识》2016年第10期，第72页。

② Nguyen Quoc Cuong, "Research Strategy and Evaluation on Sustainable Development in the Mekong Delta of Vietnam," (PhD.diss., South China University of Technology, 2015), p. 40.

③ Stefania Balica et al., "Flood Impact in Mekong Delta, Vietnam," *Journal of Maps* 10 (2014): 260.

④ Sheith Khidhir, "Giving a Dam about the Mekong,"The ASEAN Post, May 13, 2019, https://theaseanpost.com/article/giving-dam-about-mekong.

⑤ 唐桓：《越南的下高棉民族分离主义问题》，《世界民族》2006年第2期，第35页。

（二）越南政府的言语—行为建构

根据安全化理论，拥有权力的主体在安全化的过程中可以实现控制的目的，国家在定义什么样的问题为安全问题上拥有特殊的权力。[①] 越南政府是水资源问题政治化和安全化的重要主体，其目的是在促进水资源合理开发的同时，维护生态环境，确保发展的可持续性。

为此，越南政府采取的措施大致可以分为3类。第一，在国内制定和发布政策、促进部门间协调，以推动政策落实。近年来，针对九龙江平原频繁出现的各类生态环境问题，越南政府接连发布了一系列决议和通报，指出水资源问题是自然和人为两方面的原因造成的。越南政府于2017年11月颁布了《关于九龙江平原可持续发展以适应气候变化》的决议。[②] 决议指出，九龙江平原是对自然界变化比较敏感的地带。超出预期的气候变化与海水上涨，造成多种极端天气，威胁人民生计。平原上游水利资源的开发，特别是水电站的建设改变了径流，减少了淤沙沉积，削弱了水产资源，使咸水向平原内部侵蚀，对本地经济社会发展产生消极影响。2018年5月，越南政府又发布了《政府总理阮春福在克服九龙江平原海岸、河岸塌陷问题会议上的结论》的通报。[③] 通报指出，九龙江平原是越南全国受到气候变化影响最大的地区。

在2019年6月举行的"九龙江平原水资源管理、洪水应对、海水侵蚀应对、土地塌陷应对论坛"上，越南资源环境部部长陈红河指出，当前气

---

① Ole Wæver, "Securitization and Desecuritization," in Ronnie D. Lipschutz, ed., *On Security* (New York: Columbia University Press, 1995), p.51.

② 《关于九龙江平原可持续发展以适应气候变化的120/NQ‐CP号决议》（Nghịquyếtsố 120/NQ-CP VềPháttriểnbềnvữngđồngbằngsôngCửu Long thíchứngvớibiếnđổikhíhậu），越南政府门户网站（Cổng thông tin điện tử Chính phủ nước Cộng hòa Xã hội chủ nghĩa Việt Nam），http://vanban.chinhphu.vn/portal/page/portal/chinhphu/hethongvanban?class_id=509&_page=1&mode=detail&document_id=192249。

③ 《〈政府总理阮春福在克服九龙江平原海岸、河岸塌陷问题会议上的结论〉的通报》（Thông báo 185/TB-VPCP năm 2018 về kết luận của Thủ tướng Chính phủ tại cuộc họp về khắc phục sạt lở bờ sông, bờ biển ở vùng đồng bằng sông Cửu Long），越南法律文书网（Thư viện Pháp luật），https://m.thuvienphapluat.vn/van-ban/tai-nguyen-moi-truong/Thong-bao-185-TB-VPCP-nam-2018-khac-phuc-sat-lo-bo-song-bo-bien-dong-bang-song-Cuu-Long-382781.aspx。

候变化的发展程度超出想象，需要对平原生态安全状况进行重新评估。①
越南资源环境部水资源管理局局长黄文北指出，湄公河上游地区蓄水湖的
建设运行，导致河流流量减少，尤其是在丰水期刚开始的时候。如2015—
2016年，厄尔尼诺现象导致整个湄公河流域面临干旱，而九龙江平原则遭
遇历史罕见的干旱和海水侵蚀，九龙江流量降到历史最低。近年来，由于
上游建设蓄水湖和水电站，已经改变了自然环境，导致海水入侵加剧，给
生产供水和生活供水造成严重困难。

　　第二，在地区层面，呼吁和催促域内国家接受地区机制和国际规范的
限制，在湄公河委员会框架之下探讨开发的计划和项目。上述决议在涉及
解决措施方面，提出了"构建可持续发展、改变发展思维、尊重自然规律、
为共同利益而发展"等主要观点。其中，越南外交部推动越南更有效地参
与现有的湄公河区域内合作机制以及和域外国家的合作机制。越南外交部
配合资源环境部，提高越南在湄公河委员会的有效参与，动员各伙伴国和
国际组织对湄公河委员会加强援助，动员尚未加入湄公河委员会的上游国
家早日成为委员会的正式成员。《政府总理阮春福在克服九龙江平原海岸、
河岸塌陷问题会议上的结论》的通报中提到，要主动与湄公上游各国密
切配合，特别是中国和老挝。要调节好河流流量，特别是在旱季。为此，
越南外交部和农业部应更加主动地开展工作。

　　第三，扩大与域外国家和组织的合作以对冲地区机制的失能和上游国
家的单边行为。在地区机制中，越南对湄公河委员会的期待值最高。然
而，委员会成立多年，却没有强制性的条约来约束湄公河沿岸各国在水资
源管理和冲突方面的行为，东南亚各国都遵循"不干涉内政"原则。整个
东盟尚且如此，在湄公河次区域也就没有例外。湄公河委员会在绝大多数
情况下处在"议而不决、决而不行"的状态。在越南看来，委员会的"通
知、事前磋商和达成协定"的预备程序并不能有效阻止上游国家修建水坝
的行为。日本、美国和重要的国际组织等都是合作对象。越南一直积极参
与由美国主导的"湄公河下游倡议"、日本与湄公河五国峰会和韩国与湄

---

① 《陈红河部长：九龙江平原气候变化早于预期》（Bộ trưởng Trần Hồng Hà: Biến đổi khí
hậu ĐBSCL đến sớm hơn kịch bản），越南网（Vietnamnet），https://vietnamnet.vn/vn/thoi-su/moi-
truong/bo-truong-tran-hong-ha-bien-doi-khi-hau-den-som-hon-kich-ban-542619.html。

公河外长会议等。上述决议也指出，财政部应提高相关国际援助的使用效率，如世界银行、亚洲开发银行、日本国际协力机构等。在域外大国中，日本是湄公河下游国家最重要的国际援助来源国。在美国大力推行"印太战略"的大背景下，美日将在援助和治理等问题上加强配合。在可预见的未来，越南借助域外国家和组织缓解水资源问题的政策倾向将得到更多的呼应。

安全化的主体通过语言表达出安全的含义可以启动特殊权力采取相应措施。[①] 越南政府对水资源问题十分担忧，认为问题与上游国家修建水坝有必然的关系，即使这并非全部的原因。与此同时，越南政府不满地区国家之间的合作效率不高、地方政府治理不力。安全化的核心目的是敦促地方贯彻执行中央政令，强化对上游国家有约束力的国际制度，拓宽水资源问题治理的国际援助渠道。从政府公开的表态来看，政府对水资源问题进行的安全化建构与泛安全化的区别在于，水资源问题带来了客观威胁，而客观威胁并非无法缓解，更不能上升至主观性的威胁。然而，越南政府内部也存在少数不理智的泛安全化声音，本文第四部分将对此进行讨论。

四、湄公河水资源问题安全化的原因

水可以成为塑造一国社会秩序和地区权力格局的工具，也能通过影响认同和规范的构建促进地区一体化。[②] 水的战略意义无疑是越南推动水资源问题安全化的根本原因。然而，国内水资源问题与国家的水外交、地区水合作和冲突相互联系，国家之间的水外交关系与总体双边关系相互联系，与水相关的事件也与地区其他事件相联系。[③] 因此，越南将水资源问题安全化的具体原因涉及诸多方面，笔者将结合上文关于湄公河水资源问

---

① Ole Wæver, "Securitization and Desecuritization," in Ronnie D. Lipschutz, ed., *On Security* (New York: Columbia University Press, 1995), p.52.

② 李志斐：《水与地区秩序变化：内在推动与多重影响》，《国际政治科学》2018年第3期，第30页。

③ Meredith Giordano, Mark Giordano, and Aaron Wolf, "The Geography of Water Conflict and Cooperation, Internal Pressure and International Manifestations," *The Geographical Journal* 168 (2002): 293-312.

题安全化的路径分析，尽可能将其形成的主要原因进行总结。

第一，湄公河水资源问题的安全化，本质上反映了越南在这一问题上的焦虑和纠结，但又无可奈何的心态。这种心态首先来自对未来发展趋势的悲观预期。而这种预期是基于上游国家经济发展对能源和淡水资源的需求量持续增大的预判。受气候变化和人口数量增加的影响，上游国家的人均淡水资源有下降的趋势，截断湄公河上游来水的意愿可能比以往更加强烈。加之，湄公河流经地基本是欠发达地区，对能源的潜在需求尚未完全释放。经济发展带来的能源供需紧张，可能促使政府制订更多的水电站修建计划。水坝数量和修建水坝国家的增多，势必会给下游国家带来更多的不确定性，越南的利益将不可避免地受到损害。

第二，安全化的部分原因来自对中国的担忧。地理相邻和实力不对称，一直深刻塑造着越南对华认知。近年来，这一趋势有加剧的迹象。一是因为中国实力地位的持续提升，使两国权力不对称的天平继续向中国倾斜。二是在湄公河流域的开发和治理方面，中越在总体实力不对称之外还有地缘上的优劣势之分。这几乎决定了越南无法通过从外部"借力"的方式消解中国在该议题上的优势地位，与南海争议形成了对比。三是在越南看来，中国在以越南为代价塑造有利于自身的地缘政治经济格局。中国支持老挝、泰国的水坝建设被认为是鼓励它们参与水资源的争夺。有报道称，中国在老挝投入的110亿美元的发展资金中，有相当一部分用来建设水坝。① 考虑到越老的特殊关系以及泰越对中南半岛主导地位的竞争，越南担心中国在通过对老挝、泰国的支持将其边缘化。

同时，美国东南亚政策的不确定性，进一步加剧了越南的担忧。从奥巴马政府到特朗普政府，美国对东南亚的战略重视程度有所下降。加之，特朗普政府的政策偏好是以在南海加强军事活动、与关键国家深化防务合作的方式巩固美国的安全主导地位，对区域治理和多边主义等需要长时间投入、效率不高且见效缓慢的政治和经济议程关注有限。特朗普政府削减了对柬埔寨70%的援助，大部分集中在环境和可持续发展方面的项目。②

---

① "Laos and Its Dams: Southeast Asia's Battery, Built by China,"Radio Free Asia, https://www.rfa.org/english/news/special/china-build-laos-dams/+&cd=2&hl=zh-CN&ct=clnk.

② 也有部分原因是美柬关系因2018年柬埔寨大选趋于冷淡。

美国在中南半岛影响力的下降，将使越南欲借美国削弱中国在议题上的优势的可能性降低。

第三，根据上文对安全化形成原因进行的理论分析，不难发现，其内部因素不容忽视。除了对地区格局和对华关系的考虑，湄公河水资源问题安全化呈现出来的政府主导、多主体参与，安全化加速、安全化是主流，以及安全化、泛安全化并存的现象还与越南国内政治状况密切相关。安全化主体的权力是安全化形态和特点的决定性因素。越南是实行一党制的国家，政府对社会的管控能力强于一般的发展中国家。毫无疑问，越南政府在安全化进程中占据主导地位，非政府主体对政策的影响力有限。这一方面体现在偏离政府的政策口径、不符合政治宣传大方向的媒体报道、论文和评论很难进入公众视野。一些情况下，政府还会通过媒体或学者发声，以形成对内或对外的舆论压力，推动某项政策合法化。越南政府之所以默许泛安全化观点的存在，既是要间接表达对中国水政策的怀疑，又是为推动湄公河流域开展多元化、多主体的国际合作治理制造舆论准备。另一方面，媒体、学者和智库也能发挥一些意见反馈、舆论监督和政策建议的作用。对政府来说，它们是吸收自下而上的信息的重要渠道。但需要强调的是，这种影响力不是独立的，而是比较有限的。

第四，越南加快湄公河水资源问题安全化有一个重要的触发条件——沙耶武里水电站的修建。沙耶武里大坝是老挝在湄公河干流计划修建的第一个大坝，越南对此非常不满。2010年，老挝将建设水坝的计划提交湄公河委员会。委员会成员分歧明显，越南担心项目会对湄公河三角洲产生严重影响，建议推迟10年再开发。[①] 在此之前，越南在地区场合和双边会谈中就湄公河问题的发声并不算多，修建沙耶武里水电站的计划震惊了越南决策者和学术界。[②] 此后，越南将水资源问题安全化的速度明显加快，包括通过更多的渠道表达担忧，采取更多的措施确保水安全。作为在外交场合协调湄公河水资源问题的负责机构，越南外交部开始提高这一议题的优

---

① 郭延军、任娜：《湄公河下游水资源开发与环境保护》，《世界经济与政治》2013年第7期，第145页。

② To Minh Thu and Le DinhTinh, "Vietnam and Mekong Cooperative Mechanisms," *Southeast Asia Affairs* (2019): 403.

先级。[①] 在澜湄合作第二次领导人会议上，时任越南总理阮春福在谈及未来5年的合作方向时，首先强调的就是加强对湄公河水资源的保护和管理效率，让水资源合作成为六国间合作的重心。

五、结论

当前，越南面临的湄公河水资源问题严重而紧迫。在非传统安全的语境内，水资源问题已经构成了某种存在性威胁。一部分媒体、学者和非政府组织通过言语—行为的建构，人为地将水资源问题上升为涉及国家安全的问题，是一种安全化的现象。事实上，湄公河水资源问题的本质是发展权的问题，既包括流域内各国的发展权之争，也是当代人和子孙后代的发展权之争。适度的政治化和安全化有积极的作用，而泛安全化对中国和越南都有害无益。对中国来说，安全化的传播可能成为澜湄合作和中越关系的干扰因素，还对中国在周边国家的形象造成了不良影响，并有可能使其他领域的中国企业在"走出去"时面临更大的社会阻力和政治风险。

中国要走出安全化形成的话语困境，首先要理性地看待与中国有关的安全化现象。安全化具有普遍性，即使在对华友好的国家内部也是如此。这是因为，随着"一带一路"倡议的提出和"一带一路"合作的持续推进，以大规模的对外投资为先导，中国才开始与政府之外的各类国内、国际行为体进行深入的接触，遭遇一些阻力和挫折也是在所难免的。日本、美国等在东南亚地区也遭遇过类似的困难。在解决问题的过程中，需要吸取教训、借鉴经验、开动智慧，还要保有耐心。

其次，借鉴和总结国际河流治理过程中去安全化的经验教训。有学者总结了国际河流去安全化的3种管理模式：（1）从水资源稀缺性的角度改进开发、利用和分配水资源的技术管理措施；（2）缓解国际河流治理中的集体行动问题，强调制度在解决水资源问题中的作用；（3）探索流域国家之间的政治互动模式和权力分布状况对缓解水冲突的影响。[②] 政治关系的

---

① To Minh Thu and Le DinhTinh, "Vietnam and Mekong Cooperative Mechanisms," *Southeast Asia Affairs* (2019): 403.

② 王志坚：《国际河流水资源去安全化管理模型综述》，《华北水利水电大学学报（社会科学版）》2018年第5期，第26—30页。

稳定性、制度设计的专业性和技术手段的先进性也应是澜湄合作机制继续完善的3个主要着力点。

最后，缓解安全化问题的措施因国而异、因阶段而异。具体到越南，2016年应急补水是其短期必要的策略。中期措施是要推进澜湄合作的制度化、专业化，切实照顾到越南在水资源问题上的核心关切。长期措施则需要从两国关系的高度着眼，稳定中越关系的大局才能为两国之间具体矛盾的解决创造有利条件。当前，困扰中越关系稳定的最大的不确定性来自南海争议。因此，南海争议的抑制和缓解是中越各领域合作顺利推进的前提条件。

水外交的理论与实践

气候治理与水外交的内在共质、作用机理和互动模式

——以中国水外交在湄公河流域的实践为例*

张　励**

【内容提要】联合国于2011年正式呼吁推进水外交，又于2016年进一步强调水外交在维持和平与安全中的重要作用。水外交作为一门新兴的理论，在其发展过程中很少将气候变化因素纳入其理论体系与实践路径进行探讨。这不可避免地影响水外交在处理气候变化类水冲突时的实施效果并引起流域国家间的关系紧张。本文首先探讨气候治理与水外交的内在共质，指出气候变化因素与水外交议题在自然、政治、经济3个层面的相似性与重要关联。其次，着重分析气候治理与水外交理论的作用机理，将气候变化因素纳入水外交理论体系，具体包括气候变化与水外交议题的逻辑关联，气候变化因素在水外交理论体系中的内容构成，以及气候治理与水外交的融合边界问题。最后，以湄公河地区气候治理与中国水外交的互动为案例，探讨湄公河地区气候变化类水冲突的聚焦领域、中国水外交的应对现状以及未来的实施路径。

【关键词】气候治理；水外交；澜沧江—湄公河；澜湄国家命运共同体

＊　本文为国家社科基金青年项目"澜湄国家命运共同体构建视视阈下的水冲突新态势与中国方略研究"（18CGJ016）、中国博士后科学基金第12批特别资助项目"中国水外交的历史演进、理论构建与当代实践研究"（2019T120289）、中国博士后科学基金第65批面上资助项目"国际社会对澜湄合作机制的意图认知与中国经略之策研究"（2019M651392）的阶段性成果。本文受2018年第一届上海市"超级博士后"激励计划资助。

＊＊　张励，复旦大学一带一路及全球治理研究院助理研究员，上海高校智库复旦大学宗教与中国国家安全研究中心研究员。

联合国前秘书长潘基文指出,"在2050年前,至少有1/4的人可能会居住在受到淡水短缺困扰的国家。气候变化将使这些挑战变得更加复杂"。因此,联合国安理会积极推动水外交,强调其在维持和平与安全中的特殊作用。[①] 早在2011年,联合国就呼吁推进水外交,中国、美国、日本、欧盟、澳大利亚、韩国等国或国际组织纷纷开始了水外交学理研究,并在深受气候变化影响的全球四大水冲突地区之一——湄公河[②] 流域进行积极的行动实践。[③] 目前,国内外水外交研究鲜有关注气候治理与水外交的内在共质、作用机理与互动模式,同时在水外交理论体系构建与实践路径提出方面也缺乏对气候变化因素的考量,这导致水冲突解决难度的提升并加剧了地区秩序冲突风险。

中国水外交在湄公河地区的积极实践中已不自觉地将气候变化因素纳入考量,并在与湄公河国家(缅甸、老挝、泰国、柬埔寨、越南)的水资源合作与水冲突管控上取得进展,但由于当前对气候变化因素在水外交理论体系中的作用与联系的探讨不足,致使其无法更为有效地解决湄公河水争端。因此,对气候治理与水外交理论的内在共质与作用机理进行探讨,将对水外交理论研究的发展,中国在湄公河地区水外交实施绩效的保障,以及澜湄国家命运共同体的构建,具有重要而深远的意义。

一、气候治理与水外交的内在共质

气候变化所引发的海水倒灌、鱼群减少、干旱频发、洪灾侵袭、农作物减产等正直接加剧全球水冲突风险,并对地区乃至全球政治经济安全秩序的构建带来变数。同时,上述议题也成为水外交所无法规避的内容。本部分在对水外交学术源流中的"气候变化因素"脉络进行简要爬梳的基础上,重点探讨气候治理与水外交的内在共质,即气候变化与水外交议题在

---

① 《安理会推动"水外交" 强调水在维持和平与安全中的特殊作用》,联合国新闻网,2016年11月22日,https://news.un.org/zh/story/2016/11/266662。

② 中国境内称为"澜沧江",一般表述为"澜沧江—湄公河",文中统称为"湄公河"。

③ Benjamin Pohl et al., *The Rise of Hydro-Diplomacy: Strengthening Foreign Policy for Transboundary Waters* (Berlin: Adelphi, 2014), p.8.

自然层面、政治层面、经济层面的相似性与重要关联，并指出对两者内在共质的把握是把气候变化因素纳入水外交体系的重要前提。

（一）水外交学术源流中的"气候变化因素"脉络

"水外交"一词最早出现于1986年努尔·伊斯拉·纳赞（Nurul Isla Nazem）和穆罕默德·哈马尤恩·卡比尔（Mohammad Humayun Kabir）撰写的《印度与孟加拉国共有河流与水外交》。该文探讨了自1971年以来印度与孟加拉国的关系，旱季水流量变小，以及双方的相关政策选择等议题。[①] 之后，关于水外交的研究文章日渐增多。[②]

水外交研究的"萌芽期"是1980年至2010年。[③] 在该阶段，国内外学界主要围绕具体的水外交实践问题与对策展开研究。首先，研究范围涵盖地区较广，包括东南亚、南亚、中亚、西亚、非洲等。此外，还有专门探讨中国水外交实践的作品。其次，从研究内容上来看，有极少数研究成果涉

[①] Nurul Islam Nazem and Mohammad Humayan Kabir, *Indo-Bangladeshi Common Rivers and Water Diplomacy* (Dhaka: Bangladesh Institute of International and Strategic Studies, 1986).

[②] 水外交研究详细可以划分为三个阶段：第一个阶段为1980年前的铺垫期，第二个阶段为1980年至2010年的萌芽期，第三个阶段为2011年至今的发展期。因第一阶段与本文关联不大以及篇幅所限，故省略。具体可详见：张励《水外交：中国与湄公河国家跨界水资源的合作与冲突》，博士学位论文，云南大学国际关系研究院，2017，第24—25页。

[③] 该阶段的代表作有：Úrsula Oswald Spring, "Hydro-Diplomacy: Opportunities for Learning from an Interregional Process," in Clive Lipchin et al., eds., *Integrated Water Resources Management and Security in the Middle East* (Dordrecht: Springer, 2007), pp.163-200; Remi Nadeau, *The Water War* (Rockville: American Heritage Publishing Company, 1961); John M. Orbell and L. A. Wilson, "The Governance of Rivers," *The Western Political Quarterly* 32 (1979):256-264; Albert Lepawsky, "International Development of River Resources," *International Affairs* 39(1963):533-550; Daniel M. Ogden, "Political and Administrative Strategy of Future River Basin Development: The National View," *Political Research Quarterly* 3 (1962):39-40; Eugene Rober Black, "International Rivers," *The American Journal of International Law* 48(1954):287-289; Eugene Rober Black, *The Mekong River: A Challenge in Peaceful Development for Southeast Asia* (Washington: National Strategy Information Center, 1970); Jasper Ingersoll, "Mekong River Basin Development: Anthropology in a New Setting," *Anthropological Quarterly* 41(1968): 147-167; Virginia Morsey Wheeler, "Co-Operation for Development in the Lower Mekong Basin," *The American Journal of International Law* 64 (1970): 594-609; 王庆：《湄公河及其三角洲》，《世界知识》1963年第12期；明远：《摩泽尔河的运河化》，《世界知识》1964年第12期；竹珊：《尼日尔河三角洲》，《世界知识》1964年第19期。

及水外交方法讨论，但并非研究的主流。该阶段对水外交中的"气候变化因素"的探讨，主要停留在具体的水资源冲突和灾害引发的原因分析上。

水外交研究的"发展期"是2011年至今。[①] 该阶段的水外交研究已开始理论与案例并举，学术与实践共进。第一，从研究内容上来看，国内外对于水外交理论的研究开始兴起，案例研究进一步增多。第二，从研究平台来看，不仅表现为论著、报告等纸质平面形式，而且还表现为专门的学术交流与培训等立体形式。第三，从研究实际运用上来看，国际组织与部分国家已经开始逐渐将水外交运用到具体的跨界水争端处理与外交实践中

---

① 该阶段的代表作有：Nazem Nurul Islam and Kabir Mohammad Humayan, *Indo-Bangladeshi Common Rivers and Water Diplomacy* (Dhaka: Bangladesh Institute of International and Strategic Studies, 1986); Surya Subedi, "Hydro-Diplomacy in South Asia: The Conclusion of the Mahakali and Ganges River Treaties," *The American Journal of International Law* 93 (1999): 953-962; Bertram Spector, "Motivating Water Diplomacy: Finding the Situational Incentives to Negotiate," *International Negotiation* 5 (2000): 223-236; Marwa Daoudy, "Syria and Turkey in Water Diplomacy (1962-2003)," in Fathi Zereini et al., eds., *Water in the Middle East and in North Africa: Resources, Protection and Management* (Berlin: Springer, 2004), pp.319-332; Apichai Sunchindah, "Water Diplomacy in the Lancang-Mekong River Basin: Prospects and Challenges," Paper presented at the Workshop on the Growing Integration of Greater Mekong Sub-regional ASEAN States in Asian Region, September 2005, Yangon, Myanmar, pp.20-21; Zainiddin Karaev, "Water Diplomacy in Central Asia," *Middle East Review of International Affairs* 9 (2005): 63-69; Indianna D. Minto-Coy, "Water Diplomacy: Effecting Bilateral Partnerships for the Exploration and Mobilization of Water for Development," *SSRN Working Paper Series*, 2010; 弗兰克·加朗：《全球水资源危机和中国的"水资源外交"》,《和平与发展》2010年第3期; Shafiqul Islam et al., *Water Diplomacy: A Negotiated Approach to Managing Complex Water Networks* (New York: RFF Press, 2013); Benjamin Pohl et al., *The Rise of Hydro-Diplomacy: Strengthening Foreign Policy for Transboundary Waters*(Berlin: Adelphi, 2014); Shafiqul Islam and Amanda C. Repella, "Water Diplomacy: A Negotiated Approach to Manage Complex Water Problems," *Journal of Contemporary Water Research & Education* 155 (2015):1-10; Shafiqul Islam et al., eds., *Water Diplomacy in Action: Contingent Approaches to Managing Complex Water Problems* (New York: Anthem Press, 2017); Anoulak Kittikhoun and Denise Michèle Staubli, "Water Diplomacy and Conflict Management in the Mekong: From Rivalries to Cooperation," *Journal of Hydrology* 567 (2018): 654-667；张励：《水外交：中国与湄公河国家跨界水合作及战略布局》,《国际关系研究》2014年第4期；郭延军：《"一带一路"建设中的中国周边水外交》,《亚太安全与海洋研究》2015年第2期；廖四辉、郝钊、金海、吴浓娣、王建平：《水外交的概念、内涵与作用》,《边界与海洋研究》2017年第2卷第6期；李志斐：《美国的全球水外交战略探析》,《国际政治研究》2018年第3期。

去。① 该阶段对水外交中的"气候变化因素"探讨比"萌芽期"略多，在具体处理干旱、洪涝等水资源问题时，探讨了气候变化对其的影响。以联合国为代表的国际组织与部分国家也开始重视水外交与气候变化的重要关联。

总体而言，在水外交研究的学术发展中，一直贯穿着"气候变化因素"，并具有以下几个特点：第一，气候变化被视为引起水外交问题的重要原因。气候变化是引起流域内国家间水冲突数量上升与程度加深的重要因素，也成为各国开始加强水外交的重要缘由。第二，应对气候变化被视为水外交实施的一项重要内容，并具体体现在水电开发、应对气候变化、防灾减灾的水冲突管控"组合拳"设计上。第三，缺乏对气候治理与水外交内在共质的关注。虽然气候变化是引起水外交问题的重要原因，但对其的研究仍旧停留在表象的水灾害事件上，对于气候变化与水外交议题在自然层面、政治层面、经济层面的相似性分析与探讨缺失。第四，水外交理论构建中缺乏对"气候变化因素"的作用机理的探讨。虽然在水外交具体问题和实践议题研究中涉及"气候变化因素"，但在水外交理论体系研究中却并未探讨气候变化作为一个特定的变量与水外交理论体系的逻辑关联、内容构成与融合边界，未将"气候变化因素"与水外交理论融合。因此，在水外交实践过程中缺乏对"气候变化类水冲突"②的有效应对。

（二）气候治理与水外交的内在共质

在水外交的源流发展中，气候变化一直作用于相关水外交议题③，并伴随着水外交研究与实践发展。这是由于气候变化本身与水外交议题存在联系与相似性，即两者类似的自然层面、政治层面与经济层面，且自然层面

---

① 张励：《水外交：中国与湄公河国家跨界水资源的合作与冲突》，博士学位论文，云南大学国际关系研究院，2017，第29页。

② "气候变化类水冲突"指由气候变化所引发的相关水资源争端。例如，由气候变化引起的海水倒灌、鱼群减少、干旱频发、洪灾侵袭、农作物减少等导致的流域沿岸国间的水资源开发博弈与冲突。

③ 这里的水外交议题特指由气候变化所引发的相关水资源争端，即文中提到的"气候变化类水冲突"。

是基础层，政治与经济层面是衍生层（见表1）。

表1　气候变化与水外交议题的内在共质相似性

类别	自然层面（基础层）	政治层面（衍生层）	经济层面（衍生层）
气候变化	由自然因素与人类活动引起，理论上可通过多国的规则制定与技术合作消除	在国家利益博弈与国际或地区秩序主导权争夺下，国家行为体利用气候变化来获得全球权力制高点、市场份额以及制约他国发展的关键点	追寻"社会发展需求—碳排放增加—经济增长和气候变化—温室气体减排—经济与环境可持续发展"路径，在"温室气体减排"环节会出现国家利益优先于温室效应控制的行为选择
水外交议题	因自然因素与人类活动所引发，理想状态下可由一国或多国通过技术手段或技术合作进行通力解决	国家行为体出于对外战略、秩序争夺的需要，逐渐将水外交议题视为国家合作、冲突谈判、地区权力制衡、区域事务介入的重要砝码	追寻"社会发展需求—水资源开发—经济增长、生态变化、冲突增加—水资源合作平台和制度等催生—经济与水资源可持续发展"路径，在"水资源合作平台和机制"环节，易出现国家利益重于共同价值的现象

1. 气候变化与水外交议题的自然层面。气候变化与水外交议题的自然层面是指两者由自然因素与人类活动所引起的负面变化，理论上仅需要通过技术、规则等方式进行控制和消除。(1)气候变化的自然层面。气候变化是指气候平均状态和离差（距平）两者中的一个或两者一起出现了统计上的显著变化，离差值增大表明气候状态不稳定性增加。[①] 联合国政府间气候变化专门委员会（Intergovernmental Panel on Climate Change，IPCC）认为，气候变化是指气候随时间发生的任何变化，既包括由自然因素引起的变化，也包括因人类活动引起的变化。而《联合国气候变化框架公约》（United Nations Framework Convention on Climate Change，UNFCCC）中的

---

① 国家气候变化对策协调小组办公室、中国21世纪议程管理中心:《全球气候变化——人类面临的挑战》，商务印书馆，2004，第17页。

气候变化则专指由人类活动直接或间接引起的气候变化。^①理论上，气候变化所带来的问题可通过多国的规则制定与技术合作进行消除。(2)水外交议题的自然层面。水外交议题一般包括水资源的利用，具体涵盖可安全饮用水、农业灌溉水、水资源生物多样性、水资源设施建设（大坝、航道）等。上述议题的负面变化一般也可因自然因素与人类活动所引发。理想状态下，水外交自然问题可由一国或多国通过技术手段或技术合作进行通力解决。

2. 气候变化与水外交议题的政治层面。气候变化与水外交议题的政治层面是指国家行为体利用两者的自然负面变化，有意脱离或半脱离纯技术治理解决层面，以国家利益为出发点从政治领域开始着手。气候变化与水外交议题逐渐被政治化和安全化。(1)气候变化的政治层面。在国家利益博弈与国际或地区秩序主导权争夺的催生下，气候变化开始超越自然性成为国家行为体利用气候变化来获得全球权力制高点、市场份额以及制约他国发展的关键点。气候变化也开始与安全议题挂钩，并可能引起资源冲突、边界争端、领土损失、沿岸城市面临威胁、社会衰落、环境移民、激进行为等风险。^②（2）水外交议题的政治层面。水外交议题的最初核心是保障本国正当合理的水资源开发与利用权力。但随着国家行为体出于对外战略、秩序争夺的需要，水外交议题逐渐被视为国家合作、冲突谈判、地区权力制衡、区域事务介入的重要砝码。水外交议题被赋予更多的安全意味，并面临着资源冲突、边界争端、沿岸城市面临威胁等难题。

3. 气候变化与水外交议题的经济层面。气候变化与水外交议题的经济层面则来自社会发展的内在需求，从而催生与之相关的经济利益与形成特殊的经济关系。(1)气候变化的经济层面。气候变化的经济性主要追寻以下发展路径，"社会发展需求—碳排放增加—经济增长和气候变化—温室气体减排—经济与环境可持续发展"。但在实际操作过程中，在"温室气体减排"环节，尽管有《联合国气候变化框架公约》《京都议定书》《巴黎协

---

① 董德利:《气候变化的政治经济学述评》,《经济与管理评论》2012年第4期, 第25页。

② "Climate Change and International Security," The Council of the EU and the European Council, March 14, 2008, https://www.consilium.europa.eu/ueDocs/cms_Data/docs/pressData/en/reports/99387.pdf.

定》和国际碳交易机制^①等进行管理和制约，但通常会出现国家利益优先于温室效应控制的行为选择。此外，气候变化的经济层面还表现在气候变化对经济发展的直接影响，即减缓气候变化将对近期的经济增长的负面影响。对于经济发展水平相对滞后的发展中国家来说，这种负面影响不仅表现为近期的经济代价，还表现为对长远经济发展规模和水平的制约。^②（2）水外交议题的经济层面。水外交议题的经济性发展路径与气候变化类似，追寻着"社会发展需求—水资源开发—经济增长、生态变化、冲突性增加—水资源合作平台和制度等催生—经济与水资源可持续发展"路径，且在"水资源合作平台和机制"环节，同样较易出现国家利益重于共同价值（尤其是对于亟须发展的欠发达国家而言）的现象。

二、气候治理与水外交的作用机理

气候治理与水外交的内在共质使两者息息相关，并使气候变化因素成为水外交体系不可分割的重要构成。本部分主要基于上述内容，探讨气候变化与水外交议题的逻辑关联，并分析气候变化因素作为一个特定变量如何构成水外交理论体系的一部分，并厘清气候治理与水外交的融合边界问题。

（一）气候变化与水外交议题的逻辑关联

气候变化与水外交议题的逻辑关系主要体现在内容关联性、规律相似性以及冲突迁移性3个方面。

1. 气候变化与水外交议题的内容关联性。气候变化与水外交议题的内容关联主要体现在内容范围的关联、内容本质的关联，以及内容因果的关联。一是气候变化与水外交议题的内容范围关联。水外交议题全部关乎于水资源主题，涉及水资源的自然开发，以及水资源在政治、安全、经济等层面的博弈。而相当多气候变化的内容也直接作用于水资源主题，例如海

---

① 黄以天：《国际碳交易机制的演进与前景》，《上海交通大学学报（哲学社会科学版）》2016年第1期，第28—37页。

② 潘家华：《减缓气候变化的经济与政治影响及其地区差异》，《世界经济与政治》2003年第6期，第66页。

水倒灌、干旱、洪涝、鱼类资源减少等，同样影响水资源的自然、政治、安全、经济等方面。二是气候变化与水外交议题的内容本质关联。两者本身都为自然属性，并在国家博弈与地区秩序构建的过程中，衍生出政治、经济层面高度相似的属性。三是气候变化与水外交议题的内容因果关联。气候变化是水外交议题发生的重要起因之一，同时也成为影响水外交议题发生、发展程度高低的重要变量。因此，水外交理论体系对于气候变化因素的考量不足，将直接影响水外交的实施绩效与成本。

2. 气候变化与水外交议题的规律相似性。气候变化与水外交议题的规律相似性主要表现在治理路径规律的相似性以及冲突根源产生规律的相似性。一是气候变化与水外交议题的治理路径规律相似性。两者都围绕着"社会发展需求—气候与水资源的开发—经济发展与负面影响的产生—共同治理模式的产生—经济与环境的协调"的理想规律设计。因此，当气候变化因素作用于水外交议题时，水外交体系可以基于原有的治理逻辑框架直接纳入气候变化因素，无须重新设计一套体系，避免造成水外交理论体系与实践路径的过度复杂化。二是气候变化与水外交议题冲突根源产生规律的相似性。气候变化冲突与水外交议题冲突都在寻求共同治理过程中，部分成员国将自我利益置于共有利益之上，造成治理成效的不足。因此，气候变化问题与水外交议题在治理路径规律与冲突根源规律的高度相似性会极易造成以下的"冲突迁移性"。但也因为两者规律的类同，为气候变化因素纳入水外交理论体系，并形成有效应对"气候变化类水冲突"的水外交方式提供了便利。

3. 气候变化与水外交议题的冲突迁移性。气候变化与水外交议题的冲突迁移性主要表现在冲突问题的直接迁移，以及冲突影响的迁移与加深。一是气候变化问题直接迁移至水外交议题上，使气候变化冲突转化为水外交议题冲突。例如，气候变化所引起的极端天气问题导致海平面上升，造成海水倒灌现象的加重。这一问题将被直接迁移和作用到流域内上下游国家的水资源关系。下游国家在极端气候变化影响下，易将焦点集中于水资源，加剧与上游国家的水资源博弈，并联合中下游国家一同与上游国家抗衡，从而使上下游的水外交问题复杂化。同时，气候变化所引发的突发干旱、洪涝以及鱼类资源（部分沿岸流域国家民众的蛋白质主要摄入来源）减少等问题，又加剧了水资源开发冲突。因为流域内沿岸国家，特别是遭受上述灾害较为严重的国家，出于补偿和国家利益博弈等目的会较易将全部责任迁移、转嫁到河流沿岸国家的大型水利设施建设上，从而加剧水资源开发之争，加大相关水外交议题的处理难度。二是气候变化问题的影响迁移至水外交议题上并加深。上述气候变化问题的本身将加剧国家间，尤其是发达国家与发展中国家对效率与公平的争端，致使产生紧张的国家间关系。而该问题又被迁移到水外交议题上后，再加之水资源开发中地理位置等"天然不公平"因素作用，原有的水冲突负面影响，以及如流域内国家存在较大的资金、技术等发展优势差距，会致使水外交问题变得更为复杂化。

（二）气候变化因素在水外交理论体系中的内容构成

气候变化与水外交议题在自然层面、政治层面、经济层面的内在共质，以及两者间存在的内容关联性、规律相似性和冲突迁移性，决定了气候变化因素是水外交理论体系中的重要内容构成，并有助于形成新型水外交理论体系（见表2）。

表2　气候变化因素在水外交理论体系中的内容构成

类别	水外交属性	水外交实施主体 （政府机构类）	水外交实施路径
现有水外交理论	地域属性、技术属性、社会属性和捆绑属性	外交部（主体），水利部、公安部（协助）	政治沟通、经济合作、机制建设等传统方式，以及围绕水技术、水社会层面展开的合作
新型水外交理论	自然属性（地域属性、气候属性）、技术属性、社会属性与捆绑属性	外交部（主体），水利部、公安部、生态环境部（协助）	政治沟通、经济合作、机制建设、水技术、水社会、气候合作等全方位的实施路径

1.气候变化因素在水外交属性中的内容构成。水外交属性主要包括地域属性、技术属性、社会属性和捆绑属性。四者都为水外交的重要属性内容。地域属性是指水外交的主要实施对象在地缘上一般具有共同河流，地缘影响度高。该属性不适用在地缘上没有跨界河流关系的水合作作用对

象。① 地域属性阐释了自然因素对水外交的重要影响，具体表现在上下游的地理位置关系以及是否具有跨界河流关系直接影响到水外交议题的发生与解决程度。而气候变化因素作为影响水外交议题的重要自然因素之一，其在水外交理论体系的纳入不但增加了具有跨界河流关系国家间水外交议题的解释和解决力度，还能增强非跨界河流关系水外交议题的实施效果。因此，水外交属性中的地域属性应该进阶为自然属性，即包含原有的地域属性和气候属性，从而使水外交属性升级为自然属性、技术属性、社会属性与捆绑属性。

2. 气候变化因素在水外交实施主体中的内容构成。水外交的实施主体是某一国的政府（或某一政府间国际组织）。细化构成来看，一国（或政府间国际组织）具体的水外交实施承担者一般包括政府机构和国家企业，并在安全、集资、培训、信息分享、通道建设等方面发挥重要作用。政府机构的主要构成除外交部，还涉及水利部（交流培训与技术支持）、公安部（航道安全维护）等。② 由于缺乏气候环境部门的支持，因此无法在气候变化类水冲突发生起源上实行较好的控制，而是等气候变化已经影响到水外交议题并产生负面影响后，再由外交部和水利部进行后续跟进解决，这无疑增加了水外交的实施成本并影响实施绩效。因此，水外交实施主体的政府机构构成应把生态环境部门纳入，充分发挥其在气候变化类水冲突上的专业作用、功能和影响。例如，中国的生态环境部门就有"承担国家履行联合国气候变化框架公约相关工作，与有关部门共同牵头组织参加国际谈判和相关国际会议"③ 的重要功能。

3. 气候变化因素在水外交实施路径中的内容构成。水外交的实施路径是解决国家间水资源冲突的关键。水外交理论体系的原有实施路径包括政治沟通、经济合作、机制建设等传统方式，以及围绕水技术、水社会层面

---

① 张励：《水外交：中国与湄公河国家跨界水资源的合作与冲突》，博士学位论文，云南大学国际关系研究院，2017，第33—34页。

② 同上文，第31页、第62页。

③ 中华人民共和国生态环境部，2018年10月8日，http://www.mee.gov.cn/xxgk2018/xxgk/zjjg/jgsz/201810/t20181008_644817.html。

展开的合作。[①] 但随着气候变化与水外交议题的冲突迁移性加深加强，气候类水外交议题冲突内容日益增多。因此，气候变化因素对水冲突的控制与利用变得格外重要。因此，水外交理论体系的实施路径还要将气候合作纳入其中，从而形成包含政治沟通、经济合作、机制建设、水技术、水社会、气候合作等全方位的水外交实施路径。

（三）气候治理与水外交的"融合边界"问题

气候变化因素纳入水外交理论必须要处理好"融合边界"问题，即明确气候治理的处理议题和处理路径并非全部与水外交相关和重叠。构建水外交理论体系，只需纳入与水资源有关的气候变化类水冲突与处理路径，否则会造成水外交理论体系冗杂，并可能导致水外交实施的事倍功半。气候治理与水外交的融合边界问题，主要包括处理议题的融合边界和处理路径的融合边界。

1. 气候治理与水外交处理议题的融合边界。气候治理与水外交处理议题的融合边界是指气候治理议题与水外交议题相互重叠和相互融合的边界问题。界定气候治理与水外交议题的融合边界，是将气候变化因素科学合理地纳入水外交理论体系使其更为完整的关键，也是有效发现气候变化类水冲突和提出应对策略的重要基础。气候治理的议题范围涉及资源冲突、边界争端、领土损失、沿岸城市面临威胁、社会衰落、环境移民、激进行为等内容[②]，其议题的涵盖领域广阔，主要包含与水资源相关和与非水资源相关的领域。因此，气候变化因素在纳入水外交体系时，重点要关注的是涉及水资源相关的内容，即气候变化直接引起的海水倒灌、干旱发生、洪灾侵袭、鱼类减少等直接作用于跨界河流沿岸国，并引起水冲突发生、加剧且导致水外交问题的重要内容。合理处理议题边界的划分，将有助于在学理上构建更为清晰的水外交理论，并有助于明晰具体实施部门的职责和内容。

---

① 张励：《水外交：中国与湄公河国家跨界水资源的合作与冲突》，博士学位论文，云南大学国际关系研究院，2017，第31页。

② "Climate Change and International Security," The Council of the EU and the European Council, March 14, 2008, https://www.consilium.europa.eu/ueDocs/cms_Data/docs/pressData/en/reports/99387.pdf.

2. 气候治理与水外交处理路径的融合边界。气候治理与水外交处理路径的融合边界主要指气候治理议题的处理部门、处理方式与水外交议题处理部门和处理方式相互融合过程中的边界问题。气候治理议题有其专门的管理部门和执行方式，水外交亦然。但由于上述议题的相互交融，为了达到水外交最大的实施绩效，需要气候治理部门的支持。因此，在水外交理论体系构建升级中，需明确气候治理部门的融入方式与涉及范围，否则将可能导致各部门功能重叠、任务负荷过重、实施绩效递减的现象。首先，水外交的执行主体部门仍为外交部，生态环境部、水利部、公安部是重要的水外交参与主体，并在涉及与自身有关的水外交议题时参与解决。例如，生态环境部负责提供气候变化类水冲突的应对支持，水利部提供水利技术与能力建设支持，公安部提供水航道安全支持等。如此，不但能加快水冲突的解决，还能有助于相关部门自身议题的解决，形成最大合力，并避免不必要的相互竞争和出现"九龙共治"的现象。其次，水外交的执行方式应融入气候治理的管控方式，以管控气候变化类水冲突。例如，由生态环境部牵头承担国家履行《联合国气候变化框架公约》的相关工作，组织开展应对气候变化能力建设、科研和宣传工作，承担碳排放权交易市场建设和管理有关工作等，突出此类工作在水冲突风险管控中的重要作用，使之效用最大化。

三、湄公河地区气候治理与中国水外交的互动

气候变化因素融入水外交理论体系是升级新型水外交理论体系的关键，也是一国借助水外交形成更为有效的水冲突解决路径（尤其是对气候变化引起的水冲突）的重要条件。湄公河地区是全球四大水冲突地区之一[①]，因气候变化所引起的水资源冲突不仅作用于中国与湄公河国家之间，还存乎于湄公河国家之中，具有典型性和破坏性。本部分以中国水外交在湄公河地区的实践为例，重点分析湄公河地区气候变化类水冲突的聚焦领域和中国水外交的应对现状，并基于新水外交理论体系提出针对性的实施

---

① Benjamin Pohl et al., *The Rise of Hydro-Diplomacy: Strengthening Foreign Policy for Transboundary Waters* (Berlin: Adelphi, 2014), p.8.

路径。

（一）湄公河地区气候变化与水冲突的联动状况

湄公河（中国境内部分称澜沧江）全长4880公里，是亚洲最重要的跨国水系、世界第七大河流，发源于中国，流经中国、老挝、缅甸、泰国、柬埔寨和越南，最后流入南海。湄公河地区位于亚洲热带季风区的中心，5月至10月为雨季，11月至次年4月为旱季。由于降水时间分布不均，每年流域各地都要经历一次历时与强度不等的干旱并有时发生严重洪涝灾害。因此，湄公河水文情况深受气候变化因素的影响，并较易引起流域内的水资源问题。

全球气候变暖令湄公河水资源问题变得更为严峻。根据世界银行发布的《降低热度：极端气候、区域性影响与增强韧性的理由》报告指出，目前全球气温已上升0.8摄氏度，至21世纪末将相较18世纪工业革命前上升4摄氏度[①]，这将对全球水资源、农业生产、沿海和城市生态系统等产生严重影响。而湄公河地区是易受全球气候变暖影响的区域，将深受海平面上升、极端酷热增加、热带飓风加剧等的冲击，从而造成湄公河海水倒灌、干旱洪涝加剧、鱼类减少，以及湄公河三角洲农作物减少等，致使水资源冲突加剧。

（二）湄公河地区气候变化类水冲突的聚焦领域

由气候变化所引起的湄公河水资源冲突主要涉及干旱、洪涝、农业、渔业等议题。气候变化作为自然因素，相对人为开发因素较为隐性。当气候变化引起（或部分引起）干旱、洪涝、农业产量缩减、鱼类减少等水资源冲突时，在部分媒体、非政府组织和域外国家的影响下，流域内的部分民众易将气候变化问题与影响迁移甚至完全转化为水冲突问题，将会引起中国与湄公河国家间水资源开发和合作关系的紧张。

1. 湄公河干旱洪涝议题。正如前文所述，湄公河地区位于亚洲热带季风区的中心，由于降雨分布不均，每年都要经历强度不等的干旱与洪

---

① "Turn Down the Heat: Climate Extremes, Regional Impacts, and the Case for Resilience" (Washington, D.C.: World Bank, 2013), p. xi.

涝。随着气候变化影响的日益增加，湄公河地区遭受极端干旱和洪涝灾害事件的概率上升、频率增加。在1993年和1997年出现湄公河水位异常下降，2008年湄公河洪水暴发，2010年湄公河部分流域出现大面积干旱，以及2013年末出现水位激增等情况时，大量水舆情都较为偏颇地把原因归于中国在上游的"过度开发"①，从而将湄公河干旱洪涝问题全部归于中国水资源开发，造成中国与湄公河国家之间的水冲突。2016年，湄公河流域受厄尔尼诺现象影响，又遭遇极端干旱事件。根据世界气象组织（World Meteorological Organization）数据显示，其与有记录以来的最强的1997—1998年厄尔尼诺强度相当，且比前者的持续时间更长，覆盖面积更大。②因此，澜湄流域降雨量大幅减少，中国与湄公河国家受旱情影响严重。地处最下游的越南面临90年不遇的旱情。同时，湄公河国家间只顾自身渔业和农业利益，相互关系十分紧张。因此，本应向位于其上游国家泰国、老挝求助的越南转而请求中国开闸放水。中国虽面临自身困境，仍积极作出响应，于2016年3月开始实施应急补水，缓解了下游旱情。此举虽然受到了湄公河国家的欢迎，但仍旧有部分群体将原因推诿于中国并对中国应急补水效果产生质疑。③

2. 湄公河渔业发展议题。渔业是湄公河国家最为关注的议题之一。湄公河国家中约有2/3的人从事渔业相关活动，占柬埔寨和老挝国内生产总值的10%左右。同时，河流中常见的鱼类约有1000种，还有一些来自海洋的鱼类，是世界上最多产和多样化的流域之一。④此外，鱼类是居住在湄公河国家人群的动物蛋白质摄入主要来源。在越南，从鱼类摄入蛋白质的人数占总人口数的60%，在老挝和柬埔寨的一些地区更高达78%和

---

① Pichamon Yeophantong, "China's Lancang Dam Cascade and Transnational Activism in the Mekong Region: Who's Got the Power," *Asian Survey* 54(2014): 711-712.

② "Technical Report – Joint Observation and Evaluation of the Emergency Water Supplement from China to the Mekong River" (The Mekong River Commission and Ministry of Water Resources of the People's Republic of China, 2016), p.12.

③ 张励、卢光盛：《从应急补水看澜湄合作机制下的跨境水资源合作》，《国际展望》2016年第5期，第95—112页。

④ Martin Parry et al., eds., *Climate Change 2007: Impacts, Adaptation and Vulnerability* (Cambridge: Cambridge University Press, 2007), p. 279.

79%。① 随着气候变暖、水温度上升以及氧含量下降，鱼类的正常生长受到影响，有些鱼体的尺寸甚至会有所减小。由于中国在湄公河上游建造水坝的速度较快，再加之一些别有用心的媒体、非政府组织与域外国家的宣传，部分来自湄公河国家的群体认为，中国在湄公河上游的大坝建设导致鱼类自然栖息地被破坏，营养物质流失，并造成部分鱼类无法洄游，致使湄公河鱼类急剧减少。② 同样的指责也存在于湄公河国家之间③，但中国目前在湄公河建造大坝的数量较多，因此对中国的关注较高。这引起了部分下游国家民众对于生计的担忧，并成为中国与湄公河国家间重要的水外交议题之一。

3. 湄公河三角洲农业议题。湄公河三角洲位于越南南部，面积约3.6万平方公里，其中2万平方公里为农业用地，并以生产大米为主，为越南提供了约53%的谷物产量和75%的果树产量。④ 而湄公河三角洲低于海平面10米以上，易受气候变化的影响。如果海平面上升1米，将导致湄公河三角洲红树林面积（2500平方公里）损失近一半，约1000平方公里的耕地和水产养殖区将成为盐沼⑤，以及1.5万至2万平方公里土地被淹，并影响350万至500万人的居住环境。⑥ 正如前文所述，目前全球气温已上升0.8

---

① Brooke Peterson and Carl Middleton, "Feeding Southeast Asia: Mekong River Fisheries and Regional Food Security," International Rivers, https://www.internationalrivers.org/sites/default/files/attached-files/intrivers_mekongfoodsecurity_jan10.pdf.

② "Chinese Dams on the Mekong Threaten Fisheries, Communities," Asia News, January 9, 2018, http://www.asianews.it/news-en/Chinese-dams-on-the-Mekong-threaten-fisheries,-communities-42782.html.

③ 老挝境内修建了多座湄公河大坝，直接切断110多种鱼类的自然迁徙路径，并将造成80万吨的渔获量损失，相当于湄公河总渔获量的42%。详见：Brian Eyler, "China Needs to Change Its Energy Strategy in the Mekong Region," in Isabel Hilton, ed., *The Uncertain Future of the Mekong River*, March 2014, p.16, http://www.thethirdpole.net/wp-content/uploads/2014/03/mekong__new14-2.pdf.

④ 越南芹苴大学（Can Tho University）李英俊博士（Le Anh Tuan）于2012年12月12日在"湄公河观察"（Mekong Watch）举办的"构建东亚民间社会网络，探讨湄公河可持续自然资源管理"（Establishing East-Asia Civil Society Network to Discuss Sustainable Natural Resources Management in Mekong）国际研讨会上的报告。

⑤ 盐沼是地表过湿或季节性积水、土壤盐渍化并长有盐生植物的地段。

⑥ Martin Parry et al., eds., *Climate Change 2007: Impacts, Adaptation and Vulnerability* (Cambridge: Cambridge University Press, 2007), p. 59.

摄氏度，现有气候变化的影响所导致的海平面上升、海水倒灌与土地盐碱化，已影响到湄公河三角洲的农业发展。[①] 气候变化作为自然因素，相对于人为因素较为隐性，且在部分媒体与非政府组织的炒作下，人们过度聚焦于人为因素，并将气候变化产生的矛盾全部迁移和转嫁至水资源冲突，即水利设施建设。例如，一些观点认为，中国利用小湾水坝蓄水，造成湄公河水流量减少、海水倒灌，以致影响越南农业发展。[②] 同样，也有越南学者提出，位于其上游的老挝沙耶武里大坝（Xayaburi Dam）和栋沙宏大坝（Don Sahong Dam）的建成将对越南农业产生更为严重的影响。[③] 因此，湄公河三角洲深受气候影响的农业问题"转变"为了中国与湄公河国家的"水资源冲突"问题。

（三）中国水外交应对气候变化类水冲突的现状

中国在湄公河地区的水外交经历了从20世纪80年代的"有限接触"到2015年起的"全面推进"阶段。由于篇幅所限以及2015年前中国水外交在应对湄公河气候变化类水冲突的实施内容相对有限，本部分主要关注2015年之后中国在应对气候变化类水冲突的实施内容。

1. 构建应对气候变化类水冲突管理和交流平台。一是中国与湄公河国家建立了澜沧江—湄公河环境合作中心与澜湄水资源合作中心，前者包含气候变化的议题，后者则专门涉及水旱灾害、水资源利用和保护等方面。两个中心的创立，为流域内六国共同探讨解决气候变化类水冲突提供了良好的管理与风险管控平台。二是中国通过举办首届澜湄水资源合作论坛，搭建了相互间的交流平台。2018年11月，首届澜湄水资源合作论坛在中国举行，来自流域六国政府部门、科研机构、学术团体、企业以及相关国际组织的近150名代表参加论坛。论坛发布的有关水资源议题的重要倡议——《昆明倡议》指出，六国面临洪旱灾害、水生态系统退化、水环

---

① To Minh Thu and Le DinhTinh, "Vietnam and Mekong Cooperative Mechanisms," *Southeast Asian Affairs* 1 (2019): 402-403.

② 张励、卢光盛：《"水外交"视角下的中国和下湄公河国家跨界水资源合作》，《东南亚研究》2015年第1期，第45页。

③ To Minh Thu and Le DinhTinh, "Vietnam and Mekong Cooperative Mechanisms," *Southeast Asian Affairs* 1 (2019): 402.

境污染以及气候变化带来的不确定性等挑战，迫切需要采取共同行动。同时，宣言呼吁澜湄合作成员国增加投入，提高应对水资源挑战和气候变化风险的能力，保障各成员国的水安全。①

2. 设计应对气候变化类水冲突的合作内容。中国通过与湄公河国家签订文件、发布宣言等方式，共同设计应对湄公河气候变化类水冲突的合作内容。一是在纲领性合作文件与重要宣言中强调六国应对气候变化类水冲突的合作内容。2016年3月2日于中国海南省召开的澜沧江—湄公河合作（简称"澜湄合作"）首次领导人会议发布了《三亚宣言》，并提出对气候变化、环境问题的重视。② 2018年1月，澜湄六国领导人共同参与的澜湄合作第二次领导人会议又发布了重要的《澜湄合作五年行动计划（2018—2022）》，其中在"4.2.5水资源"部分特地指出，要"促进水利技术合作与交流，开展澜沧江—湄公河水资源和气候变化影响等方面的联合研究，组织实施可持续水资源开发与保护技术示范项目和优先合作项目"。③ 二是在具体合作规划中设计应对气候变化类水冲突的内容。2019年3月，澜湄六国经过磋商正式通过《澜湄环境合作战略（2018—2022）》，该文件指出，六国要在气候变化适应与减缓领域开展合作，除了支持《联合国应对气候变化框架公约》及《巴黎协定》，还设计了5条详细的合作内容，以增强对气候变化应对与水环境管理。④

3. 联合研究气候变化类水冲突极端事件。2016年3月，湄公河流域受厄尔尼诺现象影响，发生极端干旱，流域六国深受旱灾影响，越南向中国求助。中国在牺牲自身利益从景洪水电站开闸放水后，仍旧引来部分

---

① 《首届澜湄水资源合作论坛在昆明开幕》，新华网，2018年11月1日，http://www.xinhuanet.com/fortune/2018-11/01/c_1123649862.htm；《澜湄六国通过〈昆明倡议〉 共同推进水资源合作》，新华网，2018年11月2日，http://www.xinhuanet.com/politics/2018-11/02/c_1123656204.htm。

② 《澜沧江—湄公河合作首次领导人会议三亚宣言——打造面向和平与繁荣的澜湄国家命运共同体》，中华人民共和国外交部网站，2016年3月23日，https://www.fmprc.gov.cn/web/gjhdq_676201/gj_676203/yz_676205/1206_677292/1207_677304/t1350037.shtml。

③ 《澜沧江—湄公河合作五年行动计划（2018—2022）》，中华人民共和国外交部网站，2018年1月11日，https://www.fmprc.gov.cn/web/ziliao_674904/1179_674909/t1524881.shtml。

④ 《澜沧江—湄公河环境合作战略》，澜沧江—湄公河环境合作中心网站，2019年3月27日，http://www.chinaaseanenv.org/lmzx/zlyjz/lmhjhzzl/201711/t20171106_425930.html。

国家和媒体的质疑。①2016年10月，中国与由四个湄公河国家组建的湄公河委员会（Mekong River Commission）②共同发布《中国向湄公河应急补水效果联合评估》技术报告。③报告基于双方的资料交换、共享，表明此次干旱深受极端厄尔尼诺现象影响，中国对下游的应急补水增加了湄公河干流的流量，抬高了水位，并且缓解了湄公河三角洲的咸潮（Salinity Intrusion）入侵。与此同时，湄公河委员会在报告中还特别指出，中国在同样遭受旱情并影响到生活用水供应与农业生产的情况下，提供了应急补水。此举表明了中国与下游国家合作的诚意，湄公河委员会对此表示由衷感谢。④

（四）未来中国水外交在湄公河地区的实施路径

中国水外交在湄公河水资源合作与风险管控中已经开始有意识地将气候变化因素纳入其中，并在平台搭建、内容设计、联合研究等方面取得了初步的合作成效。但由于气候变化类水冲突是一种特殊的、短期内难以避免并可能持续发酵的水资源问题，且目前在有些领域，气候变化管理和水资源管理方面还存在并行不交叉的现象，因此，中国水外交应进一步研究气候变化因素与水外交的作用机理，以升级水外交理论体系。同时，应明确职能部门分工，加强联合研究、公布信息等，以确保气候变化类水冲突的负面影响最小化，保证湄公河水资源的正常开发，以及澜湄国家命运共同体的构建。

1. 完善与升级中国水外交理论体系。水外交理论是一门新兴的理论，近年来，随着国内外学界、政界研究与实践的加深，已经逐步形成了初步的体系，但尚待进一步提升。与此同时，中国学界、政界在水外交上亦作出了积极探索，当下，中国应进一步完善和升级水外交理论体系。除了本

---

① 张励、卢光盛：《从应急补水看澜沧江湄公河合作机制下的跨境水资源合作》，《国际展望》2016年第5期，第95—112页。

② 湄公河委员会于1995年成立，是致力于湄公河水资源开发和管理的组织机构，成员国为老挝、泰国、柬埔寨、越南，观察国为中国、缅甸。

③ "Technical Report – Joint Observation and Evaluation of the Emergency Water Supplement from China to the Mekong River" (The Mekong River Commission and Ministry of Water Resources of the People's Republic of China, 2016).

④ Ibid., p.43.

文对气候治理与水外交的内在共质、逻辑关联、内容构成、融合边界等议题的研究分析，还应进一步确定气候变化类水外交的绩效评估评价体系。同时，应通过实时跟踪湄公河地区气候变化类水冲突新态势，以及研究全球其他地区气候变化类水冲突案例，从中提炼治理经验、规律模式等，不断丰富和完善中国水外交理论，这样才能更为有效和科学地指导具体的水外交实践，确保水资源合作的成效。

2. 丰富和加强执行部门的分工合作。湄公河地区气候变化类水冲突涵盖的干旱洪涝议题、渔业发展议题、三角洲农业议题，无一不受气候变化的影响。当下，气候变化风险管控与水资源风险管控基本属于两者并行，并缺乏重叠区域的有效合作，这在很大程度上（或部分程度上）导致由气候变化引起的问题完全转变为由"人为引起的水资源问题"，并对水资源的正常开发与合作造成影响。未来，中国水外交的实施主体除了外交部（实施水外交主体）、水利部（技术支持与交流培训）、公安部（航道安全维护），还可考虑纳入生态环境部门，主要就气候变化类水冲突提供技术支持，并通过其参与国际气候谈判、国际规则制定，以形成有利于水资源开发、避免水资源冲突的良好环境。

3. 开展和增强多层次的合作研究。湄公河常规水资源冲突与气候变化类水冲突都具有跨国性。因此，流域六国群策群力、共同协商与研究是构建互信、形成有效对策的良好前提。而中国作为六国中相对国力、资金、技术较有优势的国家，要努力促成六国多层次的合作研究。首先，不断加强现有澜沧江—湄公河环境合作中心、澜湄水资源合作中心、水资源合作论坛的平台作用，加强流域六国政府部门、科研机构、学术团体、企业与相关国际组织的交流。其次，在重要合作规划、规则制定上，六国各界要加强气候变化与水资源的联合研究，形成有效的规则、权利与责任。例如，在六国制定《澜湄合作五年行动计划（2018—2022）》过程中，可以加强气候变化类水冲突的风险管控研究，形成有效的合作方案。再次，在极端气候类水资源事件中，要增强专题性的研究。例如，《中国向湄公河应急补水效果联合评估》技术报告以多语言的形式发布，增强了水资源合作的透明性，防止了普通民众受到部分不实舆论的误导，避免了水资源合作中有可能发生的关系紧张与合作停滞等问题。最后，组建"气候—水—能源—粮食"的跨学科智库机构。中国可优先在具有相关优势学科的高校内组建跨学科的高校智库试点机构，接着扩展到省一级内进行推广，再进行流域国之间的智库组建，从而为规避或减少极端气候类水资源事件的发生，以及应对由气候变化引起的水资源争端、能源与粮食安全问题等做好预备方案。

域外国家水外交与亚洲水治理

——以美国和欧盟为例

李志斐[*]

【内容提要】亚洲的水治理是关乎亚洲地区稳定和发展的一个重要的安全议题，出于战略利益和经济利益的综合考量，美国和欧盟一直都非常重视亚洲水外交的开展。它们抓住关乎亚太发展的关键领域——水，通过大量的资金、技术和人员援助，借助全球水伙伴关系的支持与合作，努力提升对亚洲地区水治理的介入，影响其治理模式和规则建构，推行自身的价值观，从长远的角度获得和提升其在亚太地区的存在感和影响力。中国应适度借鉴美欧的亚洲水外交经验，加强水外交管理体制建设，对水外交进行整体战略谋划和协调，加强水援助的多边援助渠道建设，统筹国际安全和国内安全两个方面，重视国内水资源治理工作。

【关键词】水外交；水治理；美国；欧盟；水援助

在2019年世界经济论坛的《全球风险评估报告》中，水资源危机发生的可能性排在第9位，其风险影响力被列为第3位，自2012年以来，水资源危机已连续7次被列为全球五大风险之一。[①] 在2015年世界经济论坛所做的全球风险认知调查中，水危机位居未来10年中五大全球风险之首。[②] 亚

---

* 李志斐，中国社会科学院亚太与全球战略研究院副研究员。

① World Economic Forum,"The Global Risks Report 2019," http://www3.weforum.org/docs/WEF_Global_Risks_Report_2019.pdf.

② World Economic Forum,"The Global Risks Report 2015,"http://reports.weforum.org/global-risks-2015/#rd?sukey=3903d1d3b699c20873f3985a82994eb5606132302486f8fcfe2747a6c91facb2a3e7d95774b13ace9a5017d4e3170a87.

太地区有很多发展中国家，容纳了全世界60%的人口，但人均可用淡水资源量却居于世界最低水平。[①] 由于天然水分配不均和水资源管理能力不足，相当一部分国家处于水压力之下。在被统计的43个国家中，有20个国家的人均年可使用淡水资源量超过3000立方米，11个国家处于1000—3000立方米，6个国家处于1000立方米之下。[②]

作为对气候变化影响非常敏感的区域之一，有数据显示，从1998—2006年，有46%的灾难与水相关，90%的受波及人口居住在亚洲地区。亚洲还是跨国界水资源丰富的地区，占全球跨国界水资源总量的40%。气候变化、经济发展、人口增长导致水资源需求上升，许多亚洲国家之间因水资源开发利用而发生纷争或矛盾。自进入21世纪以来，这种态势显著增长。未来，亚洲水治理是关乎亚洲地区稳定和发展的一个重要的非传统安全问题。

基于重要的地缘战略位置，充满活力和潜力的经济发展现实，亚洲对于美国和欧盟的经济价值和战略价值意义重大。美国和欧盟一直非常注重水外交的开展，作为其商品和服务的重要出口地，亚洲地区是重要的开展水外交的目标地。美欧在亚洲开展水外交，对亚洲国家的水治理机制建设、水安全战略构建、水合作开展都产生了较大的影响。深入分析美欧对亚洲水外交的内容和影响，不仅有助于从新的视角认识美欧的亚洲外交政策，更可以在"一带一路"倡议的背景下，为中国开展水外交提供很好的借鉴。

一、水外交战略与美欧亚洲水外交开展动力

20世纪70年代以来，水外交逐渐发展为美欧外交的重要内容。在美欧的政策制定者看来，水是一种基础性自然资源，是一种关乎人类食物、健

---

① World Wide Fund for Nature(WWF), "Ecological Footprint and Investment in Natural Capital in Asia and Pacific," https://www.adb.org/publications/ecological-footprint-and-investment-natural-capital-asia-and-pacific.

② IPCC, "Analysing Regional Aspects of Climate Change and Water Resources," http://www.ipcc.ch/pdf/technical-papers/ccw/chapter5.pdf.

康和能源安全的跨领域（cross-cutting）的元素①，水与社区和国家的稳定与安全、人类健康、教育、经济繁荣、人道主义救济和自然环境的管理密切相关。水对人类生存所必需的其他关键资源也至关重要，尤其是农业和能源。据相关统计，全球大约有21亿人无法获得安全干净的饮用水，44亿人缺乏足够的卫生设施。②因此，水对人类安全和世界和平的意义重大，推动水治理是一项重要的发展使命和外交任务。

在美国国家情报委员会2012年发布的《全球水安全的评估报告》和2017年发布的《全球趋势：进步的悖论》中，都强调了水不安全将对美国具有战略重要性的国家产生负面和不稳定影响，如果美国不采取行动，将对美国及其盟友构成越来越大的威胁。2017年10月，美国国会通过了《美国政府全球水战略》，标志着美国的水外交已经上升到国家战略层面，表示美国需要充分整合国内的资金、技术和人力资源，推动全球范围内的4个战略目标的实现，包括：增加安全饮用水和卫生设施服务；推动淡水资源治理与保护；推动跨界水资源合作；加强水部门的管理、财政和机制建设。③为了政府部门间更好地合作执行全球水战略，美国国际开发署制订了特定的机构计划，为其具体落实水外交战略提供了行动框架。④

作为国际水资源合作治理的先行者和积极推行者，欧盟依托于丰富的水治理经验，在全球开展水外交活动，并形成较为清晰的水外交战略。欧盟推行水外交的主要内容是以合作方式，介入全球范围内的水治理。欧盟在《关于欧盟水外交的理事会决议》中指出，欧盟水外交的明确目标是：通过促进合作和可持续性的水资源管理安排，积极应对跨境水资源安全的

① S. Dalamangas,"The EU Water Development Policy and the New Framework for Action," European Commission, https://ec.europa.eu/europeaid/sites/devco/files/new_watersector_02.12.pdf.

② USAID,"Report of Water Sector Activities: Global Water and Development," https://www.usaid.gov/sites/default/files/documents/1865/Global-Water-and-Development-Report-reduced508.pdf.

③ USAID,"U.S. Government Global Water Strategy," https://www.usaid.gov/sites/default/files/documents/1865/Global_Water_Strategy_2017_final_508v2.pdf; National Intelligence Council, "Global Trends Paradox of Progress," https://www.dni.gov/files/images/globalTrends/documents/GT-Main-Report.pdf.

④ USAID, "USAID Water and Development Plan," https://www.usaid.gov/what-we-do/water-and-sanitation.

挑战；欧盟水外交要通过一致性的政策和项目，鼓励和支持地区和国际合作。同时，欧盟的水外交是基于联合国欧洲经济事务委员会（UNECE）制定的《跨界水道和国际湖泊保护和利用公约》和联合国大会1997年通过的《国际水道非航行使用法公约》的相关规定，推动公平、可持续和跨国界水资源的一体化管理。[①]

欧盟的水外交战略是一个兼顾政治、安全、经济的复合型整体性外交战略。在内容上主要包括3个方面：第一，目标对象是跨国界水，根本目的是推动旨在维护世界和平与安全的跨国界水治理；第二，设定优先区域，主要是4个区域，即中亚地区、尼罗河流域、湄公河流域和中东地区；第三，注重规则和国际伙伴关系的建立，欧盟主张将国际机制建设作为水治理的基础，注重推动与联合国、世界银行等国际组织及美国等国家的国际伙伴关系的建立；第四，完善行动计划，致力于推动全球政治关注水安全，向其他地区提供水治理技术。[②]

从本质上讲，美国和欧盟的水外交都是通过一种"软"的方式实现外交战略的有效路径。它从根本上服务于国家的整体利益，促进价值观念的传播，在帮助对象国解决水资源安全问题的同时，提升自身的地区影响力，影响对象国的政治转型、民主发展和社会治理。水外交是实现美欧亚洲外交战略的有力工具和手段。

二、美欧亚洲水外交的主要内容

（一）重视水利基础设施建设的投资和援助

亚洲的诸多水问题很大程度上是与低效低质的水利基础设施有关。一方面，由于水管理不善，基础设施老化，水供应成为地区性问题；另一方面，由于亚洲许多国家的财政薄弱，无法修建足够的水利基础设施满足快速增长的人口，缺少资金维护已有的基础设施，致使其损坏或性能下降。

---

① Council of the European Union, "Council Conclusions on EU Water Diplomacy," http://eeas.europa.eu/archives/ashton/media/www.consilium.europa.eu/uedocs/cms_data/docs/pressdata/en/foraff/138253.pdf.

② S.Dalamangas, "The EU Water Development Policy and the New Framework for Action," https://ec.europa.eu/europeaid/sites/devco/files/new_watersector_02.12.pdf.

所以，修建和维护基础设施是亚洲国家水治理的核心性问题。

基于此，美欧依托强大的经济优势和技术优势，有针对性地援助中亚地区的水基础设施建设，旨在提升当地国家的治理能力和环保水平。2007—2013年，欧盟共援助中亚地区6738万欧元，其中1062万欧元用于环境、能源、气候变化等领域，552万欧元用于与农业、农村发展相关的基础设施和民生项目。[①] 美国在水外交的开展中非常重视对亚洲国家的灌溉系统更新，包括输水管道重置和修建、灌溉结构改造等，以提高农业用水的用水效率和粮食的生产效率。例如，美国国际开发署从2014年开始在印度开展了为期3年的农业灌溉项目，陆续投入了50万美元。通过发展滴灌技术和建设滴灌系统，可以有效提高灌溉效率，增加30%以上的农业产量，并且可以在土壤中保存养分，延长土地寿命。该项目共节约了23.5万立方米的水，惠及660名农场主。[②]

（二）重视水、环境卫生与个人卫生（WASH）领域的投资和援助

亚洲地区还有大量的人口未获得安全的水供应和卫生服务。在美欧看来，亚洲地区水项目的重点是促进健康、结束饥饿、减少气候变化的影响，以及帮助社区更好地管理自然资源。[③]

2014年，作为水外交的主要实施者，美国国际开发署确定了对外水援助总战略目标，即：通过改善供水、环境卫生和个人卫生（WASH）项目，通过合理的管理和使用水资源，以保障粮食安全，拯救生命，促进发展。为了实现这一目标，美国国际开发署设定了两个具体战略目标，其中的一个目标，是通过提供可持续性的WASH项目，改善健康结果。要实现这一目标，必须继续注重提供安全用水，加强对卫生设施的重视，并支持可大规模实施和可持续实施的项目。根据先前要求的资金水平，美国国际开发

① Tatjana Lipiainen and Jeremy Smith, "International Coordination of Water Sector Initiatives in Central Asia," EUCAM Working paper 15, http://fride.org/download/EUCAM_WP15_Water_Initiatives_in_CA.pdf.

② USAID,"Report of Water Sector Activities, Fiscal Year 2015: Safeguarding the World's Water," https://www.usaid.gov/sites/default/files/documents/1865/safeguard_2016_final_508v4.pdf.

③ USAID,"2015 Fiscal Year USAID Report of Water Sector Activities: Safeguarding the World's Water," https://www.usaid.gov/sites/default/files/documents/1865/safeguard_2016_final_508v4.pdf.

署的项目在未来5年至少为1000万人改善供水状况，为600万人改善卫生条件。① 2003年至2011年，美国国际开发署每年平均规划3.18亿美元用于WASH项目。②

自2005年以来，美国共为全球发展中国家的供水和卫生设施提供了总计34亿美元的援助。2015年度，美国在亚洲13个国家的水援助资金总额约为6624万美元；③ 2016年度，美国在亚洲15个国家的水援助资金总额约达6280万美元。④ 据统计，从2008年到2015年，美国对亚洲的水援助资金总额约达11.15亿美元。⑤ 从2008年到2016年，通过美国对亚洲的水援助，共有超过1430万人获得安全饮用水，约515万人的卫生环境得以改善，约343万人的农业用水管理能力得到提升。⑥

（三）为亚洲国家培训专业的水利技术与管理人才

亚太地区国家普遍面临缺乏专业水利技术和管理人才的问题。因此，美欧在大量援助资金和技术的同时，努力提升受援国的人力资源能力，其方式主要是通过派遣专业人员实地操作和为当地培训专业人员。例如，在对阿富汗的水援助过程中，美国陆军工程师在阿富汗培训水利技术人员，提升地质调查人员的实际操作能力。同时，通过人力资源培训、设备和基础设施供应，帮助阿富汗建设国家级的水资源数据库。在湄公河流域，美国推动湄公河委员会与密西西比河委员会建立起"姊妹伙伴关系"的合作框架。在此框架之下，进行可持续性的技术研究合作与人员培训，推动提升湄公河流域国家和地区的河流治理。

---

① USAID, "Water and Development Strategy 2013-2018," http://www.usaid.gov/what-we-do/water-and-sanitation/ water-and-development-strategy.

② Ibid.

③ USAID,"Report of Water Sector Activities, Fiscal Year 2015: Safeguarding the World's Water," https://www.usaid.gov/sites/default/files/documents/1865/safeguard_2016_final_508v4.pdf.

④ USAID, "Report of Water Sector Activities: Global Water and Development," https://www.usaid.gov/sites/default/files/documents/1865/Global-Water-and-Development-Report-reduced508.pdf.

⑤ USAID, "Report of Water Sector Activities, Fiscal Year 2016: Safeguarding the World's Water," https://www.usaid.gov/sites/default/files/documents/1865/safeguard_2016_final_508v4.pdf.

⑥ USAID, "Report of Water Sector Activities: Global Water and Development," https://www.usaid.gov/sites/default/files/documents/1865/Global-Water-and-Development-Report-reduced508.pdf.

（四）影响亚洲国家的水治理规则建设

相较于美国，欧盟的水外交更注重对水治理规则建设的影响。欧盟注重向亚洲国家提供一个如何建立地区联合水治理的样板[①]，而这个样板的基础是欧洲水框架指令（WFD）的水立法原则、规则和框架。欧盟将亚洲水外交的主要目标明确为：提高与欧洲水框架指令和相关法律一致的机制和规则体系的建立水平，确保使用必要的基础设施是一种基本的人权。[②]2015年，欧盟理事会《关于欧盟中亚战略的理事会决议》指出，在亚洲治理跨境水资源方面，欧盟理事会强调促进地区对话框架和坚持国际公约和法律原则的重要性。[③]

（五）注重水伙伴关系的建构

美欧在亚太地区成功开展水外交的关键，是水伙伴关系的建构，为水外交提供了源源不断的人力、财力和物力的支持。美国通过国际开发署、财政部等部门，以年度会费和与水项目有关的信托基金等形式，向联合国儿童基金会、联合国开发计划署、联合国项目事务署等机构，世界银行、亚洲发展银行、非洲发展银行、北美发展银行、国际农业发展基金会等多边组织捐款[④]，支持水资源项目的开展。例如，支持联合国系统相关机构在中亚和南亚等国家的水项目，支持在孟加拉等国实施自然资源和生物多样性项目（其中包括水项目），支持马尔代夫的水安全和适应性项目。[⑤]除了官方多边机构，美国还积极发动私人资本参与对外水援助活动。例如，在

---

① Tatjana Lipiainen and Jeremy Smith,"International Coordination of Water Sector Initiatives in Central Asia," EUCAM Working paper 15, http://fride.org/download/EUCAM_WP15_Water_Initiatives_in_CA.pdf.

② Council of the European Union, "Council Conclusions on the EU Strategy for Central Asia," http://data.consilium.europa.eu/doc/document/ST-10191-2015-INIT/en/pdf.

③ Ibid.

④ 李志斐：《美国的全球水外交战略探析》，《国际政治研究》2018年第3期，第107页。

⑤ "U.S. Department of the Treasury International Programs Congressional Justification for Appropriations FY 2017," https://www.treasury.gov/about/budget-performance/CJ17/FY%20 2017%20Congressional%20Justification%20FINAL%20VERSION%20PRINT%202.4.16%20 12.15pm.pdf.

中国，美国贸易发展署、环境保护局和商务部等部门与4家美国贸易协会及其成员公司合作，分享确保水质和再利用的最佳做法。此外，为了获得中小规模融资，美国陆军工程师与非政府组织、小额信贷机构和私人银行合作，推动微型或中型融资项目，这些项目涉及一部分家庭、小型企业和社区组织。自2006年以来，美国国际开发署与可口可乐公司之间的一个名为"水与发展联盟"的伙伴关系，已经调动了2800多万美元的资金，并为20个发展中国家的约50万人改善了供水条件。

欧盟同样努力通过构建水伙伴关系来顺利实施水外交活动。基于联合国的权威性及先期行动的良好积淀，欧盟一直注重与其开展合作，使其成为欧盟在亚太水外交行动中的一个重要支持者和联合者。比较有代表性的两家机构是联合国开发计划署和联合国欧洲经济委员会。

联合国开发计划署的主旨，一直是帮助发展中国家提高其利用自然和人力资源创造物质财富的能力，其行动受到亚洲国家的普遍认同与支持。以中亚地区为例，联合国开发计划署是最受中亚国家认可的国际机构，作为"中间力量"，它扮演着很重要的角色。联合国开发计划署基于与当地非政府组织合作的实际经验，向捐助者提供建议，并实施与水相关的项目，在国家层面进行协调并分享与发展相关的信息。[1] 欧盟通过向联合国开发计划署提供资金，支持其发展与水相关的项目。例如，向气候变化或国际水资源项目提供资金支持，在国家层面协调中亚国家之间共享与发展相关的水信息，在地区层面开展机制性的水合作，如参加中亚地区风险评估（CARRA）等，讨论与水相关的议题。[2] 联合国欧洲经济委员会虽然在亚太地区没有设立实体办公室，但为亚太的诸多水项目和行动提供规范框架，并通过欧盟的"国家政策对话"实施。联合国欧洲经济委员会在实践水与能源相关的欧盟中亚战略时，扮演着重要角色，推动一体化水治理在中亚地区的发展。[3]

①　Tatjana Lipiainen and Jeremy Smith,"Interntional Coordination of Water Sector Initiatives in Central Asia," EUCAM Working paper 15, http://fride.org/download/EUCAM_WP15_Water_Initiatives_in_CA.pdf.

②　Ibid.

③　Bo Libert, "Water Management in Central Asia and the Activists of UNECE," Central Asian Water, Rahaman M.M. and Varis O., eds., p.39.

同时，欧盟与其他国际组织建立了联合性机制。以国际危机组织、乐施会为代表的非政府组织对亚太的水安全问题一直非常关注，并以各种方式参与亚太地区的水治理。2014年，国际危机组织发布题为《中亚水压力》的报告，详细报道了中亚地区所面临的水安全问题及冲突的现状与根源，并向中亚五国政府，以及相关的其他国家和国际组织，如俄罗斯、中国和欧盟等提出建议。[①] 欧盟将经济合作与发展组织和联合国欧洲经济委员会，确定为欧洲水倡议在东欧、中亚和高加索地区的主要实施伙伴。其中，经济合作与发展组织是水供应与环境卫生和一体化管理的经济和财政部分的战略伙伴[②]，主要致力于水资源治理的经济维度——把水治理作为增长驱动力、在水治理过程中最大化地运用经济工具、推动水供应和环境卫生设施的财政可持续性。[③] 另外，欧盟还与国际财政机构加强合作，如世界银行、欧洲复兴开发银行（EBRD）、欧洲投资银行（EIB），这些机构是欧盟解决项目实施资金问题的重要帮手。

三、水外交对亚洲水治理的影响

通过梳理和分析美国和欧盟的水外交战略可以发现，两者在亚洲地区积极开展水外交的动力机制主要有两点：一是抓住关乎亚太发展的关键领域——水，影响其治理模式和规则，推行自身的价值观，从长远获得和提升在亚太地区的存在感和影响力；二是美国和欧盟在中亚地区存在巨大的政治、经济和安全利益，在水争端和潜在冲突不断上升的情况下，维护亚太地区的和平与稳定符合欧盟的利益。例如，亚洲是美国重要的商品和服

---

① International Crisis Group,"Europe and Central Asia Report N 233: Water Pressure in Central Asia," http://euro-synergies.hautetfort.com/archive/2014/10/26/water-pressures-in-central-asia.htm.

② United Nations Economic Commission for Europe,"The European Union Water Initiative National Policy Dialogue: Achievements and Lessons Learned," http://www.unece.org/fileadmin/DAM/env/water/meetings/wgiwrm/2017/Working_Group_on_IWRM_4-6.07.2017/Presentations_in_order/Item_11_EUWI_NPDs_ver3_PRINTED.pdf.

③ The Caucasus and Central Asia (EECCA), "Partnership with the EU Water Initiative (EUWI): Water Policy Reforms in Eastern Europe," https://www.oecd.org/env/outreach/EUWI%20Report%20layout%20English_W_Foreword_Edits_newPics_13.09.2016%20WEB.pdf.

务提供地区，欧盟依赖外来能源，需要多渠道的能源供应政策，提升能源安全。因此，通过水外交的开展来促进亚洲水治理状况的改善，有助于避免水问题引发的地区争端，对美欧的发展利益具有重要意义。

（一）客观上推动了亚洲国家水治理的能力建设

特殊的地缘政治环境和地理位置分布，使亚洲国家的水治理问题集中在"水—粮食—能源"这一复杂的联动关系链和社会生活层面。美欧在水外交的实施过程中，紧紧抓住了这两大核心问题，通过大量的资金、技术和人员的援助，帮助亚洲国家建设更为现代化的灌溉系统，提高了水资源利用效率，解决了诸多农村用水问题，从整体上提升了亚洲国家自主管理和利用资源的能力。从根本上说，美欧的水外交之所以能够赢得受援国政府的接受和民众的欢迎，除了道义的体现，还因为援助的内容切合受援国民众农业灌溉和清洁用水等基本生活与发展需要。这样做，在一定程度上提升了受援国基础性的社会治理能力，从客观上缓解了社区、国家和区域层面的用水竞争和水资源纷争发生的可能性，对于地区的稳定与可持续发展具有积极意义。

（二）提升了美欧影响亚洲国家发展的"软"实力

对美欧来说，水外交更深远的是通过水外交影响受援国的国家政策和战略制定，这是确保其实现地区利益之根本。目前，加大水资源开发是很多亚太国家为了满足经济发展和民众生活生产需要而作出的选择，水资源开发已经被许多亚太国家列为国家的发展战略。美欧的水援助在解决受援国安全供水和粮食用水问题的同时，更将影响受援国的水电开发以及长远的国家规划作为重要目标，从而影响地区发展和治理。

例如，美国国际开发署努力推动湄公河流域国家将该流域的水问题纳入区域决策范围。一方面，美国推行其主持制定的战略环境评估标准，努力加强湄公河下游国家在项目和流域两级评估下通过水电开发对环境影响的能力。美国国际开发署与亚洲开发银行、湄公河委员会和世界自然基金会合作，开发可持续水电发展评估工具，陆续在流域内的各个分流域进行试点。美国认为，"为国家的决策者提供他们需要的工具，以便他们就河流的发展作出明智的决定"。另一方面，美国明确支持制定跨湄公河下游地区的适应战略。美国国际开发署与当地机构合作，开展评估生态系统脆弱性的研究，并与各利益攸关方进行对话，以获得支持该区域的办法。同时，美国建立信息共享平台，通过综合办法和区域办法，在科学和先进技术的基础上，"帮助"地方和国家政府建立长期规划的能力。这些项目将专业知识纳入一个区域计划，以应对这些国家面临的一些关键的水与发展的挑战。美国还促进该区域各国之间的合作，为共同的目标而共同努力。[①]

（三）有利于推动美欧与亚洲国家的关系维护与发展

美欧的水外交活动，赢得了绝大部分亚洲国家的欢迎。在实施水援助的过程中，无论是政策宣言还是相关文件，美欧都不遗余力地宣传自己是出于国际道义，是为帮助受援国改善人民福利而进行援助。[②]美欧通过"水"这个关乎生存与发展命脉的议题，建构起系列性合作机制，推动价值观外交和经济外交的双重发展，在一定程度上提升了亚洲国家民众对于美欧的价值认同，增加美欧对于亚洲地区事务的参与力度，扩大美欧在亚洲国家内部经济与可持续发展的影响力，对于促进美欧与亚洲国家的关系具有一定的积极意义。

整体而言，美欧的水外交活动，借助了水议题介入亚洲地区内部事务，影响亚洲国家的对外关系与发展战略，这在一定程度上会影响中国与周边国家建立相关的水治理机制，影响中国在周边秩序和规则构建中的主导地位。同时，在存在水利用纷争的情况下，会影响中国与周边国家的双边解决机制及合作。

四、对中国的启示

中国是亚洲地区的上游国家，处于"亚洲水塔"的位置。近些年，中国与周边国家产生了一系列的水资源纷争，加强对共享跨国界水的国际性制度治理已经成为亚太国家的普遍呼吁。但迄今为止，中国周边跨国界水

① Joseph Yun, "Challenge to Water and Security: the U.S. Engagement Strategy with Southeast Asia," https://2009-2017.state.gov/p/eap/rls/rm/2010/09/147674.htm.
② 娄亚萍：《理想主义与美国对外经济援助》，《太平洋学报》2012年第8期，第26页。

的治理还没有实现制度化，在治理制度缺失与需求普遍存在的情况下，水纷争成为影响中国周边关系发展的一个日渐突出的问题。因此，在实施"一带一路"倡议的背景下，中国应该适度借鉴美国和欧盟的经验，积极开展水外交活动，使之成为中国维护良好周边关系，提升中国国际形象和影响力的有力手段。

（一）加强水外交的管理体系建设

从根本上说，美欧可以有序、有效率地开展水外交工作，是因为已经建立起一套成熟的管理体系。而中国目前还没有相对统一的、强有力的全权负责对外水管理的机构，涉水部门涉及水利部、外交部、生态环境部、农业农村部、交通运输部、发改委、国电集团等，没有统一的协调机构，部门之间的职能划分交叉混乱，缺乏从国家战略的高度规划和实施水外交。因此，中国在未来应重视对水外交管理体系的建设。中国组建国家国际发展合作署，有利于充分发挥对外援助作为大国外交重要手段的作用，有利于加强对外援助的战略谋划和统筹协调，推动援外工作统一管理，改革优化援外方式，更好服务国家外交总体布局和共建"一带一路"等。[①]

（二）对水外交进行整体战略谋划和协调

"一带一路"倡议的实施是一个持续时间长、影响范围广的系统工程，需要从中国长远和整体的战略利益出发，进行整体的战略谋划，包括对外援助战略、战略性的国家援助计划、援助战略行动计划、援助的实施与评估过程。[②]中国应该在充分调研援助对象的国内政治经济和社会环境与需求的基础上，根据国家的战略利益，确定援助政策和内容。应对不同的目标进行清晰界定，对具体的援助内容进行合理设计，包括负责执行机构、具体的援助方式、具体分工、援助金额等。同时，要充分对受援国的发展目标和国内需求进行统筹规划，充分论证，科学制定援助方案，选择合适的援助项目，合理布局资金流向。尤其要充分考虑关乎受援国国计民生的

---

① 《中共中央印发深化党和国家机构改革方案》，中国政府网，http://www.gov.cn/zhengce/2018-03/21/content_5276191.htm#1。

② 白云真：《中国对外援助的战略分析》，《世界经济与政治》2013年第5期，第84页。

基础类项目，同时注重受援国人力资源能力的培养，发掘加快其经济发展的新途径和新方式。另外，在国内层面，还要制定国内不同机构的参与制度，允许社会组织和力量以资金、技术、人力和物力等方式参与对外援助项目和活动，并对其进行有效分工，在政策制定和执行层面建立有效的机构间合作机制。

（三）加强水援助的多边援助渠道建设，提升战略动员能力

从美国的亚太水援助事实中可以看出，美国非常注重对多边援助渠道的建设，这不但可以提高援助资金的利用效率，调配更多的国际资源，而且有助于扩大援助规模和范围，提高援助效率。目前，国际援助体系有150多个多边机构，主要的多边援助组织除了联合国系统，还包括欧盟、世界银行、区域开发银行等组织。中国对于向多边援助组织提供援助资金的重视程度还比较低，未来应适度地向多边国际组织和机构提供资金，与之合作开展水援助等相关活动。

对外援助能够持续进行，不仅需要调动国内多种资源的参与，还需要注重提升对公众战略动员能力的建设。对于对外援助意义的理解与认识，是战略动员能力的重要组成部分。只有在民众了解、理解、参与和支持下，中国对外援助战略才能具备坚实的民意基础和战略共识。企业、移民组织、工会、专业团体、友好团体以及学校等，日益对与发展相关的活动感兴趣，并且参与其中，成为发展合作的第四支柱（政府部门的直接双边援助为第一支柱、多边发展援助为第二支柱、非政府组织为第三支柱）。[①]政府应该从信息发布、渠道提供、行动引导、任务管理和组织协调等方面，对社会力量进行引导和管理，推动其"走出去"。在扩大援助规模的同时，提升其国际参与力度，使其在对外援助项目的社会治理中发挥更多作用。另外，与发达国家相比，中国在发展智库和人才培养方面存在着明显差距，国内对于水援助问题的研究成果在数量和质量上都非常有限。因此，随着对外水援助力度的加大，中国应加强智库建设和援外人才的培

---

① 白云真：《中国对外援助的战略分析》，《世界经济与政治》2013年第5期，第85—86页。

养①，为对外水援助的开展提供坚实的智力基础。

（四）统筹国际安全和国内安全两个方面，重视国内水资源治理工作

从非传统安全的视角看，国际安全国内化与国内安全国际化是一大趋势，在水资源安全方面也是如此。中国虽然水资源储备总量丰富，但地区之间的分配极不平衡，加上气候变化、人口增长等因素的影响，洪涝灾害、水质污染、水量短缺等水资源安全问题，已经成为影响国家经济发展，甚至周边关系的重要问题。因此，中国在积极开展对外水援助活动的同时，需要统筹好国内安全与国际安全两个方面。大力做好国内的水利发展、水资源安全维护与治理工作，及时管控国内各类水资源危机的发生。同时，积极推动与周边国家的水资源利用协调与合作工作，降低水资源纷争和冲突发生的概率，在此基础上，积极推动对外水援助活动的开展，推动地区范围甚至是国际范围内的水资源安全。

---

① 王箫柯：《总体安全观视角下的中国援外战略分析》，《太平洋学报》2015年第2期，第61页。

全球水安全发展和美国水外交影响

于宏源　张潇然[*]

【内容提要】迄今为止，学界对水外交概念并未达成一致和完整界定，国际与国内水外交在理念内涵上也具有不同侧重。水外交的缘起与变迁是全球治理不断深化的结果，水治理的国际地位从边缘化走向中心化，从分散治理转向协同治理维度。美国在全球治理体系中长期占据领导地位，但"一超多强"的权力变迁不利于美国领导力的塑造，加之美国历任总统治理战略具有周期性变化，水外交战略的波动性使全球治理碎片化趋势明显。特朗普政府国际政策紧缩的表面下，是逆全球化的演进，但本质上是塑造新的全球化趋势。其在水外交国际行动的表现为：次国家行为体与非政府组织为代表的公共水外交、国际泛区域的水外交新干预。中国的崛起必然引起美国水外交战略的调整与变革，美国的"重返亚太"战略对东南亚、中亚等水域综合治理产生重要的影响，是中国周边安全的重要干扰。中国依然处于国际地位重塑上升阶段，不仅需要掌握传统领域的军事与国防领导话语权，更要抓住国际水冲突与合作中的新机遇，实现与美国开展水外交国际干预的优势平衡。

【关键词】水外交；全球治理；亚太战略；水霸权

二战之后，虽然世界范围内依然有局部战争爆发，但是以军事等传统安全领域作为霸权工具的态势已经减缓。现实主义依然是国家参与国际关系的主导意识，逆全球化下国家主义的回归，使越来越多的主权国家开始新一轮国际利益争夺。从西方主要国家高举人权旗号进行人道主义干涉开

---

* 于宏源，上海国际问题研究院比较政治和公共政策所所长、研究员；张潇然，上海国际问题研究院研究生。

始，非传统领域的"软权力"成为霸权主义的新形式。由于能源资源部分不可再生、地缘分布不均等特点，"能源战争""粮食战争"等安全问题超越一国领土，对世界和平与安全造成严重威胁。由于气候变化、环境污染态势加剧，水资源安全也上升到国家战略高度，成为国家外交、公共外交的重要议题。

虽然对于水外交概念的界定存在争议，但是，水外交以不同的表达形式出现在国际议题及各种国际法渊源之中。近年来，美国对水外交的重视程度逐年增加。2013年、2014年和2017年，美国相继发布了《水与发展战略》《为了世界的水法案》和《美国政府全球水战略》。[①] 自2007年以来，中亚地区和湄公河流域就成为欧盟开展水外交，推动跨境水资源治理的重点区域。[②] 中国周边水外交起步于20世纪70年代，是伴随着中国在跨界水资源的开发中逐步发展起来的，目前还处于成长阶段。总的来看，中国的周边水外交面临的是"低合作—弱冲突"并存的局面。[③] 当前的全球水治理呈现水冲突和水合作共存的状况。但是，国际政治权力的东西变迁，导致发展中国家地缘水安全重要性不断突出，水安全政治边缘化局面发生扭转。水外交作为重要的治理平台，也是中国提升外交话语权的重要路径选择。

一、理论文献综述

水资源安全是关系到国家经济、社会可持续发展和长治久安的重大战略问题。国际水资源是全球资源不可或缺的组成部分，其在全球淡水资源总量中所占的比重，决定了其重要性。到2030年，为满足经济发展，全球能获得的可依赖的水资源供应缺口将达到40%。[④] 2002年，在南非约翰内斯堡召开的世界可持续发展首脑会议（World Summit on Sustainable

---

① 邢伟：《美国对东南亚的水外交分析》，《南洋问题研究》2019年第1期。

② 李志斐：《欧盟对中亚地区水治理的介入性分析》，《国际政治研究》2017年第4期。

③ 许长新、孙洋洋：《基于"一带一路"战略视角的中国周边水外交》，《世界经济与政治论坛》2016年第5期。

④ Jakob Granit, Andreas Lindström and Josh Weinberg, "Policy and Planning Needs to Value Water," *The European Financial Review* (2012): 22-26.

Development，以下简称WSSD）最早提出了以水为核心的治理理念。WSSD提出饮用水—能源—健康—粮食—生物多样性（Water, Energy, Health, Agriculture and Biodiversity，WEHAB）倡议。随着全球性水危机日益严重，未来各国对国际水资源的争夺具有很强的必然性，由此引发的国际水资源冲突将成为影响世界安全的一个重要因素。

（一）国外学者对国际水资源安全的研究

国外对水资源安全的研究主要体现在对于世界性的水危机的研究，而对于作为一个特定概念的国际水资源安全的研究并不多见。与之相关的研究主要集中在国际水资源冲突与合作关系方面，尤以美国学者成果突出。

美国俄勒冈州立大学的阿伦·沃尔夫（Aaron T. Wolf）对国际河流水资源冲突与合作的关系进行了研究。他认为，处理国际河流的水资源问题是一个建立信任、发展合作、阻止冲突的重要途径，即使是国家间关系紧张的流域亦如此。水提供了一种对话的途径。在一些国际关系紧张的区域，水是谈判的基本组成部分，事实上发挥了预防冲突的职能。沃尔夫等人通过评估过去50年所有关于共享水资源的国家间冲突与合作的情况发现，国际河流流域内，制度的力量，不管是水管理机构还是条约，或者是良性的国际关系，可能比自然条件方面的因素还重要。如果制度或是河流自然状况发生突然变化，且超过了相关国家的承受能力，便成为许多水冲突的根源。

梅雷迪思·乔达诺（Meredith A. Giordano）等人对国际水资源冲突产生的背景因素进行了分析。他们认为，人口增长、经济发展、不断变化的地区价值观加剧了全世界争夺水资源的情势，使未来因共用水资源而产生冲突的预言逐步变成现实。国际河流流域内复杂的自然环境，政治和人类行为互动，使管理这些共享水特别困难。日益严重的缺水问题、水质的下降、人口的迅速增长、单方面开发水资源，以及不平衡的经济发展水平，普遍被列为共同河流沿岸国之间水关系潜在的破坏性因素。这些因素结合在一起，将促发水资源冲突。

克斯廷·斯塔尔（Kerstin Stahl）等人通过俄勒冈大学地理信息系统数据库，考察了水气候、社会经济以及政治条件对国际水关系的影响。通过参与实地跨界水域管理，多次访谈，以及对有限的全球治理、国际机构设

计、国际调解和综合跨界水资源管理方面的文献进行研究，凯尔·罗伯逊
（Kyle Robertson）等人认为，随着人口的增加，水需求和污染水的联系加
强，对国际河流共享水资源进行分配成为越来越困难的任务。必须建立机
构，以促进政治和经济性质相异的同流域国家之间的合作。[①]

乔·帕克（Joe Parker）则从国际治理的角度研究了国际河流水资源
的合作管理和开发。他认为，对于国际河流水资源管理来说，当地社会自
上而下的治理必须让位给自下而上的治理。一个以社区为基础的水管理议
程，要确认人的基本权利，承认水的公平价值及其是如何被使用的。水基
础设施估价必须由社区管理进行监督，这需要国际社会的支持。此外，乔
达诺等人从全球、地区和功能的三个不同视角对国际河流流域管理进行了
研究。

（二）国内学者关于国际水资源安全的研究

与国外相关研究状况相比，中国学界在国际水资源安全研究方面还处
于初始阶段，主要的成果和观点集中在按特定地区划分的水资源国际合作
方面。

关于国际河流开发与国际合作的研究，云南大学亚洲国际河流研究中
心何大明、汤奇成所著《中国国际河流》一书较具代表性。该书对中国国
际水资源全貌进行了反映，还对中国的国际河流合作开发状况进行了分类
阐述，认为通过国际合作开发国际水资源是未来的必然趋势。另外，该书
也对中国西南国际河流的国际共同保护与开发进行了专门研究。对于水资
源与国际安全的关系的研究，比较有代表性的是王家枢所著《水资源与国
家安全》一书。该书列举了尼罗河流域和中东地区的水资源冲突事实，并
指出水安全已经变成全球性的重大政治问题。中国社科院的李少军则在
《水资源与国际安全》一文中指出，随着人口的增长、全球气候变化导致
的水供应问题等，水与供水系统越来越可能成为军事行动的目标，从国际
关系的角度来看，水资源问题将日益构成或已经成为国家安全和国际安全
的重大问题。此外，该文还提出了水与国际安全的关系的具体表现。李志

[①] 冯彦、何大明：《国际水法基本原则技术评注及其实施战略》，《资源科学》2002年第
4期。

斐的《水问题与国际关系：区域公共产品视角的分析》一文，将水资源作为一种区域公共产品，分析水问题的重要性以及水资源安全与国际关系之间的密切联系。

但是，综合来讲，国内学者对于国际水资源安全进行研究的角度比较单一。首先，大部分研究的着眼点，或关注于生态与环境安全，或专注于某种策略的制定，没有建立起一套协同发展的水资源安全模型体系。其次，这些研究很少对某一地区的水资源现状、原因进行全面、系统、深入的分析，无法形成对水资源安全问题的宏观认识。最后，研究的系统性不强，大部分主要是针对水资源安全中的某一方面进行详细论证，缺乏在某一学科领域里构建一个系统的保障水资源安全的机制体系，进而在实际操作中缺乏战略性指导。值得注意的是，作为一个越来越重要的全球性非传统安全问题，很少有学者从国际政治和国际战略的角度，对水资源问题进行宏观和理论上的研究与分析。

二、全球治理和美国水外交

（一）美国和全球治理进程

全球治理的概念最早出现于20世纪70年代中期，几乎与"全球化"概念同时，稍晚于"可持续发展"或"国际经济新秩序"概念。罗马俱乐部发表的《增长的极限》使人们注意到，全球社会的许多问题超越了单个国家的治理能力，从而理所当然地需要"全球治理"。[①] 全球治理从早期作为一种规范性或说明性的概念，到20世纪90年代，伴随冷战的结束，逐步发展成为全球化世界在现实中的具体实践方式。随着全球化时代的到来，人类政治生活的重心开始由统治（government）走向治理（governance）。詹姆斯·罗西瑙认为，治理是"没有政府的治理"（governance without government），它指的是任何社会系统都应承担而政府却没有管起来的那

---

① 亨克·奥弗比克：《作为一个学术概念的全球治理：走向成熟还是衰落？》，来辉译，《国外理论动态》2013年第1期。

些职能。[①] "切姆皮尔把治理看作一种在无人有权指挥的情况下，也能把事情办成的能力。"[②] 因此，在国际无政府状态下，全球性问题的解决理所应当地应由治理的手段来实现。正如全球治理委员会给出的定义，全球治理是个人和机构（包括公共机构和私人机构）管理其共同事务的多种方式的总和。不过，现实中，人们对于全球治理具有理解上的差异：一是将全球治理看作全球性公共事务的管理方式；二是将全球治理看作一种管理机制或者说制度规范；三是将全球治理看作不同行为体主体之间的合作。[③] 冷战后，国际格局出现了"一超多强"的局面，美国成为实力最为雄厚的霸权国家。美国的霸权经历了1992—2001年的单极时刻，到2001—2008年的反恐霸权，再到2008年至今霸权衰落的转变。"冷战后，全球治理出现多元化、碎片化和风险化态势，由霸权国家主导设计的单中心全球治理制度存在价值、程序、结构和效率等方面的内在缺陷，难以有效应对全球治理的新挑战，导致全球治理失灵。去中心化成为全球治理制度变迁的基本逻辑与发展趋势。"[④] 鉴于此，讨论美国与全球治理之间的关系，特别是在美国实力相对衰落，国际权力结构出现变化的情况下，探讨美国与全球治理结构变革之间的关系，成为极为重要的研究问题。从美国政府的实践来看，美国全球治理战略是其全球战略的一部分，核心目的是维持美国在国际体系中的主导地位，巩固和扩充其霸权基础。然而，美国的霸权治理模式面临实力困境、意愿困境以及正当性困境三重困境，因而无法为有效的全球治理提供保障。

克林顿上台后，美国以"增进安全、促进繁荣和推进民主"为主要目标，全面推进美国领导世界的战略。这一时期，由于全球化的迅猛发展和全球性问题的凸显，克林顿政府对全球治理问题也开始给予更多关注，具体表现在环境保护、防止核扩散和扩展美式价值观三方面。小布什执政期

---

① James N. Rosenau, "Governance, Order, and Change in World Politics," in James N. Rosenau and Ernst-Otto Czempiel, eds., *Governance without Government: Order and Change in World Politics* (Cambridge: Cambridge University Press,1992), pp.3-4.

② E. O. Czempiel, "Governance and Democratization," in James N. Rosenau and Ernst-Otto Czempiel, eds., *Governance without Government: Order and Change in World Politics* (Cambridge: Cambridge University Press, 1992), p.250.

③ 陈家刚：《全球治理：发展脉络与基本逻辑》，《国外理论动态》2017年第1期。

④ 刘雨辰：《冷战后全球治理制度变迁：逻辑与趋势》，《国外社会科学》2014年第2期。

间，在全球性问题上秉持新保守主义思想，小布什的保守主义完全从美国利益和价值出发设定议程，否定既有国际制度和机制的作用，认为这些制度和机制只会束缚美国的行动能力。根据这种观点，美国应该加强对其安全、福利和价值观具有重大意义的领域的治理，如在防止大规模杀伤性武器扩散、打击恐怖主义、扩展民主等领域。不过，即使在这些符合美国利益的领域，美国也主要依靠一己之力，通过单边主义甚至使用武力的方式来完成。奥巴马上台时，正值全球金融危机最为严峻的时刻，美国经济面临长期衰退、失业率不断攀升、债务问题持续恶化等困境，而且深陷阿富汗和伊拉克两场战争的拖累。在这种背景下，奥巴马政府在很大程度上摒弃了小布什政府的单边主义做法，积极寻求通过多边机制和大国合作的方式解决美国迫切关心的全球性和地区性问题，对全球治理的态度出现了比较积极的转变。面临严重的次贷危机而引发的经济衰退，奥巴马提出应对经济危机的绿色经济政策，强调通过绿色能源投资促进就业，并创造了与罗斯福新政（Roosevelt's New Deal）相仿，但又个性鲜明的新词——"绿色新政"（Green New Deal）。在能源和气候变化领域，奥巴马一反小布什政府在联合国气候变化会议中的立场，配合美国国内的"新能源革命"和"绿色新政"，试图推进全球气候议程。奥巴马在第二任期实施"能源型国家政策"，该政策的核心是以能源利用方式的调整为中心，并在全球能源地缘和全球治理两个方面均采取战略措施，力图实现全球能源领域的地缘大国和全球治理大国的双重领袖地位。[①]

从引领全球治理来说，奥巴马表现出以气候变化核心重塑国际领袖地位的强烈意愿。一是美国政府计划把气候变化等作为其全球领导的工具。二是加强主导全球治理进程，美国大力推动以轴辐为核心的全球治理谈判目标，积极倡导气候变化，希望2015年达成、2020年后实施一揽子"轴辐式协议"。[②] 同时，美国强调国内地区、企业、非政府组织等非国家行为体参与国际治理合作，并高度重视公约外多边机制的作用。三是"能源型国家政策"也提升了美国政府对外协同能力。能源安全涉及人权、能源、经济、贸易、科技、国防等多种因素，美国国务院、国防部、环保署、能

① 于宏源：《奥巴马政府能源型国家塑造和中美能源关系》，《国际观察》2014年第5期。
② Jeff Goodell, "Obama's Climate Challenge," *Rolling Stone* 1175 (2013): 41-45.

源部等在不同层面参与。四是大力开展与最不发达国家的能源气候合作，在非洲则强调气候与能源、水和粮食的纽带性。美国通过水外交，强调"水—粮食—能源"的特殊联系。美国推动"水—能源—粮食"关联研究从技术层面向外交战略层面演进，而亚太地区是美国推广纽带安全外交的重点。[①] 然而，特朗普的政策核心目标是"美国优先"，采取贸易保护主义、限制移民、推卸国际责任的策略。"特朗普主义是美国收入差距拉大、产业空心化、移民与恐怖主义威胁和反建制力量崛起的产物。"[②] 潘亚玲认为，特朗普本人及其执政团队所表现出的种种自相矛盾的政策，都是美国政治文化内部要素相互竞合的产物。而特朗普的"全球治理退出"行为即是美国政治文化转型的负面外部效应。[③] 郑永年等指出，特朗普现象是对20世纪80年代以来新自由主义主导的全球化所造成的经济社会后果的一种政治反映。[④] 特朗普在全球治理上的主张与行动，改变了自1945年以来美国历任总统对自由世界秩序的维护，其所推崇的民族主义、交易型的外交政策，使美国对外政策陷入注重狭隘的物质利益状态。[⑤] 这种仅强调自身利益的经济民族主义，与传统的保护主义几乎无异，也侵蚀了美国一贯支持的多边国际机制。[⑥] 特朗普上任之后，出现了一系列"退群"现象。2017年1月23日，特朗普上任伊始就签署行政令，宣布美国退出奥巴马政府极力推动的跨太平洋伙伴关系协定（Trans-Pacific Partnership Agreement, TPP）。6月1日，特朗普政府以"牺牲美国就业，束缚美国能源开发，美国财富被大规模重新分配"为由，宣布退出应对全球气候变化的《巴黎

---

① 于宏源:《浅析非洲的安全纽带威胁与中非合作》,《西亚非洲》2013年第6期。

② 盛斌、宗伟:《特朗普主义与全球化迷思》,《南开学报（哲学社会科学版）》2017年第5期。

③ 潘亚玲:《美国政治文化转型与特朗普变量》,《当代美国评论》2017年第2期。

④ 郑永年、莫道明:《如何避免"特朗普现象"在中国蔓延扩散》,转引自盛斌、宗伟《特朗普主义与全球化迷思》,《南开学报（哲学社会科学版）》2017年第5期。

⑤ Stewart M. Patrick, "Trump and World Order: The Return of Self-help," *Foreign Affairs* 96 (2017): 52-57, 转引自徐秀军《规则内化与规则外溢——中美参与全球治理的内在逻辑》,《世界经济与政治》2017年第9期。

⑥ Douglas A. Irwin, "The False Promise of Protectionism: Why Trump's Trade Policy Could Backfire," *Foreign Affairs* 96 (2017): 45-56, 转引自徐秀军《规则内化与规则外溢——中美参与全球治理的内在逻辑》,《世界经济与政治》2017年第9期。

协定》。10月12日，美国国务院宣布，退出联合国教科文组织（United Nations Educational, Scientific and Cultural Organization，UNESCO），并顺理成章地拒绝缴纳累计拖欠高达5亿多美元的组织会费。在2017年11月越南岘港举行的亚太经合组织会议期间，面对相关国家的质疑，特朗普进行了辩护，强硬表示，美国将捍卫其商业权利，不会签署束缚手脚的多边贸易协议。他还以威胁退出《北美自由贸易协定》（North American Free Trade Agreement，NAFTA）为由，要求墨西哥、加拿大方面重新就NAFTA协议进行谈判。特朗普多次对世界贸易组织表达了不满，认为该组织在规则执行方面存在严重问题，"让美国吃了亏"。2017年12月2日，美国驻联合国代表团宣布退出《难民和移民问题纽约宣言》这一旨在改善移民和难民处境的联合国移民协议。同时，美国政府声称，这一协议"与美国移民和难民政策，即特朗普的移民政策原则不一致"。[①]

（二）美国全球治理引导式水外交

水外交战略是美国全球霸权战略的重要组成部分，美国水外交的核心是通过水的全球治理，巩固其全球霸权地位。[②]美国霸权引导式的水外交战略既是其传统外交手段的继承，又有所创新，主要体现为两个方面：一是作为流域外大国，以地缘性介入来保障其水外交的战略利益；二是通过对区域水治理体系的制度性嵌置和重构来保持其水外交的合法性和有效性。大国崛起的各个阶段均有地缘战略作为其理论指导，美国崛起的过程历经了大陆扩张、海外扩张、世界秩序搭建、全球霸权建立的不同地缘政治发展阶段。[③]在发展的不同阶段，寻求伙伴或创造议题，从而实现地缘性介入，始终是美国战略的重要突破口，而维护其霸权的知识性权力则是其地缘性存续的重要支撑。美国作为资源攸关全球性霸权国，其霸权地位

---

① 韦宗友：《退与进：2017国际格局之变》，《迷茫与进取：复旦国际战略报告2017》，http://www.iis.fudan.edu.cn/14/0a/c7015a136202/page.htm。

② Marcus DuBois King, "Water, U.S. Foreign Policy and American Leadership," October 15, 2013, https://elliott.gwu.edu/sites/g/files/zaxdzs2141/f/downloads/faculty/king-water-policy-leadership.pdf.

③ 宋涛、陆大道、梁宜：《大国崛起的地缘政治战略演化——以美国为例》，《地理研究》2017年第2期。

的维持不仅依赖于经济、军事等物质性资源，支持霸权扩张、提供公共产品以及引领全球议题同样是其霸权国地位的支撑机制。① 这种资源知识性的支撑机制最终通常会转化成制度性安排。

美国的全球水外交战略即是通过创造议题、寻求伙伴进行地缘性介入，然后再将议题及相关知识制度化的过程。在2010年3月22日"世界水日"，美国国务卿希拉里·克林顿（Hillary Clinton）表示，"水是我们这个时代最伟大的外交和发展机遇之一"。② 此后，负责民主和全球事务的副国务卿玛丽亚·奥特罗（Maria Otero）在同年4月15日至21日前往埃及、约旦、以色列和约旦河西岸，此访强调提升围绕水的外交努力，并在地方、国家和区域层面作出贡献。③ 美国水外交政策的主要目标是增加水安全，确保水资源的可利用性。美国逐步提高解决全球缺水问题在其外交政策中的重要性程度，既鼓励有效利用水资源，也避免战略地区出现水资源冲突。到了奥巴马执政时期，美国尤其注重科学在外交领域的地位，水治理问题被纳入外交政策的重要议程，也被提升为一项独立的优先事务。

2017年发布的《美国政府全球水战略》报告明确指出，美国水外交的具体内容由4项相关联的战略目标为指导：第一，增加可持续获得安全饮用水和卫生服务的机会，以及采用关键卫生行为；第二，鼓励健全管理和保护淡水资源；第三，促进共享水域的合作；第四，加强水部门治理、融资和机构建设。④ 由于全球水和废水市场规模每年可超过7000亿美元并且还在持续增长，而美国私营部门具有技术和成熟经验，美国可以通过致力

---

① 于宏源：《霸权国的支撑机制：一种资源知识视角的分析》，《欧洲研究》2018年第1期。

② Dr. Aaron Salzberg, "Water, Politics, and the 'Art of Hydro-diplomacy': How the US Government Came to Care about water across the World,"October 26,2016, https://www.water.ox.ac.uk/water-politics-and-the-art-of-hydro-diplomacy-how-the-u-s-government-came-to-care-about-water-across-the-world/.

③ "Under Secretary Maria Otero to Discuss Water and Other Global Issues During Visit to Egypt, Jordan, and Israel," April 15, 2010, https://2009-2017.state.gov/r/pa/prs/ps/2010/04/140292.htm.

④ U.S. Bureau of Oceans and International Environmental and Scientific Affairs, "Global Water Strategy to Create a More Water-Secure World," November 15, 2017, https://www.state.gov/global-water-strategy-to-create-a-more-water-secure-world/.

于解决全球水资源问题，增加美国的出口和就业机会。同时，全球经济增长和气候变化给水资源带来了严重压力，很多国家都存在水资源短缺、管理不善等问题，水资源直接威胁到了能源和粮食安全，利用水资源外交可以加强美国现有的盟友关系。此外，水资源与美国发展援助目标息息相关，水资源议题本身与健康、经济、粮食、性别平等和减少冲突等方面相关联，对实现可持续发展至关重要。

（三）美国水外交的全球影响

传统的全球水治理以主权国家为主体，不过，在基本性制度下通过主权国家适度协调实现有限治理的方式正在松动。这主要是因为，以国家为主体的跨界水管理和国际水外交现状并不尽如人意，河流本身以及在河流沿岸的社群很少是流域内组织的利益攸关方。这便使次国家、非政府组织和多边治理机制灵活性框架的优势得以凸显，治理领域中的新兴国家行为体、霸权引导式国家和第三方非国家行为体的互动变得更加重要。国家、次国家政府、非政府组织、学术团体、利益集团共同构成了美国水外交政策制定过程中的主要行为体。不过，各行为体的侧重有所不同，研究国际水外交的美国政府部门、非政府组织和学术团体等，试图成为有可能产生冲突的国际水资源流域的中立仲裁者，以及提供最佳的科学工具以协助相关国家达成互利、双赢的解决方式。而实力强大的利益集团，由于受到利润的驱动，致力于不惜任何代价进行资源开采及团体和自身的扩张。

在此大背景下，美国在制定水外交政策的过程中受到多重复杂因素影响：

其一，国际权力体系变迁和地区水权力格局是美国水外交政策制定的重要国际背景。其二，国家地缘利益的思考和全球战略布局是美国外交政策制定的主导因素。其三，美国总统和政治精英的战略偏好是政策制定的关键引导方向。外交决策者的观念折射出美国的政治传统观念，领导人的政治观念受到国内政治气候的影响，同时也一定程度上代表了国家利益。其四，美国次国家层面，来自美国城市和州的水资源专家通过"水资源专家计划"（Water Experts Program）提供建议，他们是重要的利益代表。该计划是美国水资源伙伴关系和国务院之间的合作计划。在次国家层面，位于威斯康星州密尔沃基的水资源委员会（The Water Council）通过其以水为中心的城市倡议，将当地政府、公司和研究全球水资源问题的研究机构联系起来，以加强全球水资源领导地位，并寻求促进私营企业出口的方法。其五，美国国内的利益团体，特别是商业利益团体的游说和影响，是决策制定的主要博弈对象。随着水资源相关的利益多元化发展，民间团体的力量也不断扩大，从而对政府决策产生不可忽视的影响。其六，美国国内的科学团体对气候安全以及"水—能源—粮食"的纽带安全研究成果是决策的重要智力支持。美国通过智库等技术层面优势，加大水外交实施力度。

从多方面看，美国政府内部的多元寡头设置优势明显。在分析美国水外交时，这种优势表现在当一个部门做得不够好时，另一个部门试图进行补救，即双重介入特征。比如美国国务院的《全球页岩气倡议》，其主要的获益方是有相关科技知识优势的美国公司，但其对整个世界的影响却是灾难性的，主要体现在对水资源的消耗、污染以及加剧全球变暖（主要由于溢出甲烷的排放）等方面。[①] 对于从加拿大到基斯通的油砂管道项目，美国国务院不断努力使之得以批准，但美国环保署却多次声明表示反对，虽然声明并不充分。这是美国政府在科学和利益选择上，内部分化的一个明显的例证。谢尔登·沃林（Sheldon S. Wolin）对美国的这一"治理民主"或"颠倒集权主义"做法进行批判，指出美国的实际意图在于主导治理的话语权，从而实现对外的霸权政治。

此外，美国的反应也被视为一种危机管理的表现。国家科学与环境委员会（National Council for Science and the Environment，NCSE）主席彼得·桑德利（Peter Saundry）认为，美国担心"水—资源—粮食"纽带安全所可能引发的战争，如在东南亚、中亚和非洲地区，美国需要通过援助手段来解决纽带安全问题。对此，2010年，美国国务卿希拉里·克林顿表示，"将加强地方和区域外交和技术援助，例如非洲水事部长理事会和中东水资源卓越中心"[②]，支持治理改革和能力建设，以更好地解决水问题。

---

① 龚婷：《"能源独立"：美国"页岩气革命"的现状与前景》，中国国际问题研究所网站，2013年12月11日，http://www.ciis.org.cn/chinese/2013-12/11/content_6529465.htm。

② U.S. Department of State, "Remarks at Town Hall Meeting on Water," March 30, 2010, https://2009-2017.state.gov/j/140258.htm.

三、美国水外交和亚太区域治理

（一）"亚太再平衡""印太战略"与印太地区内河流治理

湄公河区域是美国开展亚太水外交和平衡中国的首要区域。奥巴马执政后，基于对亚太地区在全球政治经济格局中的重要地位及其对美国国家利益的重要性的认知，加强了对亚太地区的关注和投入，推动了美国向亚太"再平衡"的战略。"亚太再平衡"战略以制衡中国力量和影响力的上升、巩固美国在本地区的利益和地位为目标，加大与中国的地缘政治和地缘经济竞争的力度，重塑地区政治经济格局。[①]美国将湄公河流域内国家纳入本国外交重点经营对象，与湄公河流域国家间密切的关系往来，被视作减缓中国实力南下的重要屏障。在2009年7月召开的东盟地区论坛外长会议期间，美国国务卿希拉里就单独与湄公河委员会四个成员国的外长举行了会议，强调美国对于湄公河流域的关心和重视。同时，美国也通过亚洲开发银行来介入湄公河开发。

美国通过与湄公河国家的合作倡议与开发计划正式重新介入该区域，并在过程中不断将自己描述成对抗上游环境公敌的下游国家合作伙伴。对湄公河地区一些非政府组织和媒体发出的"中国水坝威胁"论调，美国媒体和智库给出"及时回应"，并不断指出中国在澜沧江段修建小湾、漫湾、大朝山、糯扎渡和景洪等水坝对东南亚国家的"消极影响"证据。美国认为，中国的水坝会使湄公河段的河水流量发生变化、水质恶化、生物多样性降低，会"影响地区生态和粮食安全"。未来，"下游国家将只能依赖中国大坝释放出来的水"，湄公河很快就变成一条"中国河"。所以，"美国应重视中国在湄公河流域的举动并作出反应"。[②]

特朗普执政后，终结了"亚太再平衡"战略，并以"印太战略"取而代之。"印太战略"是"亚太再平衡"战略的继承与发展，其核心战略目标同样是遏制地区内大国的崛起，特别是中国的崛起，赢得与中国的战略竞

---

① 吴心伯：《奥巴马政府与亚太地区秩序》，《世界经济与政治》2013年第8期。
② 李志斐：《国际水资源开发与中国周边安全环境构建》，《教学与研究》2012年第2期。

争，维持东亚在美国霸权治下的自由主义秩序。[①]虽然"印太战略"中没有对于美国在地区内水外交的明确规划，但是水问题极有可能再度被嵌入到与自然灾害相关的治理议题当中，而气候变化、洪水等与水有关的自然灾害则被"印太战略"明确为应对的跨国威胁。[②]另一种可能是，水的安全化趋势进一步加大。一方面，水作为独立的安全议题，其重要性再度提升；另一方面，水与其他安全议题，如粮食、能源等议题结合，形成的安全纽带关系更为突出。

美国通过盟友或伙伴关系继续寻求战略突破口。盟友和伙伴关系已成为美国介入印太地区的战略基石。[③]为巩固与盟友或伙伴之间的战略关系，美国很可能会在水争议中提供支持盟友和伙伴的外交政策，或是提供相应的知识支持。湄公河流域国家仍将是美国东亚水外交的重要目标对象。美国曾为强化在东南亚和亚太的战略存在，将改善与缅甸的关系作为其调整东南亚战略的突破口，并视缅甸为平衡中国的重要伙伴，开始恢复与缅甸的双边关系，并提供援助。美国借中缅两国就密松水电站的修建存在争议之际，制造不利于中国的舆论，并支持当地反对中国的民间团体。美国的詹姆斯顿基金会（Jamestown Foundation）认为，"中国在缅甸修建水电站，但是90%的电力输送到中国，污染留在当地，中国在缅甸的形象极其恶劣，没有经过当地人的同意而建立中国缅甸水电站，对当地人造成了严重的不良影响"。[④]维基解密披露的美国外交文件称，在仰光的美国大使馆资助了一些反对密松水电站的活动团体。[⑤]在"印太战略"的框架下，美国加强与日本、韩国、澳大利亚、菲律宾和泰国的联盟，采取措施扩大与新加坡、新西兰和蒙古等的伙伴关系。在南亚，美国努力促使与印度的主要防务伙伴关系付诸实施，同时寻求与斯里兰卡、马尔代夫、孟加拉国和尼泊

[①] The Department of Defense of the United States of America, "Indo-Pacific Strategy Report," June 1, 2019, p.4, https://media.defense.gov/2019/Jul/01/2002152311/-1/-1/1/DEPARTMENT-OF-DEFENSE-INDO-PACIFIC-STRATEGY-REPORT-2019.PDF.

[②] Ibid., p.13.

[③] Ibid., p.21.

[④] Sudha Ramachandran, "The Standoff over the Myitsone Dam Project in Myanmar: Advantage China," *China Brief* 19 (2019).

[⑤] 《密松水电站搁置四年，揭秘究竟谁在反对这个项目》，澎湃国际，2015年11月8日，https://www.thepaper.cn/newsDetail_forward_1394261。

尔建立新的伙伴关系。美国还继续加强与东南亚伙伴的安全关系,包括越南、印度尼西亚和马来西亚,并继续与文莱、老挝和柬埔寨保持接触。[①]由此可以判断,一方面,泰国、越南、老挝、柬埔寨,这些美国传统的东南亚水外交对象国的地位仍将保持。另一方面,印度、孟加拉国、尼泊尔、斯里兰卡、马尔代夫等国将成为美国的新兴水外交国,而南亚的跨界水域将成为美国的新兴水外交次区域。中国对喜马拉雅—青藏高原地区这一"亚洲水塔"的南向部分的水源管理,将面临更为复杂的考验,与印度、尼泊尔、孟加拉国的潜在跨界水争端中将增加更多的美国权重。

(二)中亚地区新秩序与中亚地区跨界水治理

中亚地区是美国亚太水外交的另一重要次区域。中亚各国独立以来,美国、日本、欧盟等西方国家及其主导的国际组织和多边开发机构(如联合国、世界银行、亚洲开发银行等)纷纷进驻中亚,参与该地区跨界水资源治理和生态环保合作。出于不同的经济和战略考量,美国、日本、欧盟等各有所图,而中亚国家又秉持多点获利的心态,导致该地区跨界水资源问题变得愈加复杂。美国介入中亚跨界水问题具有鲜明的地缘战略和政治渗透意图。特朗普政府上台后,美国的中亚政策并未发生显著变化。美国希望在确保自身既得利益的基础上,继续设法削弱中亚与俄罗斯的传统联系,经由解决阿富汗问题整合中亚与南亚,建立起由自身主导的地区新秩序。近年来,美国在中亚地区开展了一系列水外交布局,并将阿富汗与塔吉克斯坦所在的阿姆河流域作为中亚水外交的重点。

阿富汗用水的增长已逐步成为引发阿姆河流域沿岸国家水冲突的潜在风险。不论是苏联时期还是独立后,中亚国家均未充分考虑阿姆河上游阿富汗的用水需求。随着国内形势趋于稳定,尤其是北部灌溉区重新恢复,阿富汗对阿姆河水资源的需求量预计将在现状用水30.7亿立方米基础上

---

① The Department of Defense of the United States of America, "Indo-Pacific Strategy Report," June 1, 2019, p.21, https://media.defense.gov/2019/Jul/01/2002152311/-1/-1/1/DEPARTMENT-OF-DEFENSE-INDO-PACIFIC-STRATEGY-REPORT-2019.PDF.

增加40亿立方米，而这将进一步增加阿姆河流域水资源的紧张状况。^① 与此同时，美国将阿姆河流域水资源问题和"帕米尔高原亚洲安全"（High Asia Security）议题紧密相连，认为帕米尔高原环境变化和经济活动的增加，会带来巴基斯坦、阿富汗和中亚国家之间的资源冲突。因此，阿姆河流域水资源问题事关美国在阿富汗的利益，有效的跨界水资源治理有利于形成美国主导的区域规则。

美国在阿姆河流域开展水外交的目标包括：第一，协调"水—能源—食品"的纽带关联。鉴于跨界水资源争端影响中亚地区能源和粮食安全，三者之间关系的协调至关重要。阿姆河流域下游的乌兹别克斯坦严重依赖高耗水的棉花产业，而上游国家塔吉克斯坦则通过拦河修建水电站来发展水电。目前，上下游各国水资源、能源、食品和环境政策已经被高度政治化，国与国之间时常产生冲突。第二，尝试提高阿姆河流域水文信息透明度，建立信息发布机制。目前，阿姆河流域各国缺乏政治互信，不愿分享水文数据，各国都在控制甚至隐瞒水流和水质信息，导致阿姆河流域水资源治理和环保合作形成零和博弈的局面。第三，设法影响阿姆河流域国家的国内政治建设。在美国眼中，中亚地区只有吉尔吉斯斯坦是一个制度健全、民主政治发展顺利的国家，而其他国家都是威权国家。这些国家政治高度集中，政府效率和治理能力低下。中亚国家许多权贵利益集团希望控制本国拥有的水资源并以此牟利。比如，美国认为，乌兹别克斯坦的几个家族控制了该国的水源和棉花种植。同时，中亚地区水资源、能源、食品等缺乏市场化建设，存在很多政府补贴，各国在跨界水资源治理方面能力较差。第四，尽力协调各国际组织和多边开发机构参与阿姆河流域的跨界水资源治理和环保合作。目前，联合国开发计划署、联合国欧洲经济委员会、欧洲安全与合作组织、世界银行、亚洲开发银行等国际组织和多边开发机构，以及部分跨国公司均已进驻中亚开展活动，美国希望在水资源治理模式和协调资金等方面借助各方力量，推动阿姆河流域的商业开发。

美国的水外交战略属于霸权引导类型，产生了多重效益。其一，美国

① David W. Rycroft and Kai Wegerich, "The Three Blind Spots of Afghanistan: Water Flow, Irrigation Development and the Impact of Climate Change," *China and Eurasia Forum Quarterly* 7 (2009): 115-133.

自身层面，美国的私营部门凭借在全球各个地区推广其先进水储存技术和成熟管理经验，可以增加美国的出口和就业机会。其二，巩固、保障其盟友和伙伴关系层面，一方面，美国可以与盟友在资源、技术上增强合力，从而巩固关系。另一方面，当盟友或伙伴直接面临水或水引发的能源和粮食安全等问题时，美国可以通过治理援助来加强现有的盟友和伙伴关系。其三，全球和区域治理层面，水资源议题本身与健康、经济、粮食、性别平等和减少冲突等方面相联结，水资源与美国发展援助目标息息相关，美国既可以将水议题与其他议题打包，实现议题间的联动，又可以通过帮助援助国和地区，引领水治理来构建嵌入符合自身利益的规范制度架构。美国通过霸权引导式水外交战略介入和重塑亚太水治理格局，最直接的结果是遏制地区大国特别是中国的水话语权，并将其在区域水治理体系中边缘化。美国凭借其议题塑造能力，引领水外交的发展方向，并抢占道义高地。同时，美国智库通过"批判"中国，在舆论上控制水话语权，从而试图边缘化中国在区域水治理中的角色。

综上所述，迄今为止，学界对水外交概念并未达成一致和完整界定，国际与国内水外交在理念内涵上也具有不同侧重。水外交的缘起与变迁是全球治理不断深化的结果，水治理国际地位从边缘化走向中心化，从分散治理转向协同治理维度。美国在全球治理体系中长期占据领导地位，但"一超多强"的权力变迁不利于美国领导力的塑造，加之美国历任总统治理战略具有周期性变化，水外交战略的波动性使全球治理碎片化趋势明显。特朗普政府国际政策紧缩的表面下，是逆全球化的演进，但本质上是塑造新的全球化趋势。其在水外交国际行动的表现为：次国家行为体与非政府组织为代表的公共水外交、国际泛区域的水外交新干预。中国的崛起必然引起美国水外交战略的调整与变革，美国的"重返亚太"战略对东南亚、中亚等水域综合治理产生重要的影响，是中国周边安全的重要干扰。中国依然处于国际地位重塑上升阶段，不仅需要掌握传统领域的军事与国防领导话语权，更要抓住国际水冲突与合作中的新机遇，实现与美国开展水外交国际干预的优势平衡。水外交战略已经成为国际博弈的新工具，跨界水合作将成为国际合作的关键契机。如何实现关于水的可持续发展和治理，成为新时代中国周边外交的新议题。水是全球可持续发展的核心，水管理作为联合国2030年可持续发展议程的核心要素之一，在人类福祉、经济发展和环境保护等诸多方面发挥积极作用，涉及生活和生产的方方面面。但是，水外交受到国际因素的多重干扰：大国霸权意识干涉、跨界水合作国际制度不健全、水外交共治意识缺乏。如何抓住国际新机遇，实现水外交构建的制度性收益，对中国开展周边外交非常重要。只有与邻国达成基于公平、科学、透明的跨界水资源合作方案，才能逐渐消除周边国家的信任赤字。亚洲只有以有利于环境和可持续发展为目标，积极有效并富有远见和创造性地解决水资源问题，才有可能实现亚洲文化中心地位的回归，避免美国对中国水话语权的广泛遏制产生不利影响。中国需要积极参与塑造新的全球秩序，并影响水治理的发展方向。首先，需要在主要国家之间建立权力稳定和制度性的安全合作机制，面对自然资源领域，尤其是水资源上受到严重制约的地缘政治要素时，不过分聚焦于安全领域的问题，而是以一种纽带安全角度积极应对问题，从而改善与周边国家的水问题紧张关系，以"创造性介入"实现相关水问题的良治。其次，为了较好理解美国在亚太的地缘利益诉求及战略存在，应对美国针对中国的水话语权遏制，中国需要利用本土化经验以及处理与周边国际关系的经验，坚持"冲突预防型"水外交方式不改变，同时参与水治理规范框架的制定，在水管理和基础设施方面进行相应投资，采取更切实的创新政策和激励措施，以加强和更好地整合国家和区域两级水管理。最后，扩大市场机制的使用以提高用水效率，并通过适应性转型应对水污染，以中国经验为全球其他转型经济体在消除贫困、和平、安全以及可持续发展方面作出重要贡献。

"水安全"内涵及其在中国水外交
话语中的合理运用

屠　酥*

【内容提要】 当前,"水安全"已成为中国水外交话语中无法绕开的关键词。塑造中国水外交话语,需要紧紧围绕与水安全相关的3个问题做文章:什么是水安全? 保障谁的水安全? 如何保障水安全? 对于第一个问题,国际社会基本形成共识。对于第二个问题,西方存在逻辑混乱,一方面认识到中国国内面临严峻的水安全形势,另一方面无视中国在国际河流中应该获得的水权益。为此,中国应提出"共同水安全"观,并强调自身水安全与全流域水安全的密切关联。对于第三个问题,中国应根据周边国家绝大多数为发展中国家这一事实,把握流域水资源开发利用中"发展"与"安全"的辩证关系,提出"在安全中求发展,在发展中保安全"的国际河流合作核心理念。由此,使"共同水安全"与"利益共享"成为中国周边水外交的话语支点。

【关键词】 水安全;水外交;中国国际河流水安全;命运共同体;利益共享

在气候变化和高强度人类活动的双重影响下,跨境水资源问题已成为影响流域国家关系的敏感因素。流经中国的主要国际河流有18条,共享国家共计20个。[①] 中国处于绝大多数国际河流的上游位置,有"亚洲水塔"之称。20世纪90年代,中国与周边国家陆续启动跨境河流合作磋商。2000

---

* 屠酥,武汉大学国家领土主权与海洋权益协同创新中心副研究员。

① 水利部国际经济技术合作交流中心编著《跨界水合作与发展》,社会科学文献出版社,2018,第13—18页。

年后，进入实质性的合作治理阶段，中国与周边国家在水文信息交换、污染防控、水电开发、国际航运、引水灌溉、生态研究等领域的多边双边合作逐步推进。同一时期，随着中国快速发展和综合国力不断增强，以现实主义为理论依托的"中国威胁论"甚嚣尘上，西方国家对于中国周边水安全的关注度迅速升温，频频以"安全"一词做文章，指责中国"控制水龙头"，威胁下游国家的生存发展和生态环境。

笔者研究发现：西方媒体和学者在中国周边水问题上虽频繁使用"水安全"一词，但对这一词语的运用较为偏狭；而在中国发表的关于跨境水资源问题的官方文件和学术文献中，"水安全"一词很少被使用。这在一定程度上造成中国在周边水外交中的话语弱势。目前，"跨境水资源"和"话语"均是国际关系研究的重要对象，但将两者关联起来的研究在国内外均处于空白状态。本文将在厘清"水安全"一词的概念和内涵的基础上，探讨如何利用"水安全"这一国际通用词语，构建中国在周边水外交中的话语支点。

一、"水安全"一词的概念和内涵

水与政治安全的关系，早在冷战时期就因中东地区的水冲突而受到特别关注。1979年，美国中东问题专家、普林斯顿大学教授约翰·沃特伯里（John Waterbury）在《尼罗河流域水政治》一书中最早使用"水政治"（hydropolitics）一词，意指政治受到维持生命生存和人类发展所必需的可供水的影响。[1] 1984年，美国《基督教科学箴言报》驻中东记者约翰·库勒（John Cooley）在《外交》杂志上发表文章《水战争》，提出"水战争"（water war）一词。[2] 而"水安全"（water security）作为一个学术术语[3]，是在冷战结束后出现的，2000年后，相关研究文献逐渐增多，到2010年前后呈现学术繁荣态势（见图1）。[4] 这是因为：一方面，冷战结束后，重新定

---

[1] John Waterbury, *Hydropolitics of the Nile Valley* (New York: Syracuse University Press, 1979).

[2] John Cooley, "The War over Water," *Foreign Policy* 54 (1984): 3-26.

[3] "水安全"（water security）一词已被收入"牛津书目"（Oxford Bibliography）搜索关键词中。

[4] Christina Cook and Karen Bakker, "Water Security: Debating an Emerging Paradigm," *Global Environmental Change* 22 (2012): 94-102.

义"国家安全"的讨论开始升温,"经济、能源和环境安全"被认为是对国家安全的新生威胁;[①]另一方面,20世纪90年代,哥本哈根学派兴起,有力推动了国际关系研究从和平导向到安全导向的转变,使"安全"成为国际关系学新议题,由此也引发"水安全"一词的诞生。

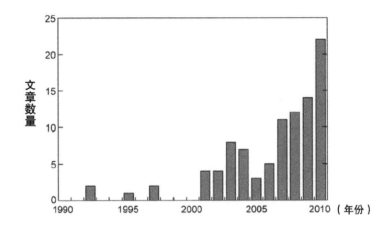

图1 含有关键词"水安全"的学术文章数量(1990—2010年)

资料来源:科学数据库(Science Database)。

30年来,由于不同学科和不同行业的关注视角不同,"水安全"一词没有统一的定义。从法律视角来看,水安全是寻求一种分配规则,旨在获得所需求的水量。[②]粮农组织则将水安全的概念与粮食安全相关联,认为水安全是"向世界上较干旱地区的人口提供足够和可靠的水源,以满足农业生产需求的能力"。[③]影响相对较大的是国际组织"全球水伙伴"给出的一个宽泛的定义:水安全存在于从家庭到全球的各个层面,它意味着每一个人都能够以可承受的成本获得足量又安全的水,过着干净、健康和高效的

[①] Joseph Romm, *Defining National Security: The Nonmilitary Aspects* (New York: Council on Foreign Relations Press, 1993), p.1.

[②] A. Dan Tarlock and Patricia Wouters, "Reframing the Water Security Dialogue," *Journal of Water Law* 20 (2010): 53.

[③] Christian Cook and Karen Bakker, "Water Security: Critical Analysis of Emerging Trends and Definitions," in Claudia Pahl-Wostl, AnikBhaduri and Joyeeta Gupta, eds., *Water Security: Critical Analysis of Emerging Trends and Definitions* (UK Cheltenham: Edwartd Elgar Publishing Limited, 2016), p. 27.

生活，同时保证自然环境得到保护和改善。①

虽然水安全的定义没有统一答案，但并不影响其内涵的日益丰富。随着水利用范围的扩大和多学科视角的切入，水安全的内涵从最初的"爆发水资源冲突和军事对手或恐怖分子袭击饮用水设施产生的潜在危险"，发展为"保障人类和经济发展所需的水量和水质"，再拓展至"旨在维护人类健康所需的生物圈的水管理"，直至现在"强调人类和生态系统用水，以及资源之间的关联性"，即"水—粮食—能源"关联。"水—粮食—能源"关联的核心议题是"平衡人类和环境用水需求，同时维护重要的生态系统服务功能和生物多样性"。②加拿大水资源专家克里斯蒂娜·库克（Christina Cook）等由此总结出与"水安全"研究相关的4个维度：（1）水量和可用水量；（2）水灾害和水设施脆弱性问题；（3）包括获取水、粮食安全和人类发展等在内的人类需求；（4）可持续性利用问题。③另一位加拿大水资源专家克伦·贝克（Karen Bakker）认为，水安全是"水相关危险之于人类和生态系统的可接受度"，涉及4个方面：（1）饮用水供应系统的安全；（2）水灾害对经济增长和人类生存的威胁；（3）由于点源和非点源污染以及水消费量增长导致的与水相关的生态系统服务的不安全；（4）在气候变化背景下水文波动性增强。④

水安全的含义丰富、维度宽广，使得不同的行为主体从自身利益出发，作出不同的解读。

二、关于中国周边水安全问题的中西方话语比较

（一）西方学者眼中的中国周边水安全

20世纪90年代到21世纪初，西方学界大多从现实主义观点理解中国

① Global Water Partnership, *Towards Water Security: A Framework for Action* (Stockholm, Sweden, 2000), p.12.

② Karen Bakker, "Water Security: Research Challenges and Opportunities," *Science* 337 (2012): 914-915.

③ Christina Cook and Karen Bakker, "Water Security: Debating and Emerging Paradigm," *Global Environmental Change* 22 (2012): 94-102.

④ Karen Bakker, "Water Security: Research Challenges and Opportunities," *Science* 337 (2012): 914.

水政治，将目光聚焦于中国与下游国家的权力不对称（包括地理优势、军事和经济力量等指标），并以中国单边开发国际河流境内河段、投票反对《国际水道非航行使用法公约》，以及拒绝加入多边水管理机制等为论据，将中国描绘成一个在跨境水合作问题上态度冷漠、"试图将水作为政治砝码"的"上游霸权国""上游超级力量""好斗者""地区水安全威胁者"等形象。[①] 但是近几年，国外学者对中国周边水安全的研究理论和研究视角发生了明显变化，超越现实主义单一的"水霸权"理论，承认中国与邻国的合作事实，并分析合作类型，寻求合作的背后动因。这种变化出现的原因主要有3点：一是随着2013年习近平在周边外交工作座谈会上发表重要讲话和"一带一路"倡议的提出，中国周边外交政策日益清晰。国外学者敏锐地察觉到，中国开始将水外交置于更广阔的周边外交战略之中，于是希望寻求构建一个理解中国跨境水行为的理论框架。二是静态的现实主义理论被发现难以充分解释中国现实的水政治。比如，加拿大现实主义学者米里亚姆·洛维（Miriam Lowi）曾提出一个著名论断：只有在流域霸权国是下游国家的情况下，才有可能形成水资源合作机制[②]，但该理论无法解释中国作为上游权力国为何要与下游国家合作。三是2010年后的中国显示出更积极的跨境水合作姿态[③]，且在周边水安全问题上谨慎发声，不再是被动的沉默者。一些西方学者承认，"将中国描绘成一个完全不合作的上游霸

---

① Richard Cronin, "Mekong Dams and the Perils of Peace," *Surviva* 51(2009):147-160; Timo Menniken, "China's Performance in International Resource Politics: Lessons from the Mekong," *Contemporary Southeast Asia* 29 (2007): 97-120; James E. Nickum, "The Upstream Superpower: China's International River," in Olli Varis, Cecilia Tortajada and Asit K. Biswas, eds., *Management of Transboundary Rivers and Lake*(Berlin and Heidelberg: Springer-Verlag, 2008), pp. 227-244; Evelyn Goh, "China in the Mekong River Basin: The Regional Security Implications of Resource Development on the Lancang Jiang," RSIS, Nanyang Technological University, Singapore, July 2004, https://www.rsis.edu.sg/wp-content/uploads/rsis-pubs/WP69.pdf.

② Miriam Lowi, *Water and Power: The Politics of a Scarce Resource in the Jordan River Basin* (Cambridge: Cambridge University Press, 1993), p.10.

③ 韩国国立釜庆大学学者韩熙振（Heejin Han）认为，2010年，为帮助湄公河下游国家应对极端干旱气候导致的旱情，中国水利部向湄委会提供了允景洪和曼安两个水文站当时记录的特枯情况的水文特征，标志着中国的合作态度发生大幅度转变。参见：Heejin Han, "China, An Upstream Hegemon: A Destabilizer for the Governance of the Mekong River," *Pacific Focus* XXXII (2017): 30-55。

权国是错误的、不全面的"，"中国得益于先天的地理优势和更强的军事和经济能力，完全有可能成为上游霸权国……但事实上，中国与下游国家的合作远远超过现实主义学者的预期"。[①]

20世纪90年代，西方学者将中国国际河流合作看作其与世界联通的需求。[②] 如今，他们更注重将中国跨境水资源政策置于周边外交大战略中考察。这些学者认为，在习近平主席领导下，中国更加重视周边外交和区域合作，且意识到需要打造一个和平友好的周边环境以保证国内稳定和经济增长（尤其是边境省份）。因此，中国会尽力避免跨境水问题升级。但他们同时认为，中国的跨境水合作不是真诚的、长期性的，而是工具性的、应激性的短期行为，中国并未完全由单边行动转为全面合作，仍会在单边行动和有选择的合作之间寻求平衡。中国持续坚定地拒绝签署任何跨境水协议，意味着在跨境水问题上采取合作态度只是政治上的权宜之计。此外，他们认为，中国国内存在水安全危机。随着中国城镇化步伐的加快和工业的快速发展，以及对污染防控规则执行不力，中国国内面临水紧张，而这种危机将外溢到周边河流。中国为应对气候变化和水资源匮乏，将加强对跨界河流的人工控制，从而使下游国家处于被动地位。[③]

笔者在"Google学术"网站上梳理了有关中国周边河流问题的主要文章（1990年后发表，被引用量≥100次；2000年后发表，被引用量≥60次；2013年后发表，被引用量≥20次），发现"安全"（security）是西方学界和智库使用最多的关键词之一。和"安全"一词一起出现得最频繁的词语首先是粮食安全（food security）、环境安全（environmental security）、生态安全（ecological security）、能源安全（energy security）、国家/地区/国际安全（national/regional/international security），其次是人类安全（human

① Sebastian Biba, "Desecuritization in China's Behavior towards Its Transboundary Rivers: The Mekong River, the Brahmaputra River, and the Irtysh and Ili Rivers," *Journal of Contemporary China* 23 (2014): 21-43; Kayo Onish, "Reassessing Water Security in the Mekong: The Chinese Rapprochement with Southeast Asia," *Journal of Natural Resources Policy Research* 3 (2011): 393-412.

② Donald E. Weatherbee, "Cooperation and Conflict in Mekong," *Studies in Conflict & Terrorism* 20 (1997): 167-184.

③ Sherri W. Goodman and Zoe Dutton, "China is Winning the Race for Water Security in Asia," The National Interest, September 24, 2018, https://nationalinterest.org/feature/china-winning-race-water-security-asia-31912.

security）、经济安全（economic security）、社会安全（societal security）和
边界安全（border security）。这些词语有的是对事实的客观陈述，有的则
是针对"中国水霸权""中国水威胁"的。

（二）中国官方和学界关于周边水安全的话语分析

与西方学界和媒体形成鲜明对比的是，中国官方和学界在谈及跨境水
问题时，几乎从未明确提出过"水安全"一词。

笔者梳理了中国外交部、水利部网站上有关跨境水资源的报道，包括
例行记者会、联合新闻公报、联合声明、跨境水资源交流活动、边界联合
委员会会议等，发现"合作""发展""水利""环境""联合"等是中国在
跨境水资源问题上的关键词（见图2）。

图2　中国外交部和水利部网站上有关跨境水资源报道的词频分析

在学术研究方面，中国学者发表了大量国内水安全的文章，但在关于
跨境水资源的中英文文章中，明确使用"水安全"一词的文章很少。而
在"Google学术"上，被引用量较多的恰是和"安全"明显相关的文章，
如 "China's Transboundary Waters: New Paradigms for Water and Ecological
Security through Applied Ecology"[①] "Recent Glacial Retreat in High Asia in

---

① Daming He et al., "China's Transboundary Waters: New Paradigms for Water and
Ecological Security through Applied Ecology," *Journal of Applied Ecology* 5 (2014):1159-1168.

China and Its Impact on Water Resource in Northwest China"[1] "Transboundary Water Vulnerability and Its Drivers in China"[2] 等。这说明，直面中国周边水安全问题并提出建设性的方案是受关注的。

通过比较中西方关于中国周边河流问题的话语发现，"水安全"一词在中国周边河流相关英文文献中高频度出现，说明其已成为中国周边水外交话语中无法绕开的关键词。由于水安全内涵丰富，如果任由西方解读，会造成中国在周边河流问题话语权上处于更加弱势的地位，影响中国形象。当前，中国政府和学界应加强对水安全话语的重视度和应对力。

三、如何在中国周边水外交话语中运用好"水安全"一词

中国与绝大多数周边国家均属于发展中国家，人口增长和经济发展带来的水资源压力不断增大，在国内河流开发程度比较饱和的情况下，都有开发利用国际河流的需求。此外，国际河流的开发利用不可避免地会产生跨境影响，加上气候变化导致流域面临的风险加大，使水及相关资源（如能源、粮食、生态、渔业等）的安全成为流域国家的普遍关切。因此，"共同发展"与"共同安全"应成为中国周边水外交中的核心话语。在水安全问题上，中国需要明确回应3个问题：什么是水安全？要保障谁的水安全？如何保障水安全？

西方在谈论中国周边水安全问题时，比较明确地回答了第一个问题，即："水安全"是一个中性词，其内涵丰富，不仅包括保障人类和经济发展所需的水量和水质，还包括与水相关的粮食安全、环境安全、能源安全、生态安全、国家/地区/国际安全等。

但是，西方在面对第二个问题，即"保障谁的水安全"时表现出逻辑矛盾。他们认识到，中国也是一个缺水国家，农业、工业和居民用水均面临严峻的水安全问题。然而，他们在讨论中国跨境河流问题时，只批评中国作为上游国"控制水龙头"，给下游国家带来的不安全因素，而无视中

---

[1]　Yao Tangdong et al., "Recent Glacial Retreat in High Asia in China and Its Impact on Water Resource in Northwest China," *Science in China Ser. D Earth Sciences* 47 (2004): 1065-1075.

[2]　Feng Yan and He Daming, "Transboundary Water Vulnerability and Its Drivers in China," *Journal of Geographical Science* 19 (2009): 189-199.

国在国际河流中应该获得的水权益。

对于第三个问题,西方学者一般给出的建议是,中国与下游国家达成具有法律约束力的水资源管理协定,将河流作为一个整体单元来实施"综合管理"和"协调",实现社会公平、经济有效和环境可持续性。甚至有西方学者建议,下游国家可将非水问题与水问题关联起来,向中国施压,推动其在水问题上的进一步合作。更有学者建议,下游国家可实施"迂回战略",通过密切与美国的协作对抗中国的"水霸权",以此保障自己的水安全。①

按照正常的逻辑,一个国家谈论水安全,意味着首先要保障自身的安全和利益。美国政府2017年发布首个《全球水战略》②,共47次使用"安全"一词(见表1),多次提到参与全球水安全事务旨在保证美国的国家安全利益,由此建立起全球水安全与美国国家安全利益之间的互动关联——努力支持一个水安全世界,即人们获得可持续的充足水量水质的水供应,以满足人类的经济和生态系统需求,降低旱涝灾害风险。此举将打开全球市场,推动美国技术创新,提高产业竞争力,促进美国经济繁荣和金融体系的稳定。

表1　美国2017年《全球水战略》中"安全"一词的分布统计

词语	出现次数
national security 或 U.S. security	12
food security	11
water security	10
security(泛指安全,主要是政治安全)	8
food and energy security	2
economic security	2
personal security	1
health security	1

① Robert Sutter, "China's Rise, Southeast Asia, and the United States," in Evelyn Goh and Sheldon Simon, eds., *China, The United States and Southeast Asia: Contending Perspectives on Politics, Security, and Economics* (New York and London: Routledge, 2008), pp. 91-106.

② "U.S. Government Global Water Strategy," https://www.usaid.gov/sites/default/files/documents/1865/Global_Water_Strategy_2017_final_508v2.pdf.

中国在谈论跨境水问题时，亦应将"安全"置于科学合理的语境下，建立自身水安全与地区安全之间的关联、中国国内水治理与周边水治理的关联，倡导区域"共同水安全"观。同时，中国应针对周边国家绝大多数是发展中国家的客观事实，把握水资源开发利用中"发展"与"安全"的辩证关系，提出"在安全中求发展，在发展中保安全"。由此，使"共同水安全"和"利益共享"成为中国水外交的话语支点。具体而言，在中国水外交话语中要强调三对关联：

第一，强调中国水安全与地区安全的关联。由于水的流动不遵循政治边界，某个流域国家的水安全危机必然会在政治、经济或环境等领域外溢至周边国家。因此，中国周边水安全的保障对象是包括中国在内的所有流域国家。就中国国内而言，看似充足的水资源表面下，潜藏着水供应匮乏的危机：中国拥有世界20%的人口，但只拥有世界淡水量的6%；中国的水资源存在时空严重分布不均的问题；伴随中产阶级的快速兴起，对水的需求增加，2014年，中国31个省（区、市）里有11个省（区）达不到世界银行规定的每人1500立方米的水需求安全标准。[①] 从长期来看，水匮乏将对中国国内经济稳定产生严重影响，从而使地区和全球的政治经济不稳定因素加剧。出于地区总体安全的考虑，下游国家不能只要求中国承担责任，而忽视中国的水权益。

第二，强调中国国内水治理与周边水治理的关联。中国可将国内水安全与跨境水安全问题联系起来，创新国内水治理，并将国内水治理成效和经验外溢至周边河流，在国际上树立良好的绿色形象。中国国内水资源面临严重污染、低效利用、管理落后等问题，中国政府正在加大改革和治理力度。党的十九大报告明确提出，"必须树立和践行绿水青山就是金山银山的理念，坚持节约资源和保护环境的基本国策，像对待生命一样对待生态环境，统筹山水林田湖草系统治理，实行最严格的生态环境保护制度"。[②] 在具体实施上，2010年，八个部委联合出台《全国水资源综合规划》（2010—2030）；

---

① Ben Abbs, "The Growing Water Crisis in China," Global Risk Insights, August 10, 2017, https://globalriskinsights.com/2017/08/shocks-china-growing-water-crisis.

② 习近平：《决胜全面建成小康社会　夺取新时代中国特色社会主义伟大胜利》，《人民日报》2017年10月28日，第3版。

2015年起，为解决旱涝问题，"海绵城市"试点，"水污染防治行动计划"也于当年启动；2019年，《国家节水行动方案》制定。一系列水治理行动取得一定成效，也展示了中国要"形成绿色发展方式和生活方式"[①]的决心。中国要以目标为导向，将《全国水资源综合规划（2010—2030）》与周边国家中长期水治理目标对接。随着国内水治理能力的提高，中国将逐步推进与周边国家水治理合作的水平，实现联合国《2030年可持续发展议程》。有外界评论认为，"如果中国能改变过去落后的水资源管理方式，向更先进的绿色进程和能力建设迈步，通过每一个新的政策倡议、技术进步或基础设施发展，向世界展示如何解决水供应减少的问题，根本性改变世界对水储存量枯竭的看法，中国就能领导世界解决水匮乏问题"。[②]

第三，强调地区水安全与地区发展的关联。要深刻理解中国周边水安全与地区发展的辩证关系：一方面，发展到什么层次，就有什么层次的水安全，地区水安全取决于地区发展程度；另一方面，水安全又是地区可持续发展的保障因素。当前，中国与绝大多数周边国家处于工业化、城镇化和农业现代化尚未实现阶段，可行性做法是实施包括发展利益和安全利益在内的"利益共享"。国际河流利益共享是"对通过合作产生的成本与收益进行重新分配的行为"，能促进水资源合理配置和高效利用。利益共享的主体是流域各国，共享的利益包括：（1）河流本身得到的利益（环境领域的）：流域生态可持续性的提升；（2）河流创造的利益（与经济直接相关的）：因水资源利用产生的效益，如灌溉、水力发电、防洪及航运等；（3）因河流而降低成本的利益（政治领域的）：各国因河流而从矛盾冲突转向合作发展，从而避免或降低冲突产生的成本；（4）河流之外的利益（与经济间接相关的）：因河流带来的利益，如完善的地区基础设施、市场和贸易一体化。[③]具体到哪些利益可以共享，需要流域国家进行各自的

① 习近平：《决胜全面建成小康社会 夺取新时代中国特色社会主义伟大胜利》，《人民日报》2017年10月28日，第3版。

② Lauren Dickey, "China's Water Footprint: An Example for Future Policymakers," Chinadialogue, February 22, 2017, https://www.chinadialogue.net/article/show/single/en/9621-China-s-water-footprint-an-example-for-future-policymakers.

③ 参见：张长春《跨界水资源利益共享研究》，《边界与海洋研究》2018年第6期，第92—102页；Claudia W. Sadoff and David Grey, "Beyond the River: The Benefits of Cooperation on International Rivers," *Water Policy* 4 (2002): 389-403。

成本—收益分析，通过协商谈判来解决。利益共享的初级阶段，是实现部分利益的共享，如水电利益共享、航运利益共享、基础设施建设利益共享或生态旅游利益共享等。流域国家经济发展到较高水平、基于水而构建的相互依赖性增强、环保意识普遍提高时，则会自然进入利益共享的高级阶段，把开发与保护环境和资源联系起来，从一个大区的角度进行设计和开发，最终构建"水安全命运共同体"。根据世界银行专家克劳迪亚·萨多夫（Claudia Sadoff）和戴维·格雷（David Gredy）提出的"利益共享"实施途径，中国在周边水外交中应强调"利益共享"要考虑到"上游通过水域管理给下游创造生态利益，应该获得补偿"[①]，并让世界了解中国作为上游国家，为保证整条河流的生态安全所牺牲的一些与水相关的粮食安全、能源安全和发展安全。比如，青藏高原蕴含丰富水能，为保护这片人间最后的净土，中国实施生态红线，严禁对资源随意开发利用，当地难以形成大规模的产业开发，发展机会受到限制。为解决农民生产生活困难，国家目前给予包括生态补贴在内的各种补贴。这些补贴理应在跨境水资源的"利益共享"中获得体现。

四、结语

当前，国外学者普遍关注跨境水合作在中国周边战略中的地位。中国应将跨境水问题置于中国周边战略中考虑，水安全既是中国要实现的目标，又是实施中国周边战略的工具。为此，中国要在水外交中运用好"水安全"一词，在和平、合作和科学的语境下，赋予水安全全面丰富的解读，建立起中国水安全与地区安全的关联、中国国内水治理与周边水治理的关联，以及地区安全与地区发展的关联，表明中国的水安全需求，以及中国将引领发展中世界应对水安全挑战的决心。同时，中国应根据自身发展经验提出"发展"和"安全"两手抓的中国方略，通过实施利益共享，不断发展和扩大共同利益，从单目标收益和双边合作收益等逐步向多目标、流域综合管理合作等模式演进，循序渐进地实现流域乃至区域的可持续发展。

[①] Claudia Sadoff and David Grey, "Cooperation on International Rivers: A Continuum for Securing and Sharing Benefits," *Water International* 30 (2005): 420-427.

崛起背景下中国开展周边
水外交的内因分析*

肖　阳**

【内容提要】中国周边水外交的兴起，大多被认为与周边跨界水资源问题的密集爆发有关。然而，唯物辩证法认为，外因是引起事物变化发展的次要原因和条件，内因才是事物自身发展的根本因素和动力，外因通过内因而起作用。客观分析中国开展周边水外交的原因，需要从中国自身的国家利益出发，提出符合自身生存和发展的合理利益诉求。这既有利于推动中国水外交政策主张的制定和实施，也有利于周边国家了解中国的利益所在，从而统筹好国内国际两个大局，为未来中国周边水外交的发展提供更多的事实依据和学理支撑。本文以中国崛起为背景，尝试从促进社会经济发展、提升国家综合国力、维护边疆地区稳定、捍卫国家主权权益维护4个方面，对中国开展周边水外交的内因进行阐释。

【关键词】和平崛起；周边水外交；跨界水资源；中国

自2003年以来，"和平崛起"一词就成为中国官方和学术界热议的话

---

　　* 本文系湖北省社科基金一般项目"新时代中国周边水外交研究"（2019034）阶段性成果。

　　** 肖阳，中共湖北省委党校（湖北省行政学院）政法教研部讲师，法学博士，国家领土主权与海洋权益协同创新中心研究人员。

题。① 何为"崛起"? 崛起意味着一国在历史发展进程中长期量变积累基础上出现的质变和飞跃; 意味着一国经济持续快速的增长和社会的全面进步; 意味着一国积极主动地参与国际事务及国际地位的空前提高、国际影响的不断扩大, 进而对世界战略格局的演进产生了巨大而深远的影响。② 在"和平崛起"中,"崛起"是目的,"和平"是形式或手段。③ 中国选择和平崛起道路, 意味着中国将摒弃国际关系史上依靠武力的暴力崛起路径, 以和平的方式解决国际冲突, 通过竞争合作来提升自身的综合实力, 实现成为社会主义现代化强国的崛起目标。这不仅是今后一段时期中国外交的重要目标, 也是中国从全局审视和处理周边乃至全球事务的重要考量。

当前, 中国跨界水资源问题的产生与中国崛起有着密切的关联。其背景是进入21世纪以来, 中国显露出强劲的崛起势头, 特别是在经济上保持了高速发展, 对水资源的需求量不断攀升, 进而开始对跨界水资源进行大规模开发和利用。与此同时, 中国的崛起也积极带动了周边国家的崛起, 周边国家同样对水资源的需求日益扩大, 再加之中国多为周边国家水源的上游, 由此导致各种水问题开始逐步增多。然而, 唯物辩证法认为, 外因是引起事物变化发展的次要原因和条件, 内因才是事物自身发展的根本因素和动力, 外因通过内因而起作用。中国开展周边水外交, 不能仅仅因跨界水问题而展开, 而应从中国自身崛起的全局来考虑。

本文认为, 中国对跨界水资源的开发和利用, 首先是为了满足自身生存和发展的需要, 具体表现为促进社会经济发展、提升国家综合国力、维护边疆地区稳定、捍卫国家主权安全等方面。面对由此产生的种种难题, 中国需要以水外交这种和平的方式予以解决, 这也是中国和平崛起成为现代化强国的内在要求。

---

① 关于"中国和平崛起"的论述最早见于上海社科院黄仁伟教授的著作《中国崛起的时间和空间》。2003年11月3日, 中共中央党校原常务副校长郑必坚在亚洲博鳌论坛上发表了题为《中国和平崛起新道路和亚洲的未来》的演讲, 首次公开提出了"中国和平崛起"这一论题。同年12月10日, 时任国务院总理温家宝在哈佛大学的演讲《把目光投向中国》中, 首次全面阐述了"中国和平崛起"的思想。同年12月26日, 时任国家主席胡锦涛在纪念毛泽东诞辰110周年座谈会上强调, 要坚持和平崛起的发展道路和独立自主的和平外交政策。

② 樊美勤:《中国和平崛起——内涵、环境、条件及目标解析》,《马克思主义与现实》2004年第3期。

③ 阎学通:《对"和平崛起"的理解》,《教学与研究》2004年第4期。

一、快速发展的中国经济社会对水资源需求日益上升

20年来，中国保持了经济快速增长态势，中国崛起已然从基于学理和经验的预测，变成活生生的国际政治现实。从1999年到2018年，中国国内生产总值从8.9万亿元增长到83万亿元。[①] 其中，2007年，中国的国内生产总值增长率达到了13.7%的历史顶峰。2010年，中国超越日本成为仅次于美国的世界第二大经济体。2017年，中国经济对世界经济增长的贡献率高达34%左右，位居世界首位。2017年2月，根据普华永道（PwC）发布的《2050年的世界：全球经济秩序如何改变》报告显示，预计到2030年，中国的国内生产总值将达到26.499万亿美元，超越美国的23.475万亿美元，成为世界第一大经济体。[②]

在经济快速发展的带动下，中国工业化和城市化步伐加快，人口数量迅速增加，对水资源的需求量不断加大。据统计，2004年至2017年，中国人口总量从13.6亿增加到近14亿，中国全年用水总量从5547.8亿立方米上升为6110亿立方米。其中，生产用水量从4814.6亿立方米上升到5043.4亿立方米，居民生活用水量从651.2亿立方米上升到838.1亿立方米，生态环境用水量从82亿立方米上升到161.9亿立方米。与此同时，中国对境内水资源的开发和利用力度也在不断增强。2005年至2016年，中国的水库数量从85108座增加到98460座，总库容从5624亿立方米扩大到8967亿立方米。其中，大型水库数量从470座增加到720座，中型水库数量从2934座增加到3890座。[③]

然而，在经济社会快速发展、对水资源需求不断增加的同时，水资源时空分布不均。再加上水开发、水污染、水灾害等问题严重，由此引发的资源性缺水、工程性缺水、水质性缺水、管理性缺水等问题较为突出，导致水资源短缺成为制约经济社会发展的重要瓶颈。

---

① 据国家统计局"国家数据库"，http://data.stats.gov.cn/ks.htm?cn=C01。

② PwC, "The Long View How Will the Global Economic Order Change by 2050?" https://www.pwc.com/gx/en/world-2050/assets/pwc-world-in-2050-summary-report-feb-2017.pdf.

③ 中华人民共和国水利部编《2018中国水利发展报告》，中国水利水电出版社，2018，第45—48页。

从总体上看，中国是世界上河流和湖泊众多的国家之一，水资源丰富，但人均水资源量为世界平均的1/4，降雨分布从东南向西北递减。简单概括为"五多五少"：总量多、人均少；南方多、北方少；东部多，西部少；夏秋多，冬春少；山区多，平原少。这也造成了全国水土资源不平衡现象，如长江流域和长江以南耕地只占全国的36%，而水资源量却占全国的80%；黄、淮、海三大流域，水资源量只占全国的8%，而耕地面积却占全国的40%，水土资源相差悬殊。[①]

从供水情况看，2010年至2015年，中国用水总量年均增长0.9%，逐步接近国务院确定的2020年控制在6700亿立方米以内的用水目标。其中，海河、黄河、辽河流域水资源开发利用率分别为106%、82%、76%，西北内陆河流开发利用已接近甚至超出水资源承载能力。[②] 根据国际经验，以用水量超过其水资源总量的20%将发生水资源危机来衡量，2011年至2015年，中国的总用水量在水资源总量中的占比分别为26.2%、20.7%、22.1%、22.4%、21.8%，已连续多年突破20%的临界值。[③]

在废水排放方面，2004年至2017年，中国废水排放总量从428.4亿吨增加到711亿吨，增幅高达47.3%。其中，中国废水排放量在2015年达到顶峰，为735亿吨。根据监测数据显示，中国仍有2/3的河长被污染（达不到Ⅱ类标准），1/3的河长被严重污染（达不到Ⅲ类标准）。[④]

针对严峻的水资源问题，2014年3月14日，习近平同志在中央财经领导小组第五次会议上将"国家水安全战略"列为主题，指出"我国水安全已全面亮起红灯，高分贝的警讯已经发出，部分区域已出现水危机。河川之危、水源之危是生存环境之危、民族存续之危。水已经成为我国严重短缺的产品，成了制约环境质量的主要因素，成了经济社会发展面临的严重安全问题"。[⑤] 这也是党的十八大以来，党和国家最高领导人首次就水资源安全问题提出重要论述，为新时代中国水资源开发、利用和保护工作指明

---

① 《水资源并非取之不尽》，《中国环境报》2015年4月23日，第8版。

② 《全国用水总量年均增长0.9%》，《人民日报》2015年3月23日，第9版。

③ 根据2011年至2016年《全国水利统计公报》相关数据计算而成。

④ 何艳梅：《中国水安全的政策和立法保障》，法律出版社，2017，第29页。

⑤ 中共中央文献研究室编《习近平关于社会主义生态文明建设论述摘编》，中央文献出版社，2016，第53页。

了方向。

可以预期的是，随着中国经济和社会的快速发展，水资源的缺口将进一步扩大，供需矛盾将更加激烈。正是在这种严峻的用水现实下，中国才将开发和利用的重点从开发殆尽的内陆地区转向水资源更为丰富的边疆地区，以期缓解国内的用水压力，弥补巨大的用水赤字。然而，对跨界水资源的开发和利用也涉及周边国家的权益，中国开展周边水外交正是要围绕这些问题与周边国家进行合作，共同寻找和平解决之道，避免水安全问题成为影响和制约全面建成小康社会和实现中华民族永续发展的瓶颈。

二、水电资源在中国未来能源布局中具有重要地位

能源被誉为经济发展的血液和命脉，在一国综合实力构成中具有重要地位。纵观世界能源版图，水能是最重要的清洁可再生能源，具有技术成熟、成本低廉、运行灵活等特点，还附有防洪、发电、灌溉、供水、航运、养殖、减排等多种功能，经济、社会、生态效益十分显著。在气候变化、节能减排的大趋势下，中国开发和利用水能资源，不仅对未来经济社会发展具有举足轻重的重要作用，也是增加能源供应，保障能源安全，提升和增强自身综合实力的重要举措。

中国地域辽阔，河流密布，径流量大，且山区较多，地形落差又大，水能资源丰富，理论蕴藏量、技术可开发量和经济可开发量均居世界首位。根据《水电发展"十三五"规划》统计数据，中国水能资源可开发装机容量约6.6亿千瓦，年发电量约3万亿千瓦时，按利用100年计算，相当于1000亿吨标准煤，在常规能源资源剩余可开采总量中仅次于煤炭。在水电装机容量和年发电量方面，中国已突破3亿千瓦和1万亿千瓦时，分别占全国能源的20.9%和19.4%。[①] 随着中国用电总量的急剧上升，水电在整体电力生产和用电消费总量方面所占比重也随之逐步上升。到2020年底，中国水力发电量将达到3.8亿千瓦，超过风力发电量（2.5亿千瓦）和太阳

---

① 国家能源局:《水电发展"十三五"规划》，http://www.nea.gov.cn/135867663_14804701976251n.pdf。

能发电量（1.6亿千瓦），在未来中国可再生能源中将占据绝对地位。[①]

尽管从总量统计上看，中国水电具备相当的优势，但是从区域分布上看，则存在以下3个问题。首先，中国水能资源分布与生产力布局极不平衡。东部地区经济发达，但能源供应匮乏，而西部地区水能资源丰富，除了满足自身需求，还有一定的余量。西部云、贵、川、渝、陕、甘、宁、青、新、藏、桂、蒙12个省（区、市）的水力资源约占全国总量的81.5%，特别是西南地区云、贵、川、渝、藏，约占全国总量的67.0%。[②] 为此，中国启动了"西电东送"工程建设，将西部和北部相对丰富的电力资源输往电力消费集中的中部和东部，通过调整电力格局，尽可能实现电力负荷分布的均衡性。

其次，中国水资源时空分布不均。中国绝大部分河流受季风气候影响，各地区降水量差异较大，主要是靠汛期雨水补给，丰枯季节明显，河流年径流量变化较大，各地区水量、水质、水能等条件也不平衡。为解决水资源时空分布的矛盾，更好地发挥水利经济的多种功能，中国开展了大规模水库大坝建设。2018年10月，水利部原副部长、中国大坝工程学会理事长矫勇表示，中国已拥有水库大坝9.8万余座，是世界上拥有水库大坝最多的国家，同时也是世界上拥有200米级以上高坝最多的国家。目前，世界建成的200米级以上高坝有77座，中国有20座，占26%；在建的200米级以上高坝19座，中国有12座，占63%。[③]

再次，水能资源大多集中分布在西部大江大河干流。经过50多年的水电发展和规划，中国已形成了金沙江、雅砻江、大渡河、澜沧江、乌江、长江上游、南盘江红水河、黄河上游、湘西、闽浙赣、东北、黄河北干流、怒江这十三大水电基地。随着中国对跨界水资源的进一步开发和利用，又增加了新疆诸河以及雅鲁藏布江两个基地，形成十五大水电基地。

---

① 国家发展和改革委员会：《可再生能源发展"十三五"规划》，中华人民共和国国家发展和改革委员会网站，http://www.ndrc.gov.cn/zcfb/zcfbtz/201612/W020161216659579206185.pdf。

② 周建平、钱钢粮：《十三大水电基地的规划及其开发现状》，《水利水电施工》2011年第1期。

③ 苏南：《水库大坝建设管理加码关注公共安全》，《中国能源报》2018年10月22日，第12版。

根据中国第三次水能资源复查结果显示，十五大水电基地水能技术可开发装机容量为33581.5万千瓦，占全国总量的52.8%，年发电量可达14884.8亿千瓦时，占全国总量的64.9%。[①]

综上所述，中国对水电的开发和利用是根据自身资源禀赋所进行的资源优化配置，为未来中国社会经济发展提供长期可持续的动力来源。随着中国崛起的步伐加快以及对水能资源需求上升，中国的水电规模将进一步扩大。目前，中国十五大水电基地发展规划已初现雏形，近1/3分布在跨界流域，涵盖了东北亚、中亚、南亚以及东南亚4个次区域，突出了跨界水资源在整体水电建设布局中的重要战略地位，为中国水电未来发展描绘了一张蓝图。因此，从水电能源供应的角度来看，中国开展周边水外交，就是要维护自身在跨界流域水电开发建设顺利实施，保障国家水电能源供应的安全与稳定，推动能源生产和利用方式变革，以及应对气候变化。

三、边疆地区的繁荣稳定和长治久安关乎崛起大局

边疆是一国与周边邻国接壤毗邻或隔江相望的地区，也是两国进行"能量交换"最频繁、最直接、最快速的地区，既是一国对外设防的地理空间屏障，又是维护一国国内稳定发展的战略安全屏障和生态保护屏障。中国的边疆地区接壤国家数量多，陆地边界线长，地域面积广阔，资源禀赋丰富，民族聚集度高，人口结构复杂，地缘战略位置十分突出。发展是安全的重要基础，安全是发展的首要保障。如何保持边疆地区的繁荣稳定和长治久安，不仅关系到中国边疆地区的和谐、稳定和发展，还关系到中国在周边环境中能否实现和平崛起。

从自然条件来看，中国的边疆地区大多处于大江大河上游，既是中国乃至亚洲的水系源头区、资源富集区和生态保护区，也是中国水电基地和粮食产区所在地。[②]然而，从经济情况来看，受经济基础薄弱、自然环

---

① 崔民选、王军生、陈义和主编《中国能源发展报告2015》，社会科学文献出版社，2015，第290—293页。

② 程叶青、张平宇：《中国粮食生产的区域格局变化及东北商品粮基地的响应》，《地理科学》2005年第5期；余潇枫、周章贵：《水资源利用与中国边疆地区粮食安全——以新疆为例》，《云南师范大学学报（哲学社会科学版）》2009年第6期。

境恶劣、贫困人口较多等因素的影响，中国边疆地区经济长期处于较低水平。边疆各族群众日益增长的物质文化生活需要与落后的社会生产矛盾仍然是边疆地区发展的主要矛盾。因此，如何发展边疆地区经济，进一步解放和发展生产力，提高保障和改善边疆地区各民族群众的生活水平，仍然是边疆地区社会和经济发展的首要问题。

为发挥边疆地区的水资源优势，平衡区域经济发展差异，构建协调联动格局。自新中国成立以来，中国政府不断加大投入力度，对"水利兴疆""水利扶贫"等项目进行了长期探索和实践，为"富民、兴边、强国、睦邻"作出了重要贡献。中国对边疆地区跨界水资源的开发和利用，不仅产生了大量的经济效益，还产生了社会、生态、能源诸多综合效益。以水电开发为例，其综合效益体现在4个方面：一是获得直接的经济效益，通过市场行为对水能资源的开发和利用进行调节，缓解国家因大力扶持边疆地区带来的财政负担；二是增加当地的税收，促进边疆地区经济社会的发展，不断缩小地区经济发展不平衡造成的差距，提高和改善边疆地区各族人民群众的生活水平和质量；三是实现全国电力资源的优化配置，调整和完善中国的能源发展布局和结构，为中国经济发展提供稳定的动力支持；四是促进边疆地区的生态环境保护和恢复，通过调蓄等方式，最大限度地减少旱涝等灾害造成的损失。

根据2017年中国国务院出台的《兴边富民行动"十三五"规划》，中国将继续发挥水利在边疆治理中的多功能作用，推动边疆地区经济社会发展和进步。例如，在边境交通方面，中国将加强跨界河流的航道治理、界河跨境桥梁建设，保障和拓宽对外通道；在水电开发方面，中国承诺将在保护生态的前提下，积极稳妥地进行水电开发建设，研究建立水电开发边民共享利益机制；在基础设施建设方面，中国将不断提高边境地区水资源调蓄能力和供水保障能力；在防灾减灾方面，中国将对边境地区中小河流进行治理、病险水库水闸除险加固，科学有序推进跨国界河流治理工程建设，加强边境地区山洪灾害防治力度，完善山洪灾害监测预警系统，开展重点山洪沟防洪治理；在生态保护方面，中国将继续落实水污染防治行动计划，建立生态补偿机制，加强重点区域、流域生态建设和环境保护，构筑国家生态安全屏障。[①]

从边疆治理的角度来看，一方面，中国对跨界水资源的开发和利用，有利于推动和促进边疆地区社会经济的发展，维护和巩固中国在边疆地区的用水安全、粮食安全、生态安全和能源安全。另一方面，由于中国边疆地区处于对外开放的敏感前沿地带，一旦出现跨界水资源问题，边疆地区将最先受到冲击和影响，中国的国家安全将受到威胁和挑战，进而破坏中国边疆地区所依赖的安全、和谐和稳定的周边外部环境。因此，中国迫切需要开展周边水外交，加强与周边国家的合作。以水为纽带，推动边疆地区成为对外合作的中心地带，为边疆地区的繁荣稳定和长治久安营造一个有利的外部周边环境，服务于国家发展大局。

四、维护国家领土主权和权益需提升自身外交水平

作为领土边界的一部分，跨界水资源因其边界属性与国家领土主权和权益紧密相连。由于中国跨界水资源问题涉及国家多、地域范围广、争端类型多、持续时间长、复杂程度高、专业技术性强，历史遗留问题与现实新问题彼此关联，传统安全与非传统安全相互交织，不仅增加了问题解决的难度，而且对国家领土主权和权益构成了严重威胁，成为中国和平崛起过程中的巨大隐患。

从领土主权方面来看，领土边界问题是邻国外交关系的"晴雨表"和"温度计"。领土边界争端也是国际政治中一种最传统的冲突类型，直到今天仍然是威胁国家安全、影响地区稳定的主要因素。[②] 回顾新中国外交史，不同时期的跨界水资源问题在中国领土边界问题上都扮演了重要角色，对中国与周边国家的关系都产生了一定影响。从议题挂钩（issue linkage）的角度看，由于跨界水资源的多重属性，相关领土边界争端的高度复杂性也进一步突出，跨界水资源争端不再仅仅是两国之间单纯的水问题，而是通常与其他相关议题捆绑在一起。例如，中印边界争端不仅涉及两国在藏南

---

① 国务院办公厅：《兴边富民行动"十三五"规划》，中国政府网，http://www.gov.cn/zhengce/content/2017-06/06/content_5200277.htm。

② 欧阳玉靖：《中国解决陆地边界问题的做法及启示》，《世界知识》2016年第10期。

地区领土和河流边界划定，还涉及雅鲁藏布江的水电开发、水量分配、水文报汛、救灾防灾以及军事力量部署等问题；中国在东北亚地区的出海口困境不仅涉及鸭绿江、图们江历史遗留问题，还涉及水土流失、堤岸防护、救灾防灾、经济发展、政治稳定等问题，尤其是出海口位于跨界河流与海洋结合部，既是国家领土主权权益向海洋的延伸，也是国家海洋权益的重要支点，如果不及时解决，中国国际河流河口恐面临"南失海岛，北无出海口"的窘境。①

　　从主权权益来看，如同海洋权益一样，跨界水资源权益属于国家主权的范畴，是国家领土向跨界水域延伸形成的权利。或者说，是国家在跨界水资源上获得的属于领土主权性质的权利，以及由此延伸或衍生的部分权利。在国际水法研究中，通常也被称为"国家水权"。盛愉、周岗在《现代国际水法概论》中认为，"国家水权是沿岸国家对国际水域所应享有的各种权利，主要是对属于其领土部分的河流湖泊的管辖权、使用权和取得损害赔偿权，以及对整个水域分享水益的权利"。② 然而，对于国际水权的理解，上下游国家之间基于自身利益考虑有着不同的理解，也出现了绝对主权论、绝对完整论以及限制领土主权论、财产共同体论等学说的纷争。③ 实践中，各国虽制定了一系列国际法原则，并进行过一些国际司法判例，但是依然未能减少跨界水资源冲突的发生，其原则本身也存在着诸多争议。④ 需要注意的是，中国作为上游国家，对境内跨界水资源的开发和利用屡遭下游国家的不满和抗议，并非是一个单向的影响，下游国家在此过程中基于历史性权利、先占利用以及对该水域的主张，同样会影响上游的活动，对上游国造成损害。⑤ 因此，中国应从自身国家利益的角度出发，以如何维护自身的国际水权不受侵害，以及如何行使自身的国际水权为首要目标，在开发利用中兼顾周边国家的权益，而不能因周边国家的态度而

① 李志斐：《国际河流河口：地缘政治与中国权益思考》，海洋出版社，2014，第220—221页。

② 盛愉、周岗：《现代国际水法概论》，法律出版社，1987，第61页。

③ 贾琳：《国际河流争端解决机制研究》，知识产权出版社，2014，第116—118页。

④ 王志坚：《国际河流法研究》，法律出版社，2012，第112—114页。

⑤ 萨曼·M.A.萨曼：《下游国也能够给上游国造成伤害——妨碍未来利用的视角》，载谈广鸣、孔令杰主编《跨界水资源国际法律与实践研讨会论文集》，社会科学文献出版社，2012，第40—41页。

自我束缚和限制。

作为上游国家，中国在开发和利用跨界水资源方面本具有先天优势，但是这种优势往往会被下游国家采取"以多对一"的围攻方式，形成战略对冲而处于被动应对。由于跨界水资源问题高度复杂，涉及政治、经济、法律、能源、海洋、气候、安全等众多领域，传统单一依靠政治或经济等手段已难以为继。因此，中国在和平崛起的前提下，应明确自身的战略底线和维护领土主权和权益的决心，着重加强自身外交能力和水平的提升，积极探索符合中国实际国情的周边水外交，不断提高驾驭复杂局面、处理复杂问题的能力。

五、结　语

当前，水外交作为一种新兴的外交方式受到了世界各国的普遍关注，对于水外交的内涵、功能、结构等本体性问题也引起了国内外学界的广泛热议和探讨。水外交不仅要解决水资源问题，更要解决与水资源有关的一系列复杂问题，如水灾害、水污染、水域生态、水量分配、水电开发、水土流失、航运交通、流域安全、流域经济、水相关国际话语权等，而解决这些复杂的问题又无法摆脱政治、经济、安全、历史、法律、地理、气候、生态等多方面因素的影响和制约。需要注意的是，由于各国面临的基本水情不同、地缘环境不同、社会结构不同、经济水平不同、发展定位不同，各国所采取的水外交策略也不尽相同。因此，中国开展周边水外交必须依据自身的现实情况而展开。唯物辩证法认为，外因是引起事物变化发展的次要原因和条件，内因才是事物自身发展的根本因素和动力，外因通过内因而起作用。客观分析中国开展周边水外交的原因，不能仅围绕跨界水资源问题展开，而应基于中国自身的国家利益和发展实际，将水外交置于周边外交以及中国和平崛起的大背景下进行综合考虑。应从中国国内经济社会发展、水电资源未来布局、边疆地区繁荣稳定以及自身外交转型等多个维度进行审视，既要看到全球跨界水资源问题的普遍性，也要看到中国跨界水资源问题的特殊性。根据东北亚、中亚、南亚和东南亚4个周边板块的不同特点，因地制宜，长远谋划，提出符合自身生存和发展的合理利益诉求。这既有利于推动中国周边水外交政策和战略的制定和实施，统筹好国内国际两个大局，也有利于周边国家了解中国的利益所在，超越中国与周边国家的分歧与矛盾，共同寻找合作的利益契合点，从而为未来中国开展周边水外交提供更多的事实依据和学理支撑。

区域水治理中的
他国经验与宗教因素

功能主义视角下的日本区域
水务合作及其启示[*]

贺 平^{**}

【内容提要】东南亚地区既是水资源问题的高发地区，也是战后日本发展援助的重点对象。因此，水务领域成为日本在东南亚开展区域功能性合作的一个重要领域。近年来，水务市场因其蕴含的巨大商机，日益成为日本企业开拓东南亚市场的新兴增长点。日本在东南亚的水务战略由此逐渐从援助视角下的"合作"向商业视角下的水务"事业"转变，且由于较为有效的"公私协作"和"官民互动"，实现了两者的相互促进、协同发展，成为日本开展经济外交的一个成功案例。

【关键词】功能主义；水务合作；日本；经济外交

水是维持生命和健康的必需品，也是工农业生产不可或缺的资源，获得安全而稳定的水资源是"人的安全保障"中最基本的需求之一。因此，洁净的水资源是保障人权和供给公共产品的重要案例。① 由于水文、地质、人类活动等因素，水资源也往往问题丛生，呈现出多种形式：洪水、暴雨、台风、泥石流等与水相关的自然灾害，缺水和干旱，地下水枯竭，海平面

---

* 本文的初稿参见：贺平《区域公共产品与日本的东亚功能性合作：冷战后的实践与启示》，上海人民出版社，2019；贺平《从"合作"到"事业"：日本在东南亚的水务战略》，《现代日本经济》，2015年第5期。

** 贺平，复旦大学国际问题研究院教授。

① Jannik Boesen and Poul Erik Lauridsen, "(Fresh) Water as a Human Right and a Global Public Good," in Erik André Andersen and Birgit Lindsnaes, eds., *Towards New Global Strategies: Public Goods and Human Rights* (Leiden and Boston: Martinus Nijh off Publishers, 2007), pp.393-418.

上升，水质污染，介水传染病等。2015年，全世界未能利用自来水和井水等安全用水的人口约为6.63亿人。据预测，到2050年，全世界仍有10亿人将生活在不良的水环境中，而其中的4.25亿为儿童。因此，水资源问题与环境和气候变化、可持续发展、公共健康、教育、农业和粮食生产、减贫与经济增长、防灾、性别平等、和平与稳定等诸多领域紧密交织。与水相关的各个部门由此面临着诸多共通的课题：综合性的水管理、保护环境、公平且有效的水分配、重视地方特性、通过水领域的合作解决贫困问题、可持续的维护管理等。[①]

亚洲地区是全世界面临水危机最严重的地区，全世界未能有效获得水资源的人口有65%集中于亚洲。[②]亚洲地区的人均淡水获取量仅为世界平均水平的一半，到2011年仍有约3.8亿人无法获取安全的饮用水。[③]为此，亚洲开发银行于2007年在日本别府召开亚太水峰会，发布《亚洲水务发展展望》，之后又分别于2013年和2016年更新报告，评估和监测亚洲各国的水安全。

东南亚地区既是水资源问题的高发地区，也是战后日本发展援助的重点对象。水务领域由此成为日本在东南亚开展区域功能性合作的一个重要领域。值得注意的是，近年来，水务市场因其蕴含的巨大商机，日益成为日本企业开拓东南亚市场的新兴增长点。日本在东南亚的水务战略也逐渐从援助视角下的"合作"向商业视角下的水务"事业"转变，且由于较为有效的"公私协作"和"官民互动"，实现了两者的相互促进、协同发展。

一、援助视角下的水务"合作"

简单而言，水的问题可以分为两类："水太少"和"水太多"。东南亚属于季风带，尽管在局部地区和干旱季节也面临"水太少"的问题，但更

---

① 国际协力事业团、国际协力总合研修所编「水分野援助研究会报告书：途上国の水問題への対応」、国际协力事业团、2002年、164页。

② World Water Assessment Programme, "Water for People Water for Life," 2003, p.12.

③ World Water Assessment Programme, "The United Nations World Water Development Report 2014:Water and Energy," 2014, p.89.

多遭遇的则是洪水、暴雨等"水太多"的问题,这些问题又由于山地、下游冲积平原等地貌特征而进一步加剧。

如果把水安全分为家庭用水安全、经济用水安全、城市用水安全、环境用水安全、对与水相关的灾害的抵御能力5个部分,根据2016年的《亚洲水务发展展望》,亚洲的48个经济体中仍有29个处于不安全之中。日本的水安全水平位于新西兰、澳大利亚、新加坡之后,是亚洲水安全水平最高的经济体之一,而柬埔寨、老挝、越南、菲律宾、缅甸等东南亚国家的水安全状况堪忧,印度尼西亚、泰国等也不甚理想。[①]

(一)东南亚的水问题及其应对

从1980年到2006年,全世界与水相关的灾害造成约136万人死亡,约47亿人次受灾,其中亚洲地区分别占46%和90%。[②] 在1994—2014年全球受洪水、风暴等极端气候影响最严重的十大国家中,缅甸、菲律宾、越南分别排名第二、第五和第七位,而泰国、柬埔寨等其他东南亚国家也经常占据"年度风险指数"的前五位。[③] 根据2008年世界银行发布的报告,柬埔寨、印度尼西亚、越南、菲律宾由于卫生状况落后造成的年均损失达到90亿美元,分别占上述四国国内生产总值(GDP)的7.2%、2.3%、1.5%和1.3%,卫生状态的落后反过来又造成大量的水污染。[④] 以河道的水质污染为例,由于高速工业化和城市化,未经处理的工业废水和生活排水对水环境造成了巨大污染。越南河内市和胡志明市的生化需氧量(BOD)指标分别高达25—45mg/L和20—150mg/L。而在日本,即便是污染最严重的绫瀬川也仅为6.4mg/L。[⑤] 更为重要的是,东南亚在水问题上往往呈现出复

[①] Asian Development Bank, "Asian Water Development Outlook 2016: Strengthening Water Security in Asia and the Pacific," 2016.

[②] アジア・太平洋水フォーラム「第5回世界水フォーラムアジア・太平洋地域文書」、2009年3月、7—8頁、http://www.waterforum.jp/jpn/water_problems/doc/Asia-Pacific_Regional_Document.pdf。

[③] S. Kreft, D. Eckstein, L. Junghans, C. Kerestan and U. Hagen, "Global Climate Risk Index 2015," *Germanwatch* (December 2014): 6.

[④] The World Bank, "Economic Impacts of Sanitation in Southeast Asia," February 2008, p.1.

[⑤] 『開発課題に対する効果的アプローチ—水質汚濁—』、東京:国際協力総合研修所、2005年10月、112頁。

合性，即地理气候等自然原因、生态原因与基础设施匮乏、利益效率等诸多社会原因交叉重叠。① 这也意味着，对于这些国家而言，水环境的治理和水问题的解决是一个综合、系统、长期的工程，不能"头痛医头、脚痛医脚"。

水资源问题具有不同的维度，需要相应的对应视角和行动要求。换言之，水环境的治理，除了发展规划、土地使用规划、水资源管理、农业和林业等与之直接相关的公共政策，还必须充分考虑和有效实施民防和军事、公共健康、教育、外交等其他领域的公共政策，使之形成一个有机的整体，从而更为妥善地应对和缓解各个领域的风险因素。这些都在日本于东南亚开展的水合作和水援助中得到了较为充分的反映。

（二）日本在东南亚开展的水合作和水援助

水问题的地域共性和地域差异决定了水资源的开发利用及合作援助具有比较明显的区域特征。政府发展援助（ODA）是日本开展水资源国际合作的传统方式，而以东南亚为核心的亚洲周边国家则是这一功能性合作的首要对象。

首先，在援助规模上，从1966年到2000年，在水资源领域，日本共向全世界提供了4.3万亿日元贷款，其中亚洲占70%。在外务省负责的无偿资金援助中，亚洲约占40%。这其中，除中国和印度之外，印度尼西亚、菲律宾、马来西亚、泰国等东南亚国家成为重点对象国。②

1999年至2001年，全世界用于实现千年发展目标中饮用水和卫生领域的年均ODA约为30亿美元，而日本一国占其中的1/3，成为所有援助国和国际组织中最大的援助者。③ 2000年至2004年，日本政府继续成为水和卫生领域的最大援助国，共提供了46亿美元的ODA，约占其双边援助总额的41%。2005年至2009年，日本双边援助的ODA中仍有38%（约98亿

① WWAP (World Water Assessment Programme), "The United Nations World Water Development Report 4: Managing Water under Uncertainty and Risk," 2012, p.195.
② 国際協力事業団国際協力総合研修所『水分野援助研究会報告書–途上国の水問題への対応–』、東京：国際協力総合研修所、2002年11月、103頁。
③ 日本外務省「日本水協力イニシアティブ」、2003年3月23日。

美元）用于水和卫生领域的援助。① 整体而言，在水和卫生领域，日本的
ODA尽管历年多有起伏，但基本维持在较高水平（见图1）。

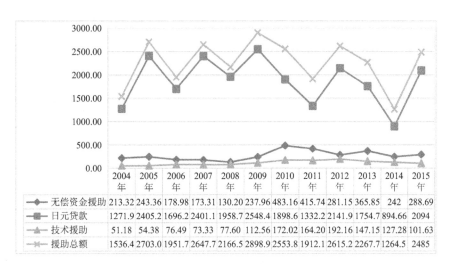

	2004年	2005年	2006年	2007年	2008年	2009年	2010年	2011年	2012年	2013年	2014年	2015年
无偿资金援助	213.32	243.36	178.98	173.31	130.20	237.96	483.16	415.74	281.15	365.85	242	288.69
日元贷款	1271.9	2405.2	1696.2	2401.1	1958.7	2548.4	1898.6	1332.2	2141.9	1754.7	894.66	2094
技术援助	51.18	54.38	76.49	73.33	77.60	112.56	172.02	164.20	192.16	147.15	127.28	101.63
援助总额	1536.4	2703.0	1951.7	2647.7	2166.5	2898.9	2553.8	1912.1	2615.2	2267.7	1264.5	2485

图1　2004—2015年日本在水和卫生领域的援助实绩（单位：百万美元）

数据来源：日本《政府开发援助（ODA）白皮书》历年数据。

上下水道一直是日本在水领域发展援助的重点。在由日本国际协力机
构（JICA）负责的发展调查、无偿资金合作、技术合作项目方面，1974—
2000年，上下水道的项目并列第一，各占22%。在由外务省负责的无偿
资金合作方面，1977—2000年，上水道占总数的58%，呈现压倒性多数，
下水道（12%）位于灌溉和排水（17%）之后，排在第3位。在由国际
协力银行（JBIC）负责的有偿日元贷款方面，1966—2000年，水力发电
（28%）、上水道（19%）、灌溉和排水（15%）、下水道（12%）分别占前
4位。②

从20世纪80年代开始至2006年，相关国家凭借ODA的日元贷款改善

---

① 日本外务省「水と衛生分野における政策方針」、http://www.mofa.go.jp/mofaj/gaiko/
oda/bunya/water/initiative.html。

② 『開発課題に対する効果的アプローチ—水質汚濁—』、東京：国際協力総合研修所、
2005年10月、9頁。

供水系统，使超过1亿人获得了安全的饮用水。① 以上水道为例，2006—2015年，日本共计为亚洲提供了212亿日元的技术合作、499亿日元的无偿资金合作和5213亿日元的有偿资金援助，并派遣了1632人次的专家，接收了1419人次的研修员（见表1）。

表1　日本国际协力机构在上水道领域的援助实绩（2006—2015年）②

	技术合作（亿日元）	无偿资金合作（亿日元）	有偿资金合作（亿日元）	专家（人次）	研修员（人次）
亚洲（不包括中东地区）	212	499	5313	1632	1419
大洋洲	11	58	0	140	96
中东	48	164	1821	246	215
非洲（不包括中东地区）	215	690	153	1055	3458
中南美洲	60	151	524	421	309
欧洲	4	11	268	3	96
总　计	553	1572	8080	3497	5593

其次，在援助形式上，除资金援助外，日本在水资源领域的发展援助涵盖开发调查、专家派遣、接收研修生、草根技术合作、海外青年协力队等几乎所有ODA的主要形式。根据日本国际协力机构的划分，水资源开发保护的目标大致可以归为4个方面：推进综合的水资源管理；确保高效、安全、稳定的水资源供应；为保护生命和财产提高治水能力；通过改善水质等保护水环境。其中的每一个目标都可以细化为若干个次级目标。整体而言，日本在东南亚的水务合作实践涉及面广、持续时间长，具有问题导向、目标明确、收效显著等特点（见表2）。

① Ministry of Foreign Affairs of Japan, "Water and Sanitation Broad Partnership Initiative (WASABI)," March 2006, p.2, http://www.mofa.go.jp/policy/oda/category/water/wasabi0603-2.txt.
② 「世界が注目する日本の『水道経験』」、『国際開発ジャーナル』、No.725、2017年4月、40—41頁。表内数据由日文原文而来，应为经四舍五入计算之结果。

表2　日本在东南亚开展水务合作的代表性案例①

基本目标	次级目标	代表性案例	合作方式
推进综合的水资源管理	强化管理组织和制度		
	推进流域管理	印度尼西亚布兰塔斯河流域水资源综合管理计划调查	开发调查、有偿资金援助
	提高对国际河道的管理功效	向湄公河委员会派遣专家	专家派遣
确保高效、安全、稳定的水资源供应	抑制水需求量	菲律宾减少未付费水量的对策	专家派遣
	根据水资源开发增加供水量	越南全国水资源开发计划调查	开发调查
	确保水源和饮用水的水质		
	提高供水的公平性	柬埔寨金边市上水道修缮	开发调查、无偿资金援助
为保护生命和财产提高治水能力	强化应对灾害的有效组织和体制	菲律宾治水与水土技术强化项目	技术合作
	强化水土流失防治	印度尼西亚森林火灾预防计划	技术合作
	强化应对洪水的能力	菲律宾奥尔莫克市洪水对策事业计划	开发调查、无偿资金援助
	强化对海岸的保护		
通过改善水质等保护水环境	提高对水环境的管理能力		
	推进完善污水治理设施	泰国工业用水技术研究所	技术合作
	确保公共水域的水质	在多国开展对居民的环境教育活动	海外青年协力队

再次，在援助领域上，日本在东南亚地区通过ODA开展水资源合作主要关注5个重点领域：饮用水供给、提高水资源的生产率、防止由于公共水质的污染恶化生活环境并对自然环境造成影响、防灾对策和减轻洪水危害、水资源管理。例如，在越南最大的城市胡志明市，由于运河和排水

① 根据下文整理：国際協力機構国際協力総合研修所「開発課題に対する効果のアプローチ〈水資源〉」、2004年8月。

系统结构复杂，标高较低，极易因降雨和潮位变化造成浸水现象，且其排水设施老化，处理能力不足，未经处理的污水直接排入运河，对居民健康造成巨大影响。为此，通过日本的ODA，"胡志明市水环境改善计划"强化了城市中心地区的排水能力，防止或减轻了频繁发生的浸水现象，并通过建设污水收集和处理设施，有效地改善了运河的水质、城市的卫生环境和居民的生活质量。又如河内市，由于地处红河三角洲的低洼地带，每隔四五年就要面临一次大的洪水，小的洪水更是几乎每年发生。为此，在日本政府的援助下，越南实施了"河内水环境改善计划"，扩建了市内排水管道，并整修河道，新建储水池和水泵站等设施，从而减少了洪水隐患，提高了污水处理能力，改善和净化了河流水质。

（三）倡议与实践的特点

日本在水资源领域的早期国际合作可以追溯到1970年参与巴基斯坦首都伊斯兰堡的上水道计划开发调查团。近年来，在东南亚，日本在水合作和水援助领域的倡议和实践具有以下两个特点。

第一，以多边促区域，积极提出口号、理念和倡议，主动参与乃至领导水资源问题的全球合作和机制化建设，努力增强国际存在感和话语权。1972年在斯德哥尔摩召开了联合国人类环境会议，这是国际法意义上世界各国重视水资源这一全球治理问题的开端。1977年在阿根廷召开的联合国水会议将1981—1990年设定为"国际饮水供应和环境卫生10年"。1997年和2000年，相继在摩洛哥的马拉喀什和荷兰的海牙召开了第一届和第二届世界水论坛。2002年9月，在南非约翰内斯堡召开的可持续发展世界首脑会议之际，日本与美国共同提出了"人人享用美丽的水"的倡议。2003年3月，日本在琵琶湖和淀川流域召开了第三届世界水论坛，会议规模庞大，设立了33个主题和5个重点区域，有超过350个分科会议，近2.4万人参加。[①]日本国际协力机构在论坛的筹备和组织中发挥了积极的作用。2004年，联合国秘书长水与卫生顾问委员会（UNSGAB）成立，并于2006年和2010年相继发表了以日本前首相桥本龙太郎名字命名的"桥本行动计划"

---

① 小林正博「第3回世界水フォーラムと国際協力」、『国際協力研究』、Vol.19、No.1、2003年4月、49—57頁。

和"桥本行动计划Ⅱ"。2006年3月，日本又实施了"地方自治体水资源融资倡议"，并在促进民间投资的基础上，于2008年设立了"菲律宾水循环基金"。

在机制建设方面，日本也频频发力。例如，在日本的倡议下，2004年成立了亚洲流域组织网络（NARBO），由日本水资源机构（JWA）、亚洲开发银行以及亚洲开发银行研究所担任事务局的职能，截至2013年4月，已有17个国家的77个组织加入其中。可以说，与不少领域相对低调、谨慎的传统做法相比，日本政府在水资源领域的国际倡议中积极进取的姿态颇为引人注目。

第二，在双边援助的基础上，结合多边和诸边合作，加强与国际机构和他国组织的协同。例如，在提出"人人享用美丽的水"的倡议之后，日本国际协力机构将有偿资金援助与美国国际开发署（USAID）的投资保证相结合，共同提供水资源援助。其中，日本主要在菲律宾和印度尼西亚实施供水和卫生项目。城市的实施重点为洪水防御项目，农村地区的实施重点则为灌溉项目，尤其重视在各个岛屿改善供水和卫生设施的小规模基础设施。此后，作为落实日美水合作倡议和日法水资源领域合作的一部分，日本分别与菲律宾、印度尼西亚、孟加拉国以及老挝加强水资源领域的合作。例如，日法两国合作，努力解决老挝首都万象供水不足的问题。

二、商业视角下的水务"事业"

日本的ODA在1997年达到波峰后持续减少。由于财政困难、预算改革等原因，以日元贷款为中心的传统对外援助日渐力有未逮，而防灾、健康等领域的技术、设备、制度、经验则成为新时期区域功能性合作的重要载体，这也促使其援助形态发生积极转变。20世纪70年代延续至今的水务"合作"或水务"援助"也为新时期的水务"事业"提供了有益的实践经验，创造了良性的市场环境。

（一）转型的背景与动因

这一转变从国际和国内、需求和供给、优势和劣势等方面综合来看，具有3个主要动因：争夺东南亚持续扩大的水务市场；应对日本国内经济社会环境的结构性变化；促进企业扬长避短、推陈出新（见表3）。基于这些动因，日本在水务"合作"和水务"事业"中的应对方式和政策着力点也有所不同。

表3 日本在东南亚开展水务"事业"的动因与表现

基本动因	日本的比较优势	日本的比较劣势	在东南亚的代表性案例
争夺东南亚持续扩大的水务市场	长期的发展援助奠定某种"先发优势"	欧美和新兴经济体水务企业的激烈竞争	水资源开发、水循环利用等
应对日本国内经济社会环境的结构性变化	政府推动、央地协作、经验丰富	经济不振、少子化、过疏化导致产业萎缩	地方自治体在水道产业的技术合作
促进企业扬长避短、推陈出新	国内经验可资推广，部分技术世界领先	整体开发、市场营销、政商关系相对滞后	海水淡化、河道护岸、自然水循环处理等

1. 东南亚市场需求和国际竞争压力的变化

随着人口的增加、新兴经济体的工业化和城市化加速、中产阶级规模的扩大，东南亚的用水量出现明显的上升。据经合组织（OECD）的预测，2010年至2030年，全世界与水相关的基础设施建设的投资将出现迅猛增长，其中亚洲和大洋洲居首，将达到9万亿美元之巨。[1] 这一潜在的投资热潮在那些经济相对后进的东南亚国家表现更为显著。亚洲开发银行研究所曾预测，2010年至2020年，柬埔寨、印度尼西亚、老挝、缅甸、菲律宾、越南等国对水和卫生领域的基础设施投资将分别占到本国国内生产总值（GDP）的0.36%、0.35%、0.60%、1.88%、0.65%和0.54%。[2]

基础设施建设中的公私协作（PPP）为民营企业参与水务领域的投资、

---

[1] 吉村和就「世界水ビジネスの現状と日本の戦略」、日本証券アナリスト協会講演、2012年6月21日、2頁。

[2] Biswa Nath Bhattacharyay, "Estimating Demand for Infrastructure in Energy, Transport, Telecommunications, Water and Sanitation in Asia and the Pacific: 2010-2020," *ADBI Working Paper Series* no. 248 (September 2010): 15.

建设和经营提供了巨大商机。东南亚水务市场的民营化率尽管与世界平均水平基本持平，但由于其巨大的人口基数，市场规模位列全球第一，且极具成长性，其民营化水务市场的供水人口到2025年将比2015年增长约1.72亿人。[①] 东南亚的水务市场由此成为世界各国争夺的新兴领域。无论是传统的"四小虎"，还是越南、缅甸、老挝、柬埔寨等相对后发的中南半岛各国，都提供了极大的市场空间。而日本在这一地区的长期经营则使其开拓商机具备了某种独特的"先天优势"。

除了老牌的欧美跨国巨头，新加坡、韩国、西班牙等新兴国家水务企业的迅速崛起，也使日本感受到了现实的竞争压力。特别是在全球金融危机之后，如何在新一轮的竞争中立于不败之地，政府的大力支持、积极介入或政府和民间的进一步协同，成为日本涉足东南亚等海外市场的关键因素之一。[②]

2. 日本国内经济社会环境的结构性变化

明治维新建立现代国家之后，日本十分重视对于水资源基础设施的投资，这为其确保国土安全、改善公共卫生、充实水资源供给服务以及更广泛意义上的经济社会发展作出了积极的贡献。[③] 但是，近年来，由于经济不振、少子老龄化、地方过疏化倾向加剧等原因，日本国内水道事业的目标客户连年萎缩。据测算，到2060年，日本全国人口将降至8600万人，对水的需要将比2013年减少约40%。[④]

在日本，水道的建设和管理由各个市町村具体负责，由于服务对象有限甚至进一步减少，难以实现规模化的高效经营。据统计，供水人口不足5万的水道管理机构占日本全国总数的近70%，相比东京等大型城市，中

---

① 段野孝一郎『最近の水ビジネス市場と主要プレーヤーの動向』、東京：株式会社日本総合研究、2014年3月17日、45頁。

② 「日本企業が世界に羽ばたく経済外交を」、『日本経済新聞』、2010年2月22日。

③ 日本水フォーラム「水インフラ投資と近代日本の経済・社会発展への貢献に関する研究報告書」、2005年12月、1頁、www.waterforum.jp/download/JWF_WB_Report_jpn.pdf（登録時間：2019年6月14日）。

④ 日本厚生労働省健康局「新水道ビジョン」、2013年3月、11頁、http://www.mhlw.go.jp/seisakunitsuite/bunya/topics/bukyoku/kenkou/suido/newvision/newvision/newvision-all.pdf（登録時間：2019年6月14日）。

小城市的经营状况尤为艰难。① 此外，水务系统传统上主要是公用事业，但随着日本中央政府和地方自治体出现财政困难，财政投入连年下降，更新老旧设施的巨大投资需求与不断消减的实际收入之间产生鸿沟，甚至有继续加大的趋势。2005年，日本国内水道事业的总投资额为1.1万亿日元，比平成高峰期的1995—1998年的水平下降了约5000亿日元。②

更为雪上加霜的是，近年来，出生于战后第一次生育高峰期（"团块世代"）的技术人员大多面临退休，技术和管理经营的后继乏人进一步加剧了水道管理的难度。2010年，日本综合研究所对日本全国777个水道事业机构开展了一项关于上水道事业经营课题的问卷调查，40%的受访者深切感到财政不足和人员匮乏的问题，认为今后10年这两个问题将变得更为显性化的，更是分别达到90%以上和接近80%。③

"堤内损失堤外补"。鉴于人口和财政等结构性因素难以在短期内出现逆转，日本的水务产业亟须在东南亚等地开拓海外市场，以反哺自身在国内的可持续发展。早在2007年，由日本官产学各界联合组成的产业竞争力恳谈会（COCN）就提出了"关于水处理和水资源有效利用技术的项目"。2008年11月，在日本政府的支持下，近30家日本企业组成了海外水循环系统协议会（GWRA），希望通过强化业界合作增强开拓海外市场的合力。在2004年制定和2008年修订的《水道愿景》的基础上，厚生劳动省于2013年发表了《新水道愿景》。这一愿景将日本水道的理想状态概括为3个关键词，即"强韧"（能够将因自然灾害带来的损害降到最低，并能够在受灾后迅速修复水道）、"安全"（使全体国民在任何时候都能喝上好水）、"持续"（在供水人口和供水量减少的情况下，仍能维持健全的、安定的水道事业运行）。其中，国际拓展被认为是实现"持续"目标的重要路径。

2010年，由日本内阁官房担任事务局的知识产权战略本部推出了"知

---

① 日本水道工業団体連合会「水道産業の国際展開に向けて—水道産業戦略会議からの提言—」、自由民主党政務調査会特命委員会「水の安全保障研究会」、2008年5月14日。

② 日本水道工業団体連合会水道産業戦略会「水道産業活性化プラン2008」、2008年10月、1頁、www.suidanren.or.jp/committee/pdf/kasseika.pdf。

③ 株式会社日本総合研究所「平成22年度『今後の社会資本ストックの戦略的維持管理等に関する調査』結果～上水道編～」、2010年10月18日。

识产权推进计划2010"，在其中提到的着力推进国际标准化的7个特定战略领域中，水领域即占有一席之地。将日本在水务领域的标准作为国际标准向全球推广，成为扩大日本企业海外市场准入的有效途径之一。为此，日本政府还设立了水领域国际标准化战略探讨委员会。上文提到的日本在越南胡志明市和柬埔寨金边市开展水务合作的代表性案例就是日本在东南亚推广水道标准的成功案例。2011年，为了促进日本企业在基础设施体系的海外拓展，日本政府设立了经济基础设施战略会议，由内阁官房长官亲任议长。灵活运用ODA，在"硬件"和"软件"两方面普及"日本方式"成为重点之一。其中，减少未付费供水对策、上下水道关联系统、海水淡化系统、工业排水再利用技术、净化槽等均成为日本着力推介的重点案例。

在日本政府制定的《新成长战略》中，水道与铁道、核能开发等被一并作为日本扩大基础设施建设出口的重要领域。根据2010年6月制定的《新成长战略》，到2020年，日本政府将通过公私协作的方式实现19.7万亿日元的基础设施出口规模。2010年4月，日本经济产业省决定加强对日本企业参与海外水务市场的资金等援助力度，由其组织的推进国际水务研究会提出，需要通过官民一体的方式，将日本在国际水务市场的份额从2005年的不到2000亿日元提高到2025年的1.8万亿日元（总份额约为87万亿日元，约占其中的6%）。为了达到这一目标，需要年均提升约1000亿日元的市场份额。[1] 而在东南亚的目标市场方面，不单单是发展中国家，发达经济体亦是其重要的合作对象。例如，新加坡既是东丽、日东电工、旭化成、帝人等日本企业与欧美企业争夺的重要市场，又是水资源开发、水循环利用、海水淡化等领域的重要合作伙伴。[2]

3. 日本企业的主动选择

日本在东南亚的水务"事业"是其企业扬长避短、推陈出新的必然选择。日本的水务企业大致分为3类，第一类为专注于"原材料、零部件和

① 「水ビジネス一括受注支援、政府、民間と連携、新興国市場に照準」、『日本経済新聞』、2010年4月11日；「水ビジネス海外展開、経産省、政策金融活用を支援、企業の受注サポート」、『日経産業新聞』、2010年4月13日。

② 野間潔、谷繭子「シンガポールで水関連ビジネス——政府、総合的な技術蓄積狙う」、『日経産業新聞』、2008年8月5日。

器械制造"的水处理器械制造商，第二类是"设备设计、组装和建设"的工程类企业，第三类是参与"事业运营、维护和管理"的丸红、住友商事、三井物产、三菱商事、伊藤忠等综合性商社。[①]

与法国苏伊士环境集团（Suez Environment）、威立雅环境集团（Veolia Environment）、英国泰晤士水务公司（Thames Water）等全球水务巨头相比，业务范围涉及上述3个领域的日本企业寥寥无几，它们大多专注于某一特定领域。尽管在部分核心技术上不落下风，但日本企业在整体开发、市场营销、政商关系等领域仍处于劣势，这也决定了其在东南亚的事业必须发挥比较优势，开发利基市场。

一方面，日本企业的国内经验和技术在东南亚可资借鉴和推广。战后，日本在水资源保护和开发、水污染治理等领域积累了丰富的实践，在有效利用水资源、建立"健全的水循环体系"方面取得了令人称道的成就。例如，关西地区的企业在琵琶湖和淀川等水系的净化事业中积累了正反两方面的有益经验。日本国内传统的河道护岸工程技术、自然水循环处理方式、土壤净化法等技术在东南亚等发展中国家也大有用武之地。

另一方面，日本企业在水处理等技术方面位于世界领先水平，注重技术研发，恰好对接东南亚各国的市场需求。例如，海水淡化主要分为蒸发法和膜法两种方式。在蒸发法上，日立造船、三菱重工、笹仓、IHI（原石川岛播磨重工业）等企业具有巨大的技术优势；而在膜法上，野村微科技（Nomura Micro Science）、栗田工业等企业则位于世界前列。[②] 特别是在用于海水淡化的逆浸透膜领域，东丽、日东电工、东阳纺织这3家日本企业的产品约占世界总市场份额的近70%。[③] 这些淡化技术使海水资源丰富、离岛众多的东南亚各国获益匪浅。又如，自1967年发明利用紫外线的光触媒技术以后，日本一直在这一领域处于世界领先地位。利用松下开发的光触媒净化装置，每天能够将3吨的污水过滤生产为净水。且相比膜过滤法，光触媒过滤法成本更低，相比氯净化，能够处理的污染物质对象又更为多

① 水ビジネス国際展開研究会「水ビジネスの国際展開に向けた課題と具体的方策」、2010年4月、10頁、www.meti.go.jp/committee/materials2/downloadfiles/g100412a03j.pdf.

② 中村吉明『日本の水ビジネス』、東京：東洋経済新報社、2010年、30、32頁。

③ 澤田大祐「水資源問題の解決に取り組む日本の膜技術」、「持続可能な社会の構築総合調査報告書」、国立国会図書館、2010年、140頁。

元。而位于横滨的安尼康（AMCON）株式会社则与日本政府联手，将其每小时污泥处理能力达到10吨的脱水机应用于菲律宾宿务岛的污水净化，展示了中小企业的技术特长。① 据日本综合研究所测算，到2020年，东亚和大洋洲地区在水净化系统上的需求达到800亿美元，这为日本企业提供了巨大商机。②

同时，其他日本企业也纷纷另辟蹊径，争夺东南亚的潜在市场。巴工业、明电舍、住友重机械环境工程、美得华水务（Metawater）等水处理机械制造商与膜生产企业相比，技术优势并不突出，因此，在新加坡、越南、马来西亚等东南亚国家当地建立营业机构，加强与所在国同行的技术合作，成为其成功的关键。③ 除了下水道膜处理技术，在下水道污泥的能源化、利用卫星遥感数据预报洪水和制订治水计划等领域，日本的技术也位居世界前列。④ 此外，栗田工业的水处理技术、古德曼（Goodman）的电磁波漏水探测技术、日本原料的移动式净水机、日本水处理技研使用天然材料的抗菌剂、正和电工的生物厕所和新净化槽系统等技术设备都在东南亚各国有着不小的商机。⑤

"在商言商"本是企业经营的题中应有之义，水务领域由于其特定的"公益"属性，却成为连接发展援助和市场开拓的交叉地带。在这一领域，日本企业在倡导和实践企业社会责任（CSR）、实现千年发展目标等方面，提供了若干重要案例。例如，雅马哈发电机与联合国开发计划署（UNDP）合作，在印度尼西亚等国提供净水器，为数百人规模的村落提供低成本的

---

① 日本外務省『2015年版開発協力白書日本の国際協力』、東京：文化工房、2016年、26頁。

② 「28億人の水不足　日本の光、低コスト浄化で照らす」、『日本経済新聞』、2015年4月9日。

③ 松井基一「水処理装置、海外を開拓——国内需要縮小に対応、現地営業体制の確立急ぐ」、『日経産業新聞』、2009年9月9日。

④ 三日月大造「世界の水問題と日本の貢献～官民連携による海外展開～」、朝日地球環境フォーラム2010、2010年7月、10—11頁。

⑤ 对于日本企业在不同水务领域的优势也可参见：柴田明夫「世界の水問題と広がる水関連ビジネス」、『NIRA政策レビュー』、No.36、2009年3月、東京：総合研究開発機構、6—8頁。

"小型净水场"。① 三洋电机也针对印度尼西亚土地狭小、安全饮用水不足的特点，研究了低成本、低维护、低能耗的便携式"分散型水净化方案"。除了商品开发，日本企业还积极在当地开展技术转移，并致力于改善卫生状况、治理介水疾病等社会发展项目。②

此外，日本发展咨询公司也在城市基础设施领域觅得了商机。从20世纪七八十年代开始，"城市开发援助"在日本的对外发展援助中占据了重要的位置。这些"城市开发援助"涉及水电等公用事业、公共交通、水务治理、废弃物处理、居住环境改善等诸多领域。除了硬件，软件方面的"制度性基础设施"或"知识型基础设施"也日益得到重视。在项目的前期调研、施工，以及后期的运营和维护等过程中，发展咨询公司等企业起到了独特而积极的作用。③

（二）水务战略中的"公私协作"：日本企业在东南亚的成功关键

2013年，在日本与东盟建立友好关系40周年之际，双方提出了友好合作愿景声明。尽管水务领域并非处于双方合作的舞台中央，却与地区和平与稳定、经济振兴、基础设施、防灾合作、医疗环境、社会贫富等诸多问题紧密地交织在一起。

2011年，基于对越南、柬埔寨的实地调查、个别面谈和公开活动，以及对印度尼西亚的访问调研，日本厚生劳动省提出了推进水道产业国际化的两大新建议：一是在技术、产品、经验输出的基础上，加强对东南亚各国水务事业体和相关机构的研修支持；二是由日本国内的机构、事业体、企业等建立起一元化的海外拓展网络。④ 为此，日本在政府引导与机构设置、不同法人的多元主体协同配合等方面全面推进水务战略中

① 原田勝広「企業が国連と連携——貢献ビジネスで民間外交」、『日本経済新聞』、2008年4月7日。

② 関智恵「開発途上国における社会起業およびCSR活動—JICA事業との連携—」、「平成19年度独立行政法人国際協力機構客員研究員報告書」、2008年9月、95頁。

③ 岩田鎮夫「日本の開発コンサルティング企業における国際開発研究成果の有効利用のための課題」、『国際開発研究』、第9巻2号、2000年11月、39—47頁。

④ 日本厚生労働省健康局水道課「平成22年度水道産業国際展開推進調査報告書」、2011年3月、63頁、http://www.mhlw.go.jp/topics/bukyoku/kenkou/suido/jouhou/other/dl/o4c.pdf。

的"公私协作"。由于东南亚对于日本的特殊地缘经济意义，日本的水务战略在这一地区表现得尤为突出，这些成功之道在世界其他地区亦有所体现。诸多水务事业体伙伴关系（WOPs）及日本水道协会等团体成为连接国际合作活动（主体为国际协力机构，以ODA为主要载体）和东南亚水务市场（主体为民间企业，以PPP为基本方式）的桥梁。WOPs、ODA与PPP分工明确、相互补充，成为日本在东南亚开展水务战略的三大主要手段。

1. 政府引导与机构设置

2005年，日本成立了特定非营利活动法人——日本水论坛（Japan Water Forum），由前首相森喜朗出任会长。这一机构成为连接日本国内（省厅和地方自治体、政治领导人、产业界、学界、市民与非政府组织等）和国际（各国政府、国际组织、国际和当地非政府组织、各国和各个地区与水相关的各种伙伴关系、国际开发银行等）各个行为主体的一个重要平台和网络。由其组织的"草根"合作有33个位于菲律宾、柬埔寨等亚洲国家。此外，机构还在缅甸、印度尼西亚等国开展各种水资源项目。2007年末，由时任财务大臣的中川昭一为会长，自民党内部的特命委员会——水的安全保障研究会建立。这一研究会于2008年发表了最终报告书，提出要构筑政治主导、可采取机动大胆政策的制度；构筑灵活运用官产学知识和经验的综合性共同体（consortium）；为水资源循环型社会的建立作出国际贡献；提供全体国民参与国际贡献的良策。这也成为指导日本在东南亚水务实践的四大方针。

根据上述提案，2009年1月，在日本政府内部由内阁官房等14个省厅组成的"关于水问题的相关省厅联络会"成立，直接听从首相指示，向其报告。在政府外部，则建立了"水的安全保障战略机构"，由超党派的国会议员、产业界、学界和有识之士共同组成。前述日本水论坛承担起"水的安全保障战略机构"事务局的职责。

2009年，日本科学技术振兴机构（JST）在其"革新科技的核心研究"事业中设立了"实现可持续水利用的革新技术和系统"研究项目，由"政官产学研"协同，涵盖17个相关子领域，力图将水问题应对和水资源利用的物理体系与社会体系高度融合，同时解决日益严重的水质和水量的双重问题。①

2010年11月12日，日本参议院于第176届国会期间组建了"国际问题、地球环境、粮食问题相关调查会"，水的问题为其中的重要议题，而此时为日本民主党主导时期，说明主要党派对这一问题都高度重视，政策立场也颇为相近。2011年6月，该调查会发表了中期报告，又于2013年5月发布了最终报告，全面分析了世界的水问题以及日本的对外战略，并就水问题的各个细分议题提出了具体的政策建议。② 在其为期3年的调查研究中，第二年的主题即为"亚洲的水问题"。由于国会调查的性质，政、官、商、非政府组织等诸多行为体的代表和负责人参与了听证和调查，因而产生了较为广泛的政策影响。

此外，日本还设立了由政府机构和地方自治体、学会和协会、经济团体、民间企业、非政府组织和市民活动团体、流域沿岸活动组织等共同参与的各个行动团体（action teams）。这些行动团体以日本水团体（Team Water Japan）作为主体，在中央政府的统一领导下，全面动员日本在水领域的人才、资源、技术等，又根据与水相关的各个特定课题形成了水道产业等多种团体，截至2011年2月已达到33个。日本水团体的活动也成为前述"水的安全保障战略机构"的核心内容。③ 这些活动主要分为国际和国内两个方面，其中在东南亚等周边国家和国际社会，主要表现为：努力解决世界水问题，为本国水务事业的海外拓展提供支持，并通过国际会议、展览会等多种方式，积极宣传、介绍和推广日本与水相关的各种技术和经验。由印度尼西亚、泰国、老挝、马来西亚、菲律宾、柬埔寨等7国参与的"东南亚水道事业体网络"（SEAWUN）则成为对接日本水务战略的一个重要平台。此外，在日本环境省的倡导下，2003年，由中日韩以及东南亚8个国家共同参与的"亚洲水环境伙伴关系"（WEPA）建立，促进了地

① 科学技術振興機構「持続可能な水利用を実現する革新的な技術とシステム」、http://www.jst.go.jp/crest/water/outline/index.html。
② 「国際問題、地球環境問題及び食糧問題に関する調査報告（中間報告）」、参議院国際・地球環境・食糧問題に関する調査会、2011年6月8日；「国際問題、地球環境問題及び食糧問題に関する調査報告」、参議院国際・地球環境・食糧問題に関する調査会、2013年5月29日。
③ 竹村公太郎「21世紀の地球の水問題─『チーム水・日本』の貢献─」、『NIRA政策レビュー』、No.36、2009年3月、4─5頁。

区内的水环境治理、数据共享和能力建设。由日本主导的亚洲地区水道事业管理论坛自2010年开始已举办3届，2014年的会议有12个亚洲国家（其中有7个东南亚国家）参加，成为日本宣传、分享、推介其在柬埔寨、菲律宾、泰国、越南等东南亚国家成功实践和有益经验的重要平台。

2. 多元主体协同配合

水道等基础设施建设工程投资大、资金回收期限长，单一企业往往无能为力，需要有效的政府援助。为此，各大日本政府机构分工协作，通过各种方式为日本水务企业在东南亚的拓展提供支持。日本国际协力机构、国际协力银行、日本贸易保险（NEXI）、产业革新机构（INCJ）等机构提供融资等金融援助服务，新能源产业技术综合开发机构（NEDO）等机构提供技术开发和实地调研等支持，而日本贸易振兴机构（JETRO）等则负责收集、整理和分析东南亚的信息和动态以及国际宣传和推广事业。厚生劳动省等省厅、国际厚生事业团（JICWELS）、国际协力机构等社团法人，日本水道协会等公益社团法人，各大学和研究机构，相关企业等也长期通过研究会、部会、研讨会等形式，开展联合调研并发布报告。日本政府还计划参照新加坡公用事业局设立的水供科技、培训及网络中心（PUB Water Hub）的模式，凭借其知识中心（Knowledge Hub）的既有优势，建立起日本版的"下水道技术国际战略据点"，统合下水道领域技术开发与展示、人才培养、网络建设、商务谈判等多种机能。

上述多元主体的协同配合主要表现出以下3个特点。

第一，注重官民伙伴关系的建设。日东电工株式会社社长柳乐幸雄曾指出，所谓"水务"，大致可分为"造水"和"供水"两部分。日本企业在"造水"领域拥有独特和先进的技术，而在"供水"领域，各个自治体则经验丰富，如何将上述两部分"公私"结合，成为日本开拓东南亚等国际水务市场的关键。[①] 为此，水道领域的技术合作是日本在东南亚水务战略中建设官民伙伴关系的一个重要领域。

经济产业省、国土交通省、厚生劳动省、环境省等各个日本政府省厅不但根据各自的行政管辖领域有所分工和侧重，而且在亚洲水环境治理中纷纷与国内企业以及民间组织建立起协作关系，在政府公关、技术援助、

---

① 「水の世纪シンポジウム特集」、『日本経済新聞』、2010年5月14日。

信息交流、可行性研究、政策金融等诸多领域提供支持。

第二，产业团体发挥主体作用。在东南亚，由日本水务企业组成的一般社团法人发挥主体作用，成为成员企业互助合作、增强国际竞争力的重要载体。例如，产学研一体的下水道全球中心（GCUS）成为日本推动先进技术海外宣传、开展项目援助和促进企业国际事业拓展的重要平台。日本下水道协会担当事务局的作用，越南等东南亚国家成为其重点对象。

第三，加强对中小企业的扶持。ODA支持的基础设施建设由于规模巨大，往往被大型企业占据，为此，日本政府还专门推出了针对中小企业的政策。2013年8月，作为成长战略中支持中小企业海外事业拓展的重要一环，ODA为中小企业特别指定了8个领域，并以东南亚等发展中国家为主要对象，其中的水净化和水处理领域包括利用太阳能发电机的水处理装置、水质测定器材、净水器、地下水的污染净化剂等。[①] 日本国际协力机构也明确提出，支持中小企业充分利用ODA，加速拓展海外市场，从而带动地方自治体的经济活力。例如，鹿儿岛县的中小企业以当地火山灰为原料制成沉降剂，在越南农村等地区开展了提供安全饮用水的有益尝试。

三、水务战略背后的经济外交

相比其他发展援助领域，水资源的投资收益较大。根据世界卫生组织的测算，如果能够实现千年发展目标中的减半目标，那么水和卫生领域的收益和投资比将高达8:1。[②] 同时，水务领域又是近年来除交通之外，全世界基础设施投资规模最大的领域，成为各国开展经济外交的重点领域之一。

---

① 「中小の輸出、ODAで支援、水処理など、製品売り込み、まず20事業、来月決定」、『日本経済新聞』、2013年8月13日。

② World Water Assessment Programme, "The United Nation's World Water Development Report 4," 2012, p.312.

（一）如何基于自身比较优势开展功能性合作

日本在东南亚的水合作和水援助是其国内功能性比较优势的外溢。这一比较优势主要反映在正反两个方面。

1. 成功经验的外化

近代以来，在产业结构调整、工业化和城市化发展过程中，日本在有效利用水资源、建立"健全的水循环体系"方面取得了令人称道的成就。在河流和下水道对策、流域对策、减灾对策等方面，建立起了较为完善的综合治水对策（见表4）。这些经验又突出表现在3个方面。

表4 日本的综合治水对策[①]

1. 河流、下水道对策	河川修整 修整大坝、滞洪水库、排水渠 下水道排水泵、雨水储水管
2. 流域对策	维护城区的调整区域 整修蓄水池 整修雨水储水设施 整修透水性铺装、渗透雨水井 保护森林 保护自然区
3. 减灾对策	建立警报避难系统 强化防汛管理体制 向当地居民宣传告知

第一，立法和政策规划。日本的水道系统诞生于1887年的横滨。1890年，日本就已制定《水道条例》，1896年制定了《河川法》，1910年、1921年和1933年分别颁布了三次"治水计划"。战后，日本于1957年建立了《水道法》。以应对1959年的伊势湾台风为契机，又于1960年制定了《治山治水紧急措施法》和《治水特别会计法》。1964年，日本实施了全面修订后的《河川法》。2014年3月27日，日本众议院通过《水循环基本法案》，防止国内水资源的过度开发，将包括地下水在内的水资源明确为"国

① 「国際問題、地球環境問題及び食糧問題に関する調査報告」、参議院国際・地球環境・食糧問題に関する調査会、2013年5月29日、158頁。

民共有的重要财产，具有高度的公共性"，并在内阁设立了"水循环政策本部"，由首相本人担任负责人，协调国土交通省、厚生劳动省等7个省厅，建立起一元化的管理和规制体制。

日本在战后整治利根川（荒川）、丰川、木曾川、淀川、吉野川、筑后川等国内六大水系的过程中，积累了丰富经验，储备了众多人才。多摩川等流域的下水道整治规划和水质管理、琵琶湖等湖泊的综合管理、鹤见川等流域的综合治水对策、浓尾平原等地区的地下水规制管理等，均成为较为成功的案例。例如，基于在琵琶湖治理方面的经验，日本在琵琶湖沿岸的滋贺县草津市召开了世界湖泊大会，并积极向菲律宾等国介绍其理念和实践。根据会上的倡议，日本在草津市建立了公益财团法人国际湖泊环境委员会（ILEC），希望将湖泊流域综合管理（ILBM）的经验向全世界推广。这一综合管理由组织和体制、政策、居民参与、技术、信息、财政六大治理要素构成。以发展中国家为中心，该委员会开展了一系列研修、教育和国际合作活动。这也成为日本地方自治体开展国际政策交流的经典案例。[①]

第二，技术研发和培训。日本的国际发展援助一度被批判为"楼堂馆所援助"[②]，意指仅仅注重馆舍、学校、博物馆、运动设施等公共设施的建造，而忽视事后的日常运营以及技术、人员、财务等方面的可持续性发展，而水务合作曾一度是饱受批评的代表性领域之一。为此，日本在后续的合作中，除了水处理等基础设施的建造以外，对于制订发展规划、导入管理和收费系统、提高政府行政能力等方面也日益重视。[③]例如，在水道领域，从2002—2012年，厚生劳动省开展的研修、国际协力机构开展的集体研修和个别研修合计达到1430人，同期，仅厚生劳动省受国际协力机构的委托推荐外派的水道专家就达到326人。这方面最具代表性的案例莫过于水道管理。通过利用供水管网防止漏水对策等，日本全国上水道的有效

---

① 佐々木信夫「自治体の国際政策交流」、松下圭一編著『自治体の国際政策』、東京：学陽書房、1988年、13—14頁。

② 日语为"箱物援助"，或许可以套用中式语境译为"楼堂馆所"。

③ 常秒、井村秀文「アジアの都市環境インフラ整備における国際開発機関・ODAの新たな役割—官民協力体制構築への支援」、『国際開発研究』、第12巻2号、2003年11月、41—42頁。

率在1993年就已经达到90%，2010年进一步提升到92.9%。通过水资源的有效利用和排水规制，工业用水的回收率也在20世纪60年代中期至70年代中期实现大幅提高，到2010年已经提升至79.4%。[①]

这些技术在下文各个日本地方自治体的对外援助和合作中起到了重要作用。例如，应老挝政府的要求，"万象市周边湄公河河岸侵蚀对策计划调查"于2001年开始，利用明治初年由荷兰技工传授的"柴笼沉箱"（粗朵沈床）的传统护岸技术，用树枝编成网状框架埋入河底沿岸，防止水土流失。从2005年1月开始，这一技术又在老挝全面普及。[②] 又如，在菲律宾，日本派遣专家至当地给予技术指导和技术合作，帮助马尼拉等地切实提高对于河流的综合管理机制和制度。日本与菲律宾的自然条件较为相似，山地陡峭、平原狭小、台风和暴雨频发，因此，日本的丰富经验和技术能够与菲律宾的客观实际相结合，取得实效。日本还应越南政府的邀请，协助其制定了全国主要流域水资源管理和开发的总体规划，并针对治水和水利优先项目开展了事先调查。再如，在印度尼西亚，日本政府协助实施了"修复和维持管理体制改善计划（水资源领域）"，在强调紧急修复和必要性修复项目的同时，对相关管理机构进行援助，以提高其工作能力。

第三，注重软硬件的结合。发展援助中的"硬件"与"软件"尽管难以分割、彼此关联，但各自的侧重点有所不同。从日本的传统实践来看，其"技术援助"中也多包含"软件"的成分，灌溉农业中心、植树造林中心、结核病中心等各个领域的"中心"建设是具有代表性且相对成功的案例。日本政府的惯常做法是，提供无偿援助资金建设这些中心，并向其派遣专家，向当地的同行传授技术。[③] 水务领域的合作就具有鲜明的软硬件结合的特征，既包含管道铺设、设备安装等"硬性要素"，也需要辅之以发展规划、运营维护、日常检测等制度性的"软性要素"。前者往往是公司企业的长处，而地方政府、工程类咨询公司、非政府组织等则在后者具

---

① 日本国土交通省『日本の水資源』、2013年、8頁。

② 日本外務省『2016年版開発協力白書日本の国際協力』、東京：佐伯印刷、2017年、98頁。

③ 佐藤寛「『日本のODA』の存在意義」、『国際開発研究』、第7巻2号、1998年11月、11—12頁。

有一定的比较优势，需要两者的彼此配合和协同发展。城市基础设施（上下水道、交通体系）、运输铁路、有益环境和防灾高效的城市建设和地区开发，以及介护等医疗产业等，都被视为新形势下日本对外输出和销售的"社会体系"。①

　　2. 自身教训的借鉴

　　日本在东南亚的这一功能性合作同样离不开本国对水污染、水风险等问题的反思。从禀赋条件来看，日本在水资源方面并不突出，每人每年的占有量为3400立方米，不到世界平均水平8000立方米的一半。②日本在战后的发展过程中，也曾出现江河湖沼水质恶化、地下水过度抽取、工业排水污染等严重影响水环境的事件。例如，二战刚刚结束之后的1945年，日本的上水道普及率不及30%，由于使用和饮用受到污染的水而感染传染病的患者曾超过10万人。一直到1960年左右，在日本水道普及率超过50%之后，与水相关的传染病发病率和婴儿死亡率才出现了大幅下降。甚至在20世纪70年代末，日本作为"世界第一"的形象呼之欲出之时，"下水道搞得不大好"还被西方人士认为是日本的"落后面"之一。③

　　在20世纪50年代后期至70年代的高速经济增长期，日本暴发了所谓"四大公害病"，其中除四日市哮喘是由于亚硫酸造成的大气污染之外，其余的三大公害病——水俣病、新潟水俣病（第二水俣病）、骨痛病均是由于汞、镉等重金属对于水质的污染而造成的。水俣病被称为"世界第一起公害事件"。它不但对人身健康、自然生态等造成破坏，而且留下了一系列的"负面遗产"，如渔业的崩溃、地区产业和经济的萧条、社区的凋敝、对传统文化和家族关系的破坏等。④

　　此外，战后日本还曾出现琵琶湖和霞浦污染、饮用水致癌物质污染、高尔夫球场的农药污染、冲绳海水污染等严重的水污染事件。即便是在首都东京，也曾出现由于造纸厂工业污水排放，造成渔民抗议的"江户川事

---

　　① 荒木光弥「経済成長が伸び悩む中で求められる『ODA意識革命』」、『国際開発ジャーナル』、No.725、2017年4月、8頁。

　　② 日本国土交通省『日本の水資源』、2013年、64頁。

　　③ 傅高义：《日本第一：对美国的启示》，谷英、张柯、丹柳译，上海译文出版社，2016，第13页。

　　④ 原田正純、花田昌宣编『水俣学研究序説』、東京：藤原書店、2004年。

件"。这些教训使日本社会和日本政府对于水和卫生的重要性有着切身的体会和异乎寻常的认识。因此，为了增强国民对水资源重要性的关心和理解，从1977年开始，日本将每年的8月1日定为全国"水之日"，将8月的第一周定为全国"水之周"。从1983年开始，日本政府每年发布《日本的水资源》，全面介绍日本水资源的供需和开发情况。1995年，时任日本首相村山富市为解决水俣病发表了讲话，其中特别指出，日本政府应虚心吸取水俣病悲剧带来的教训，进一步推进日本的环境政策，并将其经验和技术通过积极的国际合作向世界各国推广，作出国际贡献。2013年10月，在熊本市，包括东道主日本和水银生产最大国中国在内的87个国家和地区共同签署了《关于汞的水俣公约》，用于规范汞的开采、挖掘和管理。

降低水患风险和减轻水患损失也是日本在水环境治理和水资源利用中面临的重要挑战和主要实践。战后的几次重大台风及其引发的洪水曾使日本的国民生产总值（GDP）损失达到5%—10%。20世纪60年代初期的立法及在水土保持和洪水治理方面的加大投入，使其降到了不足1%，传染性水患疾病及死亡率也出现了大幅下降。[①] 日本土木研究所（PWRI）研制的防治洪水的评估指标还成为联合国教科文组织推荐的重要成果。

2009年泰国遭受洪灾后，日本首次派出了携带排水泵车和包括官民一体的排水小组在内的紧急救援队，实现了人力、物力、智力的一体化协作。2011年泰国再次遭受洪灾后，日本又扩大了紧急援助的规模，并协助其制定和实施中长期的洪水对策纲要。[②] 以此为参照，日本政府希望能为频繁遭受水患的亚洲各国提供"防灾一揽子方案"，涉及防灾情报，紧急避难体制，基础设施，土地利用规制、制度和体制等各个方面的对策。

上述正反经验都为日本在东南亚等发展中国家的综合水资源管理（IWEM）提供了有益的借鉴。所谓"综合水资源管理"，主要包括3个方

---

① Japan Water Forum and World Bank, "A Study on Water Infrastructure Investment and Its Contribution to Socioeconomic Development in Modern Japan," cited in World Water Assessment Programme, "The United Nations World Water Development Report 3: Water in a Changing World," 2009, p.82.

② 日本外務省『2012年版政府開発援助（ODA）白書日本の国際協力』、東京：文化工房、2013年、42—43頁。

面：第一，根据自然界的水循环，综合考虑各种形态和阶段（如水资源与土地资源、水量与水质、地表水与地下水等）；第二，考虑传统上分别管理，但又与水有着密切关联的部门（如河道治水、上水道和下水道、农业用水、工业用水、维系生态的水资源等）；第三，努力实现包含中央政府、地方政府、民间部门、非政府组织、居民等各个层次利益攸关方的参与型路径。通过上述方法，实现对水资源的有计划管理，既不损害生态系统的可持续发展可能性，又能最大限度地实现水资源收益的平衡。[①]

通过日本的援助和合作共同致力于解决世界水问题，不但成为日本政府和业界的共识，也成为日本普通民众的愿望。日本内阁府于2008年专门进行过一次与水相关的舆论调查。结果显示，92.1%的受访者认为，日本有必要提供援助和合作，其中认为应提供技术援助的比例最高，达到88%，与2001年前一次调查结果（分别为84.2%和81.2%）相比，又有所增长。[②]

（二）地方自治体发挥先锋和主体作用

地方自治体是日本在水领域积累实践和发挥专长的第一线，也是开展软硬件一体化合作的重要行为体。次区域、局地、跨境地区和地方政府在东亚的区域合作中一直扮演着特殊而重要的角色。[③]

地方自治体的国际合作是在20世纪80年代开始的日本地方分权和行政制度的大背景下展开的，也是后者的具体政策表现之一。市町村级别的地方自治体在开展国际合作中一般采取两种方式：一是以友好城市或姐妹城市的机制化方式，合作项目大多具有独立的预算，能够发挥各个地方的自主性，但在实施大型项目上财政比较困难；二是非机制化的一对多的方式，可以接受国际协力机构等的委托，财力较为充裕。根据2007年的一项

---

① 日本政府「水と衛生に関する拡大パートナーシップ・イニシアティブ」、2006年3月。

② 日本内閣府大臣官房政府広報室「水に関する世論調査」、2008年6月。

③ 多賀秀敏「東アジアの新地域形成と『地方』」、山本武彦、天児慧編『新たな地域形成』、東京：岩波書店、2007年、207—239頁。

调查，"核心城市"多采取前一种方式，而"政令市"多采用后者。① 北九州市、福冈市等都是积极在环境、下水道等多个领域开展项目的典型。

据统计，截至2016年12月，仅是与国际协力机构开展协作的自治体已达1都5县25市，北至北海道的札幌市，南至冲绳县，几乎遍及整个日本。② 在这方面，水道领域的合作是最具典型代表意义的。前已述及，在日本，水道的建设和管理具体由各个市町村负责，涉及工程设计、水质净化、管网铺设、水表安装等诸多领域。水道产业的高新技术掌握在日本企业手中，而对于水道等基础设施的运营和管理则是地方自治体的经验所在和比较优势。根据日本环境省的统计和2008—2010年的数据，日本的下水道处理基础设施普及率达到77%（包括下水道和农业村落排水设施），中国（仅包括城市数据）、马来西亚（部分地区）和泰国分别达到73%、66%和近20%。而越南、菲律宾等其他东南亚国家的普及率很低，例如，印度尼西亚首都雅加达仅有一个大规模下水处理场，普及率为2%。③

为此，1994年，日本国际协力事业团成立了"伙伴合作推进室"，用以指导和协作各个自治体在海外开展国际合作事业。1995年也被称为日本"自治体的国际合作元年"。日本政府还在2010年成立了由总务省副大臣担任主查，总务省、外务省、厚生劳动省、经济产业省、国土交通省政务官和内阁总理大臣辅佐官共同组成的高级别地方自治体水道事业海外拓展探讨小组，并将其中间报告的要旨反映至其后推出的日本《新成长战略》中。

不难想象，在水务领域开展国际合作卓有成效的城市，往往是那些在日本国内的环境治理、生态保护等各方面处于领先的城市。表5列举了日本总务省收集整理的部分地方自治体在海外积极开展水道事业的基本情况，可以看出，东南亚国家确为其重点目标和对象。

① "核心城市"（core city），日语为"中核市"，是指法定人口20万以上的较大型城市；"政令市"是指法定人口50万以上的大型城市，全称为"政令指定都市"。

② 「世界が注目する日本の『水道経験』」、『国際開発ジャーナル』、No.725、2017年4月、40—41頁。

③ 「環境省水・大気環境局水環境課課長補佐安田将広氏」、『日経産業新聞』、2013年10月4日。

表5　日本地方自治体在海外拓展水道事业的代表性案例①

日本地方自治体	东京都	横滨市	大阪市	神户市	北九州市
水务局概要 对象国	泰国	沙特阿拉伯	越南	越南	柬埔寨
分类 供水户数	702万户	177万户	151万户	77万户	47万户
自来水费	2635日元/20㎡	2587日元/20㎡	2016日元/20㎡	2446日元/20㎡	2331日元/20㎡
营业收入	3155亿日元	769亿日元	630亿日元	328亿日元	171亿日元
每年利润	303亿日元	74亿日元	77亿日元	5亿日元	10亿日元
主要工作	减少无收益水的对策事业	上下水道事业	供水改善计划调查事业	环境友好型工业基地联系事业	水道基本计划制订事业
相关机关	东京自来水服务株式会社、东京自来水国际株式会社	经济产业省、横滨水务株式会社	国际协力机构	神户居住区建设公社、神户市水道服务公社	厚生劳动省
事业简介	在曼谷市内针对减少无收益供水状况实施对策	协同相关机关，将主要城市的上下水道的运营管理工作向具体的事业化调整	为解决胡志明市水道问题，进行开发新水源以及供水管理等调查	由民间团体向越南南部隆安省的工业基地供水，对这些民间团体提供援助	在9个主要城市制订水道基本计划时提供相关的技术咨询

　　例如，东京都水务局管理着总长约2.6万公里的供水管网，但其漏水率接近3%，仅为全世界主要城市平均漏水率的1/3左右。②东京都水道局从2007年开始建立专门主页，用英语介绍防止漏水的技术和调查方法，并通过电子邮件、视频会议、实地研修等方式向马来西亚、菲律宾等国的同

　　① 「国際問題、地球環境問題及び食糧問題に関する調査報告」、参議院国際・地球環境・食糧問題に関する調査会、2013年5月29日、148頁。
　　② 日本外務省「貴重な水の有効利用のために～安全な水と衛生施設へのアクセス拡大に向けて～」、2008年2月22日。

行提供技术指导。由东京都水道局出资51%成立的东京水道服务株式会社，又由后者全资建立的东京水道国际株式会社等企业，积极开展与水道相关的器材销售、人才培养、调查研究、工程设计和监理、设施营运和管理、劳动者外派等事业。2010年，东京都水道局、东京水道服务株式会社和株式会社产业革新机构（INCJ）展开三方合作，主要内容如下：设置海外事业调查研究会；以亚洲为中心向10个国家派遣东京水道国际贡献使团；积极拓展和设计新的商业模式。2013年5月，东京都通过ODA向缅甸最大城市仰光提供净水处理技术，主要方式就是通过派遣都厅职员和接收缅方职员。

大阪市是另一个重要的成功案例。大阪水道局是全世界最早取得ISO22000认证的公营水务机构。2009年，大阪市水道局与社团法人关西经济联合会签署了关于水务基础设施领域国际合作的伙伴关系协定，又与越南胡志明市签署了技术交流的备忘录，开展人才培养和技术交流活动，并在胡志明市开始实施"节水型、环境友好型水循环项目"（NEDO）。名古屋市也于2010年12月成立了名古屋上下水道综合服务株式会社（NAWS），并于2014年接受日本国际协力机构（中部）的委托，对发展中国家开展"上水道无收入水量管理对策（防止漏水对策）"的研修援助活动。

除了上述大型乃至超大型城市之外，其他一些地方自治体也另辟蹊径，充分发挥自身优势。例如，以建立"世界的环境首都"和"亚洲的技术首都"为目标，北九州市于2010年设立了亚洲低碳中心。在中国、菲律宾、越南、马来西亚、印度尼西亚等国开展的援助合作中，节水型住宅以及北九州市上下水道局开展的顾问咨询活动是其重点领域之一。截至2010年5月，北九州市已经向8个国家派遣了43人次的下水道领域专家，并接收了来自96个国家的近1200名研修员。[①]

在柬埔寨，由于长期战乱，首都金边市的供水设施破坏严重，净水能力大大下降。为此，在日本的协助下，"关于金边供水体系的总体规划"于1993年制定。之后，国际协力机构又于2004年进行了后续的第二期研究。除整体规划和调查研究之外，从20世纪90年代中期开始，日本政府通过

---

① 「水ビジネス海外に照準、自治体、民間大手と挑む——北九州市は秋に実験施設」、『日本経済新聞』、2010年5月24日。

无偿资金援助，帮助金边市修建水净化工厂，提供水表等器材，修缮市内的供水管网。经过近10年的努力，使其水净化能力倍增，供给卫生用水的范围大幅扩大，供水普及率也显著提升。为了进一步提高其设施运营和管理的效率，北九州市从2001年开始派遣专家，传授实用技术，与柬埔寨当地的职员共同制订操作手册，为其基础设施的修缮和技术人才的培养起到了积极的作用。由于北九州市与金边市采用同一类型的供水系统，因此，在供水硬件设施建成后的数据采集、漏水检测、有效管理方面，北九州市继续得以充分发挥其经验和技术管理优势。这也成为日本国际协力机构开展的"小规模伙伴关系事业"的代表性案例。[①] 此外，北九州市还在中国大连市、昆明市以及柬埔寨、越南、沙特等国开展水务领域的国际合作。

北九州市是"公私协作"的最成功代表之一。2009年12月，日本国际协力银行率先与北九州市开展合作，由前者开拓海外市场和国际合作对象，提供当地合作者的信息，发挥连接管道的作用，后者则负责提供管理技术、派遣技术专家、接收海外研修人员、加强与国内企业的协作等。[②] 2010年8月，北九州市成立了由市政府、日本政策投资银行、国际协力银行以及市内外96家企业组成的北九州市海外水务推进协议会。2011年3月，北九州市又作为第一个日本地方自治体，成功竞标海外水道设施的基础设计。这一项目位于柬埔寨西北部的暹粒市。此次成功得益于上文介绍的北九州市在柬埔寨首都金边市开展的供水管网管理的有效合作。在日方的技术援助下，金边市的漏水和盗水率从2001年的72%大幅降至8%，日最大供水量提升至原来的3.7倍，供水时间从每天10小时增加至全天24小时。[③] 之后，这一技术援助又拓展到柬埔寨的其他省市，并吸引了来自缅甸、尼泊尔等国的技术研修。[④] 金边供水局（PPWSA）的成功实践，不但受到亚洲开发银行等国际多边机构的赞誉，也成为大型城市公共机构高

---

① 国際厚生事業団「水道分野の国際協力～開発途上国における安全な飲料水供給の持続可能な発展のために～」、2002年、67—70頁。

② 「海外で水道事業支援、北九州市、国際協力銀と提携、日本企業の受注後押し」、『日本経済新聞』、2009年12月18日。

③ 「北九州発海外水ビジネス（上）『協力』から『事業』へ一歩——アジアでの実績強み」、『日本経済新聞』、2011年5月27日。

④ 日本外務省『2013年版政府開発援助（ODA）白書日本の国際協力』、東京：文化工房、2014年、51頁。

效供水系统的案例之一①，甚至为发展援助领域中的技术援助和能力建设等
议题提供了颇具参考价值的实践启示。②

四、结 语

为了增强水资源的保护和开发、确保水安全、促进水环境的可持续发
展，国际特别是区域水合作必不可少。正因如此，水资源问题长期以来被视
为全球和区域公共产品的核心案例。反之，由于各国政治、经济、法律状况
不同，水资源的管理也没有一成不变的模式，需要因地制宜，谋求适合当地
的法规、技术和方式。③由于岛国的地缘特性，日本避免了与国际河道相关
的水资源分配中通常碰到的纠纷乃至冲突，这一相对超脱的地位也促使日本
在东南亚的水环境治理和水资源开发保护中扮演起更为积极的角色。

毋庸讳言，日本在东南亚的水合作和水援助并不是全然无私的利他行
为，其背后也不乏政治和外交目的、某种"赎罪意识"以及商业考量。一
方面，日本是东南亚国家的重要贸易伙伴和投资来源国，但在一定程度
上，日本企业在直接投资和生产过程中，对当地的水环境造成破坏，因
此，日本亦难辞其咎。例如，日本企业在东南亚各国开展的养虾业、以向
日本出口木屑为目的的桉树种植、大量开发度假村和高尔夫球场等，都对
当地的土壤、淡水等资源造成破坏，这都促使日本政府和相关企业在环
境保护方面进行合作和援助。④反之，投资国水环境的改善也有助于日本

---

① World Water Assessment Programme, "The United Nations World Water Development Report 2006: Water, a Shared Responsibility," 2006, p.234; EkSonn Chan, "Bringing Safe Water to Phnom Penh's City," *International Journal of Water Resources Development* 25 (2009): 597-609; Asit k. Biswas and Cecilia Tortajada, "Water Supply of Phnom Penh: An Example of Good Governance," *International Journal of Water Resources Development* 26 (2010): 157-172.

② Kyoko Kuwajima, "Deciphering Capacity Development through the Lenses of 'Pockets of Effectiveness' — A Case of Innovative Turnaround of the Phnom Penh Water Supply Authority, Cambodia," *JICA-RI Working Paper* 127 (2016).

③ 仲上健一「統合的水管理とウォーター・セキュリティ」、『政策科学』、14号、2007年、61—74頁。

④ 相关的案例研究可参见：德里克·霍尔《地区的虾、全球的树、中国的蔬菜：日本—东亚关系中的环境》，载彼得·J.卡赞斯坦等编《日本以外：东亚区域主义的动态》，王星宇译，中国人民大学出版社，2012，第204—228页。

企业及其员工以及当地日籍人士的生活和工作。2011年，泰国暴发的洪水曾使当地的日本企业深受其害，也进而迅速波及这些日本跨国公司的全球生产链。另外，水务领域日益成为日本企业抢占东南亚市场的新兴增长点，商业空间巨大，发展援助和合作无疑有助于商务环境的改善和市场的开拓。

水领域的功能性合作也具有强烈的"现场感"，其产生的实际收益往往能够被当地民众所普遍感知。[①] 例如，日本在东帝汶、柬埔寨等国开展的水道援助，对于改善当地的社会基础设施、满足普通民众的基本生活需求有极大的帮助。不仅如此，经受战乱的这些国家的政府往往面临着安全不足（security gap）、能力不足（capacity gap）、合法性不足（legitimacy gap）等挑战，因而水道等基础设施对于战后重建和构筑和平也具有重要的意义。[②] 例如，非政府组织日本亚洲之桥（BAJ）从1999年开始在缅甸中部干旱地区开展"百口建设"，在日本政府和民间企业的资助下，于2008年实现了开凿一百口井的目标，并为数百口废弃古井提供修缮，极大地改善了当地百姓的日常生活。[③] 又如，妮飘（Nepia）公司自2008年开始"千厕项目"，每年将公司营业收入的一部分捐献给联合国儿童基金会（UNICEF），专项资助在水和卫生条件落后的东帝汶建立符合标准的室内厕所。[④] 非政府组织亚洲之友会（JAFS）将援助饮用水供给作为其海外援助活动的首要项目，截至2012年，已经在菲律宾、柬埔寨、泰国、印度尼西亚等13个国家完成援助1668个水井、管道（包括储水罐）。[⑤] 亚洲之友会在菲律宾班乃岛（Panay）建立了约10公里的饮水管道，在其约6000万日元的工程款中，有75%来自日本国内普通市民的捐款。在管道铺设过

---

① 这方面的"现身说法"可参见：浦上将人『国际协力：治水インフラ整备の现场から』、东京：鹿岛出版会、2013年。作者在对外援助中积劳成疾，英年早逝。

② 吉田恒昭、山本康正「纷争终结国の平和构筑に资するインフラ整备に关する研究」、『平成18年度独立行政法人国际协力机构　客员研究员报告书』、东京：国际协力总合研修所、2007年3月。

③ 日本外务省『2008年版政府开发援助（ODA）白书日本の国际协力』、东京：时事画报社、2009年、73页。

④ 「nepia　千のトイレプロジェクト」、王子ネピア、https://1000toilets.com/。

⑤ 「アジア协会アジア友の会」、http://jafs.or.jp/action/overseas-aid/drinkwater-supply-enterprise/（登录时间：2019年7月11日）。

程中，日本志愿者与当地居民共同参与了建设。班乃岛曾是二战时期菲律宾抗日的主战场之一，这一民生工程对于缓和当地的反日情绪起到了积极的作用。① 此外，2007年，时任日本外务大臣的麻生太郎专门向《中国水务信息》投稿，强调水领域的合作是"中日共同利益"，也是"一衣带水"的中日两国实现关系稳定的重要内容。②

与高铁、电力、通信、港口建设等其他大型基础设施项目类似，成功的水务战略并不仅仅是商品销售、技术外溢和劳工输出。日本水务战略在东南亚的转型，特别是"合作形态"与"事业形态"的有机结合，使当地政府和民众获得了某种区域合作的"实感"和日本外交的"善意"，客观上，对于改善日本与这些国家的双边关系、提升其国际形象起到了一定的作用，同时又进一步促进了市场培育和商务营销。

---

① 「大阪のＮＧＯ、飲料水パイプライン建設支援——フィリピンで心結ぶ」、『日本経済新聞』、1997年5月5日。

② 「水で日中『共益』を求めよう」、麻生太郎『自由と繁栄の弧』、東京：幻冬舎、2007年、187—188頁。

伊拉克水资源困境及其对地区
热点问题的影响研究[*]

田艺琼[**]

【内容提要】近年来，伊拉克国内水资源情况不断恶化。一方面，自然降水不断减少，另一方面，底格里斯河和幼发拉底河水量连年创下新低，致使伊拉克陷入水资源困境，其消极影响已经逐步外溢至农业、卫生等方面。本文以当前伊拉克水资源困境为切入口，旨在分析其直接影响与间接影响、国内影响与跨境影响等，以期对地区热点问题中的水资源问题进行学理分析，并对未来可能的发展趋势进行预判与展望。

【关键词】水资源；伊拉克；库尔德问题；美伊关系；非传统安全治理

水资源问题及其引发的国内和跨国争端在中东地区由来已久，其影响早已超出个人层面（如饮用水短缺）或是经济层面（如灌溉用水水质恶化）。在巴以冲突、两伊战争等影响地区局势的重大事件中，水资源历来是各方争夺利益的核心关切，但又时常被战争、暴力对抗等其他更为激烈的冲突形式所掩盖。作为一种政治资源和谈判筹码，"水"这一议题越来越多地出现在中东地区不同国家间的博弈、不同政治派别间的角力，甚至是不同教派间的矛盾之中。尤其是近年来，中东地区安全局势持续动荡，"伊斯兰国"（IS）等极端组织也将争夺水资源控制权视为主要目标。因此，在中东地区，"水资源一直是被政治化（politicalzed）、安全化（securitized）的议

---

　　* 本文系国家社科基金"一带一路"建设研究专项项目"'一带一路'沿线国别研究报告"（17VDL002）子课题"'一带一路'沿线地区民族与宗教问题研究"的阶段性成果。
　　** 田艺琼，上海社会科学院宗教研究所助理研究员。

题，甚至成为暴力政治的一部分"[1]，其中尤以伊拉克、叙利亚两国为甚。联合国教科文组织指出："水问题对于重建伊拉克的破裂社会至关重要。水是健康、粮食安全、社会经济重建和环境可持续性的基础。两次重大战争和十多年的制裁导致伊拉克的水质严重恶化。缺乏清洁水是伊拉克不必要的疾病和死亡的重要原因。"本文以当前伊拉克水资源困境为切入口，旨在评估伊拉克水资源现状，分析水资源困境的成因，并在此基础上探讨其对伊拉克国内局势、周边外交与地区秩序重塑等方面的影响，以期对地区热点问题中的水资源问题进行学理分析，并对未来可能的发展趋势进行预判与展望。

一、伊拉克水资源现状分析与评估

伊拉克的水资源主要包括自然降水和跨境河流。其中，自然降水约占30%，其余主要依靠幼发拉底河和底格里斯河两大河流的水源。幼发拉底河和底格里斯河发源于土耳其境内的安纳托利亚高原，经土耳其、叙利亚、伊朗等国进入伊拉克，自西北向东南横贯伊拉克全境，随后在伊朗的古尔奈地区（Al-Qurnah）汇聚成阿拉伯河（Shatt Al-Arab），最终流入波斯湾。由于地理位置的原因，很多时候，下游国家不得不承受由此造成的被动局面，伊拉克亦是如此（参见表1）。有数据显示，伊拉克对外部水资源的"依赖比例"（dependency ratio）为53.5%，叙利亚为72.3%，而土耳其仅为1%。[2] 这种极不对称的依赖进一步加剧了伊拉克水资源政治化、安全化的程度，使其成为各方势力支持同盟、打击对手的工具。如20世纪90年代初期，萨达姆·侯赛因（Saddam Hussein）就以水资源为武器迫使巴格达地区信奉什叶派的"沼泽阿拉伯人"（Marsh Arabs）停止叛乱。[3]

---

[1]　David P. Forsythe, "Water and Politics in the Tigris-Eupharates Basin: Hope for Negative Learning?" in Jean Axelrad Cahan, eds., *Water Security in the Middle East: Essays in Scientific and Social Cooperation* (London: Anthem Press, 2017), p.167.

[2]　Ibid., p.168.

[3]　Ibid.

表1 底格里斯河、幼发拉底河沿线各国水量对比

国家	底格里斯河		幼发拉底河	
	集水区（km^2）	流域面积（%）	集水区（km^2）	流域面积（%）
土耳其	57614	12.2	125000	28.2
叙利亚	834	0.2	76000	17.1
伊拉克	253000	58	177000	39.9
伊朗	140180	29.6	—	—
沙特阿拉伯	—	—	66000	14.9
总计	473103	100	444000	100

数据来源：Nadhir Al-Ansari, Ammar A. Ali and Sven Knutsson, "Present Conditions and Future Challenges of Water Resources Problems in Iraq," *Journal of Water Resource and Protection*, Vol.6 (2014): 1070。

伊拉克水资源之所以陷入困境，既有自然原因也有人为原因，既有内部原因也有外部原因。事实上，20世纪70年代，伊拉克曾经拥有较为完善，甚至可以称为先进的水利和电力系统。但自两伊战争、海湾战争、美军入侵伊拉克，到近年来极端组织"伊斯兰国"肆虐，近30年来，持续不断的动荡局面使伊拉克国内发展几乎陷入停滞。在自然条件方面，降水量减少无疑增加了伊拉克水资源供需负担，而干旱和洪水交替发生，也使伊拉克水资源管理与农业环境遭到严重打击。在伊拉克国内环境方面，诸多原有的基础设施在战争中遭到破坏，新的设施又由于种种原因无法配备，其水资源供给变得十分脆弱。在外部环境方面，上游国家对水资源的调整、控制和利用，则进一步加剧了伊拉克国内的水资源困境和人道主义危机。在过去的30年里，土耳其在底格里斯河和幼发拉底河上游建造了22座水坝。这使流经伊拉克和叙利亚的河流流量减少了至少40%。河流流量减少和长期干旱加剧了两国农业耕种对地下水供应的依赖。[1]

基于伊拉克水资源问题持续恶化这一现实情况，世界银行曾指出其中的若干风险点，包括：河流水量的增加将会增加洪水暴发的频次；降水量

---

[1] Christopher Crellin, "Global Freshwater Availability Trends," July 5, 2018, p.4, http://www.futuredirections.org.au/wp-content/uploads/2018/07/Global-Freshwater-Availability-Trends.pdf.

下降可能导致更长时间和更严重的干旱；水污染的增加可能加剧流行病，特别是霍乱的传播；干旱期的延长可能会使农业减产，对畜牧业生产也会产生重大影响；洪水的加剧预计会延长对基础设施造成更多破坏；干旱的加剧可能会使农村人口更多地向城市迁移，增加对已经紧张的城市社会和经济基础设施的压力。[①] 除了"加剧流行病传播"以外，其余情况均已发生，甚至相互叠加，进一步加剧了当地居民的生活负担。需要引起注意的是，近年来，伊拉克人口以每年近百万的速度增长（参见图1），不仅清洁用水短缺、粮食短缺等问题变得更加棘手，而且未来由水资源问题所导致的流行病扩散的可能性也随之增加。

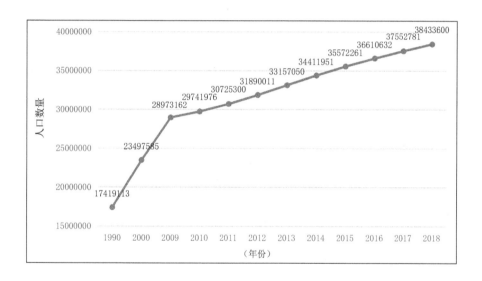

图1 伊拉克人口变化

数据来源：World Bank, "World Development Indicators," https://databank.worldbank. org/Highcharts/Export.axd。

2015年，红十字国际委员会（International Committee of the Red Cross, ICRC）中东地区负责人罗伯特·马尔迪尼（Robert Mardini）曾呼吁战争各方停止将伊拉克供水系统作为打击目标，并表示其水资源和输送系统

[①] World Bank, "Climate Change Knowledge Portal: Iraq," https://climateknowledgeportal. worldbank.org/country/iraq.

已经到达崩溃边缘。① 目前看来，逐步开始战后重建工作的伊拉克将不得不直面水资源困境所造成的一系列外溢效应。部分伊拉克农民表示，近年来，幼发拉底河和底格里斯河达到了他们记忆中最低的水位。"伊斯兰国"等极端组织将水资源作为笼络人心、对抗伊拉克政府的工具。有观点认为，正是伊拉克国内及周边国家对伊拉克水资源问题的工具主义观点，才导致了该问题迟迟得不到切实解决，使水资源成为各方讨价还价的筹码。

二、导致伊拉克水资源困境的原因分析

在国内层面，水资源困境已经对农业和居民生活产生直接经济影响，并对伊拉克政府水政策落实情况、远景规划和水资源治理能力等方面提出严峻挑战。此前，"伊斯兰国"等极端组织曾通过切断水源占领大坝等方式与伊拉克政府和当地居民进行对抗。目前，这一情况得到控制。另外，伊拉克库尔德地区在水资源储存、规划、使用等方面与伊拉克政府也存在一定分歧，成为造成双方矛盾的"隐患"之一。在地区层面，伊拉克水资源困境与周边的土耳其、伊朗、叙利亚等国有着密不可分的联系，这种跨境影响无疑使伊拉克国内水资源困境"雪上加霜"。这其中既有直接影响，如上游的土耳其修建大坝、极端组织"伊斯兰国"在叙利亚切断水源致使伊拉克境内水资源减少；也有间接影响，如伊朗通过控制叙利亚和伊拉克边境地区水资源供给来打击当地库尔德武装等。

如上文所述，降水量减少是影响伊拉克水资源的直接因素之一，且各种预测数据都表明，未来，伊拉克的降水量仍将持续减少，干旱情况将愈发严峻。

伊拉克国内政治局势对水资源分配与利用的影响丝毫不亚于降水量减少等不可控的自然因素，水坝在一段时间内曾经成为"伊斯兰国"等极端组织的战略武器。该组织经常通过控制部分地区水坝来切断水源供应，有针对性地致使部分支持政府的地区出现干旱断水。而在其失去对水坝

---

① ICRC, "Stop Targeting Water Systems in Middle East Conflicts," April 7, 2015, https://www.icrc.org/en/document/stop-targeting-water-systems-middle-east-conflicts-says-icrc.

的控制时，又试图通过炸毁水坝等极端方式对下游农田和居民生活用水造成严重打击。如2014年8月，在伊拉克部队和库尔德武装力量一同将极端组织"伊斯兰国"从摩苏尔水坝驱逐时，该组织已经减少水流并且切断向下游供水2天。更为严峻的是，由于摩苏尔水坝总体面积较大、建筑结构较脆弱，因此，极端组织"伊斯兰国"在水坝底部放置了地雷等爆炸物，一旦发生爆炸，水流能够在数小时内淹没摩苏尔，甚至波及巴格达。[①] 极端组织"伊斯兰国"在控制了费卢杰大坝（Fallujah Dam）之后，其有针对性的破坏令下游若干什叶派村庄暴发洪水，导致约4万人流离失所。[②]

此外，由于地理位置原因，伊拉克水资源问题还与库尔德问题相互交织在一起。伊拉克库尔德地区不仅拥有大量的石油资源，还是伊拉克的主要降雨区域，可以确保石油开采与农耕所需用水，对库尔德地区经济而言形成了良性循环。因此，一旦库尔德地区实现独立，意味着伊拉克将失去重要的石油资源和降水资源，这是伊拉克政府不希望看到的。在这一问题上，伊拉克政府与土耳其政府拥有共同利益，并常常以此来要求土耳其政府在修建水坝、控制水源等问题上作出妥协和让步。

除伊拉克内部原因外，土耳其在上游地区对水资源的控制是造成伊拉克水资源陷入困境的主要外部原因。约50%的底格里斯河水源及90%的幼发拉底河水源源自土耳其境内[③]，这一自然条件确保了土耳其对下游国家水资源分配的绝对优势。土耳其自1977年开始建设东南安纳托利亚工程（GAP）项目，该项目主要包括在该地区开发22座水坝和19座水力发电厂。"尽管土耳其坚持表示，GAP项目是一个纯粹的发展项目，但显然，这其中包含了若干内部和外部目标。该项目完成后，幼发拉底河80%的水资源

① Soazic Heslot, "The Islamic State: A Major Threat to Food and Water Security," http://www.futuredirections.org.au/publication/the-islamic-state-a-major-threat-to-food-and-water-security/.

② David P. Forsythe, "Water and Politics in the Tigris-Eupharates Basin: Hope for Negative Learning?" in Jean Axelrad Cahan, eds., *Water Security in the Middle East: Essays in Scientific and Social Cooperation* (London: Anthem Press, 2017), p.177.

③ Ibid., p.168.

将会被土耳其控制。"[1] 目前，该项目所计划建设的22个大坝中近半数已经建成并投入使用（参见表2）。

表2　土耳其GAP项目大坝修建计划及进展情况

流域	大坝名称	完工时间
幼发拉底河	Ataturk	1992年
	Birecik	2000年
	Camgazi	1998年
	Hancagrz	1988年
	Karakaya	1987年
	Karkamis	1999年
	Buykcay	已建议
	Catallepe	已建议
	Gomikan	已建议
	Kahta	已建议
	Kayacik	已建议
	Kemlin	已建议
	Koeali	已建议
	Sirmtas	已建议
底格里斯河	Batman	1998年
	Dicle	1997年
	Kralkizi	1997年
	Cizre	已建议
	Garzan	已建议
	Kayser	已建议
	Ilisu	建设中
	Silvan	已建议

资料来源：Nadhir Al-Ansari, Ammar A. Ali and Sven Knutsson, "Present Conditions and Future Challenges of Water Resources Problems in Iraq," *Journal of Water Resource and Protection* 6 (2014): 1086。

---

① Nadhir Al-Ansari, Ammar A. Ali and Sven Knutsson, "Present Conditions and Future Challenges of Water Resources Problems in Iraq," *Journal of Water Resource and Protection* 6 (2014): 1085.

在幼发拉底河及底格里斯河水源已经减少的情况下，土耳其的GAP项目无疑对伊拉克水资源构成巨大打击，并直接影响到下游农业发展和粮食供给。"一旦伊利苏水坝（Ilisu Dam）投入使用……意味着因为水资源短缺，伊拉克境内将有69.6万公顷农田被废弃。"① 而这仅仅只是GAP项目22个水坝中的1个所造成的影响，土耳其在GAP项目以外还在修建其他水坝，伊拉克方面除与土耳其进行反复谈判以外，并没有其他切实可行的解决办法。

此外，伊朗也面临着类似的水资源困境。伊朗至少有12个省可能在未来50年内耗尽其含水层（aquifers），预计到2030年，地表径流量（surface water runoff）将减少25%。② 农业用水利用率低下、居民用水定价过低等因素进一步使伊朗水资源"捉襟见肘"。据伊朗《金融论坛报》报道，联合国教科文组织伊朗委员会自然科学办公室处长沙瓦申（Ali Chavashian）曾表示，伊朗水资源高消耗和浪费的主要原因之一是向居民、工业企业、农民出售水的价格过低，同时他还指出，伊朗《水资源公平分配法案》是30多年前制定的，亟须修改。③

叙利亚与伊拉克的情况既有相似之处又有不同之处。其相似之处在于，叙利亚国内政局不稳、各种势力相互博弈，水资源政治化、工具化的情况不亚于伊拉克。但叙利亚国内各种资源较为丰富，人口约为伊拉克人口的60%，且拥有一定的工业基础，因此水资源短缺所造成的后果不如伊拉克明显。叙利亚分别于1979年、1989年和2000年沿幼发拉底河修建了3座水坝，但在争夺水控制权方面仍然因地理位置影响而受制于土耳其。因此，伊拉克、伊朗、叙利亚作为下游国家，在打破土耳其对幼发拉底河、底格里斯河水资源控制权这一问题上存在共同利益。

---

① Nadhir Al-Ansari, Ammar A. Ali and Sven Knutsson, "Present Conditions and Future Challenges of Water Resources Problems in Iraq," *Journal of Water Resource and Protection* 6 (2014): 1086.

② Christopher Crellin, "Global Freshwater Availability Trends," July 5, 2018, p.6, http://www.futuredirections.org.au/wp-content/uploads/2018/07/Global-Freshwater-Availability-Trends.pdf.

③ 中国驻伊朗经济商务参赞处：《伊朗水费远低于成本》，2019年3月11日，http://ir.mofcom.gov.cn/article/jmxw/201903/20190302841828.shtml。

三、伊拉克水资源困境的多重影响

首先，伊拉克水资源困境对该国农业和居民生活造成持续影响，其消极影响已经外溢至粮食安全、气候变化、传染病防治等领域，凸显伊拉克政府水治理能力不足。

从现实影响上看，水资源困境已经对伊拉克产生以下影响：第一，农业用水短缺。伊拉克国内农作物种植，尤其是小麦等主要粮食来源，近年来因降水减少、河流水量减少等原因不断减产。即便伊拉克政府每年都呼吁土耳其政府开闸放水，但并未能从根本上解决这一问题。然而，伊拉克国内人口持续增加，粮食供应缺口无疑还会增加，存在引起粮食安全问题的风险。第二，地表水源开采过度。这是中东国家普遍存在的问题，也是一种"饮鸩止渴"的方式。从数据上看，伊拉克地表水源早已无法承受当前的开采速度。后续，由土壤水分流失导致的沙尘暴风险极有可能进一步恶化伊拉克国内环境。第三，干旱地区人口转移。目前，饮用水短缺地区居民、农业用水短缺地区居民纷纷离开家乡向周边城市转移，进一步加大城市供水压力，加剧伊拉克水资源分布与供应不均衡的消极影响。第四，城市供水与循环系统亟待修复。连年战乱使伊拉克基础设施建设脆弱不堪，供水网络、循环网络、监测网络均未形成，污水回收、处理等技术较为陈旧落后，针对可能出现的饮用水污染等风险的防范能力也有待提高。目前，红十字会国际委员会、伊斯兰国际救援组织（Islamic Relief Worldwide，IRW）等在很大程度上替代了政府功能，在水资源供给及相关能力建设上对伊拉克持续提供援助。截至2017年，红十字会国际委员会帮助伊拉克修建了54套供水系统，帮助逾700万伊拉克人更好地获得清洁水源[①]，并且这一数据在持续增长。同时，世界银行等其他组织机构也对提升伊拉克水治理给予了相应的建议（参见表3）。

[①] ICRC, "Iraq: Massive Challenges, Great Opportunity in Iraq's New Phase, ICRC President Says," March 8, 2018, https://www.icrc.org/en/document/iraq-massive-challenges-great-opportunity-iraqs-new-phase-icrc-president-says.

表3　伊拉克水治理的适应性选项与机制建设

类别	主要内容
适应性选项 （Adaptation Options）	恢复和重建水管理和监测网络 促进非常规水资源以增加供水，如废水回用和集水 改善水质，改善供水网络 维持并提高现有泵站和污水处理网络的效率，同时，在泵送到排水点之前，达到处理水所需的环境标准 为弱势群体提供安全的饮用水 改善脆弱地区的卫生服务，以避免水传播疾病 重建和恢复水处理和配送基础设施 研究替代水系统（alternative water systems）和技术 开发综合水管理系统 培训技术人员使用最新技术 促进有效的运行和维护系统，建立水质监测系统
研究差距 （Research Gaps）	建立一个关于自然资源的国家数据库 鼓励在教育机构中引入与环境有关的研究
机制差距 （Institutional Gaps）	应建立有效的水监测网络，以确保水的安全和保障 应制定监测、数据收集和数据管理的技术能力 应提高公众对气候变化影响和后果的认识 应建立一个分享气候变化信息和知识的区域倡议 应进行机构能力建设和协调，以便对气候风险作出全面和持续的反应 应鼓励对气候相关问题的政策制定者进行培训 应鼓励国际学术合作

资料来源：World Bank, "Climate Change Knowledge Portal: Iraq," https://climateknowledgeportal.worldbank.org/country/iraq。

其次，伊拉克水资源问题高度政治化，与土耳其、伊朗、叙利亚等周边国家的关系深度捆绑，让伊拉克政府陷入两难境地。

伊拉克政府对水资源问题的认识亟待提高，与治理能力不足相比，认识与观念上的不足将导致治理路径选择、治理机制建设及最终效果的不同。伊拉克水利部长曾表示，同国内的战争情况相比，很容易理解水资源问题并非伊拉克政府的首要关切。^①但无论干旱还是洪水或是饮用水供应不足，任何一个与水资源相关的问题都动辄影响数以万计的伊拉克平民，从结果上看，水资源问题的影响丝毫不亚于暴力恐怖组织对伊拉克所构成的威胁。此外，伊拉克政府也很少将水资源问题纳入非传统安全领域^②进行讨论。在已有的关于非传统安全问题的讨论中，水资源困境通常被归入气候环境变化、双源性非传统安全威胁^③或是非直接由军事武力所引发的、没有明确威胁者的"新"安全威胁^④等，这显然不是某一个国家可以解决的，而伊拉克政府对于该问题的认知及处理方式仍囿于传统的民族国家层面，未能深刻认识到搭建多边合作平台、形成地区水问题共识的重要意义。

伊拉克政府对水资源政治化的趋势不仅没有加以遏制，反而将其转变为与土耳其、伊朗等邻国谈判的筹码，希望通过土耳其和伊朗在库尔德问题、伊拉克什叶派问题上的支持和妥协，换取上述国家在水资源、电力等能源上的支持。这种做法并非没有积极效果，但更像是一把"双刃剑"，因为伊拉克国内的政治反对派、暴力恐怖组织近年来也都纷纷认识到将水资源作为"武器"的战略意义，致使水资源困境进一步复杂化，伊拉克平民尤其是一些少数群体成为这种博弈的牺牲品。此外，多年的谈判并没有在很大程度上改善伊拉克水资源短缺的情况，反而每况愈下。2019年8月1日，土耳其和伊拉克宣布就水资源问题达成一项联合协议，"会议期间，土耳其方面提出了一系列建议，如土地复垦，饮用水和卫生领域项目的实

---

① Madeleine Lovelle, "The Natural and Artificial Causes of the Drought in Southern Iraq," May 9, 2018, http://www.futuredirections.org.au/publication/natural-artificial-causes-drought-southern-iraq/.

② 联合国于2004年发表了题为《一个更安全的世界：我们共同的责任》的报告。报告指出6种对人类安全构成威胁的行为，包括：国家之间的战争；国家内部的暴力行为（包括内战、大规模侵犯人权和种族灭绝）；贫困、传染病和环境退化；核武器、放射性武器、化学和生物武器；恐怖主义；跨国有组织犯罪。除国家间的战争以外，其余5种被认为是非传统安全问题。参见：United Nations, "A More Secure World: Our Shared Responsibility (Exclusive Summary)," 2004, p.2.

③ 相关内容参见：余潇枫主编、魏志江副主编《非传统安全概论（第二版）》，北京大学出版社，2015，第89页。

④ 即如发展带来的环境恶化、经济危机、能源短缺、饥饿与贫穷威胁等。参见：余潇枫主编《中国非传统安全研究报告（2012—2013）》，社会科学文献出版社，2013，第9页。

施，扩大经贸领域的合作框架，以及在巴格达建立水资源管理联合研究中心"。^① 但在后续落实过程中仍面对多种阻力。

再次，"后伊核时代"，美国、伊朗和伊拉克的三边关系仍是决定地区格局及相关热点问题走向的核心因素，但美国对伊朗制裁的影响已经在伊拉克水资源困境上有所体现。

美国单方面退出伊核协议后，一方面对伊朗采取了一系列制裁措施，另一方面则为了拉拢伊拉克而在若干问题上作出妥协和让步。此前，伊朗长期向伊拉克出口电力，是伊拉克最大的电力输入国，为了确保对伊朗的制裁不影响伊拉克国内电力供应，美国积极斡旋土耳其取代伊朗向伊拉克输送电力资源，沙特也参与其中，表示愿意保障伊拉克供电稳定。而在水资源方面，美方的制裁致使伊朗国内粮食资源变得紧张，确保粮食自给自足成为伊朗维持国内稳定的重要举措。因此，在伊朗加大国内农业用水的同时，下游的伊拉克水资源也受到了影响。进入"后伊核时代"，伊拉克方面多次公开表示，希望成为美国与伊朗之间的"桥梁"。然而，美国、伊朗、伊拉克三方各有算计，伊拉克不仅面对复杂的国内政治压力，如政治反对派、库尔德人、教派利益争夺等，还要应对来自周边国家的压力。土耳其、沙特阿拉伯、以色列、叙利亚、阿联酋等国都希望在美国、伊朗和伊拉克的三边关系中实现自身利益最大化，如以色列主动表示愿意提高伊拉克农业用水使用效率、分享国内滴灌技术成功经验。在这一复杂的地区秩序重塑进程中，水资源政治化、安全化的趋势仍将持续，作为"谈判筹码"的水资源势必进一步使伊拉克政府陷入两难境地，既要为了维护国内稳定向美国、土耳其等国妥协，又要维护什叶派穆斯林的生存环境而对伊朗提供支持，还要与叙利亚、土耳其、伊朗一同面对库尔德问题（伊拉克石油、水资源等资源丰富地区大多集中在伊拉克库尔德地区），以上数对关系导致伊拉克在地区热点问题上的态度出现摇摆和反复。

---

① "Turkey and Iraq Held a Meeting on Water Issue: Partners Are Close to Agreement," August 1, 2019, http://www.hidropolitikakademi.org/turkey-and-iraq-meeting-on-water-issue-partners-are-close-to-agreement.html.

四、结语

在中东地区，水资源紧缺所导致的非传统安全风险甚至是战争风险常常被暴力恐怖活动及其他一些热点问题所掩盖。事实上，水资源与粮食安全、卫生治理等其他非传统安全问题密切相关，因此，各方都担心水资源问题有着将地区局势推向更为动荡的潜在风险。数据显示，2002年至2009年，中东地区由于过度开采地下水而失去了144亿立方米水资源，足以填满整个死海。[①] 而这一情况如果继续下去，则会导致农作物减产，食物进口需求增加，并对经济发展造成更大压力。但由上文分析可见，伊拉克政府自身水治理能力不足，也未能从非传统安全风险高度认识水资源困境的多重影响，同时还面临来自周边和域外诸多大国的政治压力与利益争夺。因此，无论是水资源困境还是电力供应、粮食供应等其他与民生直接相关的问题，伊拉克政府的选择并不多。在确保国内民生与稳定的前提下，最大限度地平衡各方利益，在今后一段时间内，仍将是伊拉克政府制定相关政策的主要逻辑。

---

① Mervyn Piesse, "Global Implications of New Groundwater Research," December 30, 2015, http://www.futuredirections.org.au/publication/global-implications-of-new-groundwater-research/.

跨国水人权倡议与全球水治理的
社会网络分析

蒋海然[*]

【内容提要】水人权保护与和平构建、贫困扶助、环境保护、性别平权、疾病防控等跨国议题息息相关，对改善全球治理、促进国际发展具有重要意义。然而，水人权议题却并未引起国际问题研究者的广泛关注。本文力图运用社会网络分析的方法，对全球水治理网络进行量化分析。总体而言，水人权倡议网络在全球水治理整体网中的地位不如支持水务自由化的力量高，搭建的平台也不具备能与世界水论坛等抗衡的实力。因此，尽管联合国于2010年承认水人权为一项基本人权，但水人权倡议最初的核心诉求——反对水务私有化，却很难在现有水治理框架内实现。目前，水务私有化的支持者和反对者构成的网络都较为封闭，而摒弃分歧、开放网络、优势互补或许才真正有利于实现人们自由获取安全和清洁的饮用水和卫生设施的权利。

【关键词】社会网络分析；水人权倡议；全球水治理；水务私有化

水务曾被称作世界上"尚未私有化的最后一个领域"（the last frontier of privatization）。然而，自20世纪80年代末90年代初以来，在英国、法国等国家的先导和国际货币基金组织、世界银行等国际组织的鼓励下，水

---

* 蒋海然，复旦大学国际关系与公共事务学院博士研究生。

务私有化逐渐蔓延。[①] 在此背景下，一些社会组织、倡议网络提出"水人权"（human right to water）概念，旨在反对水务私有化，倡导将水视为公共物品（commons）而非商品（commodity），将水人权视为同食物权一样的基本人权。在这场水人权倡议运动中，社会组织或跨国倡议网络活动积极，发挥了重要作用。2010年7月和9月，联合国大会和联合国人权理事会分别通过决议，承认"安全和清洁的饮用水和卫生设施是充分享有生命权和其他权利必不可少的一项人权"[②]，被视为水人权倡议运动的一项重大胜利。然而，时至今日，反对水务私有化的诉求仍未得到充分回应。本文试图运用社会网络分析（social network analysis）的方法，使用UNICET 6软件，对主要水权倡议网络的结构进行量化分析，从网络的视角对水人权落实的结果作出初步解释，并展望水人权落实的前景。近年来，水安全、水外交日益成为国际问题研究的一个热点议题。相形之下，尽管水人权保护与和平构建、贫困扶助、环境保护、性别平权、疾病防控等跨国议题息息相关，对改善全球治理、促进国际发展具有重要意义，水人权议题却并未引起国际问题研究者的广泛关注。本文尝试以社会网络视角分析跨国水人权倡议乃至全球水治理，为水人权倡议研究提供新的视角，并为今后相关领域更全面、更精细的研究打下基础。

一、水务私有化历程与水人权倡议兴起

有学者将人类获取和管理水资源划分为3个"水时代"。在第一个"水时代"，人类尚未掌握改造水文条件的技术，依靠不可预测的水循环来获取所需水资源。第二个"水时代"涵盖19世纪和20世纪，人类开始超越

---

① Violeta Petrova, "All the Frontiers of the Rush for Blue Gold: Water Privatization and the Human Right to Water," *Brooklyn Journal of International Law* 31 (2006): 577-578; Karen Bakker, "The 'Commons' versus the 'Commodity': Alter-Globalization, Anti-Privatization and the Human Right to Water in the Global South," *Antipode* 39 (2007): 430-431.

② United Nations, "The Human Right to Safe Drinking Water and Sanitation," General Assembly Resolution A/RES/64/292, http://www.un.org/en/ga/search/view_doc.asp?symbol=A/RES/64/292; UN Human Rights Council, "Human Rights and Access to Safe Drinking Water and Sanitation," Human Rights Council Resolution A/HRC/RES/15/9, http://daccess-ods.un.org/TMP/5257991.55235291.html.

当地水资源的限制，并有意地操纵水循环，修建水坝、灌溉渠和废水系统，并制定法律、建立社会体系来管理水资源。这个时代越来越多地采用了现代供水系统，给社会带来了好处，同时，过度使用、环境污染导致水生态系统破坏严重。20世纪80年代以来，世界进入第三个"水时代"，即水务私有化的时代，水权被纳入新自由主义思想。① 1989年，撒切尔政府将英格兰和威尔士的所有供水公用设施售卖给私人公司，从此开启了水务私有化的序幕。大多数国家并没有选择英国这种全盘私有化的模式，而是选择公私合作的法国模式。1992年，都柏林国际水和环境会议提出4项原则，包括：水是一种有限而脆弱的资源，水的开发与管理应当建立在多主体共同参与的基础上，妇女在水资源供给和保护中有着重要作用，水的各个用途均具有商业价值。这4项原则被称为"都柏林原则"，是水务私有化的指导性原则。2003年，京都国际水和环境部长级会议发表《京都宣言》，声称水资源商业化是解决水危机的最佳途径，可避免水资源管理上的政府失灵。② 世界银行通过"胡萝卜加大棒"的方式在发展中国家推行水务私有化，若接受水务私有化，世界银行即减免发展中国家债务，为发展中国家提供经济援助，若不接受水务私有化即撤回援助。由此，1990年至2006年，世界银行在发展中国家资助了超过300个私营水项目。③

针对水的私有化出现了激烈的抗议和运动，倡导社区控制水（作为一种公共财产资源）的呼声日益高涨。反对水务私有化的行为者们自称"水斗士"（water warriors），提出和都柏林原则针锋相对的诉求，认为水是免费的自然资源，是一种公共产品，必须由公共部门开发和管理，倡导捍卫"水人权"，致力于让所有人都能自由地获取清洁的饮用水和卫生设施。④

---

① Peter H. Gleick, *Bottled and Sold, The Story Behind Our Obsession with Bottled Water* (Washington D.C.: Island Press, 2010), p.X.

② Karen Bakker, "The 'Commons' Versus the 'Commodity': Alter-globalization, Anti-privatization and the Human Right to Water in the Global South," in Becky Mansfield, ed., *Privatization: Property and the Remaking of Nature–Society Relations* (Oxford: Blackwell Publishing, 2008), pp.38-39.

③ Maude Barlow, *Blue Covenant: The Global Water Crisis and the Coming Battle for the Right to Water* (New York: New Press, 2009), p.40.

④ Blue Planet Project, "The Right to Water," http://www.blueplanetproject.net/index.php/home/water-movements/the-right-to-water-is-the-right-to-life/.

水人权倡议运动的代表性社会组织为加拿大公民理事会（The Council of Canadians），该理事会成立于1985年，是加拿大最重要的社会运动组织；代表性市民社会组织（Civil Society Organizations, CSOs）为淡水行动网络（Freshwater Action Network, FAN）；代表性科研机构包括格林威治大学公共服务国际研究小组（Public Services International Research Unit, PSIRU）、荷兰跨国研究中心（Transnational Institute, TNI）及跨国观察站（Multinational Observatory）等。

玛格丽特·凯克等学者归纳了跨国倡议网络在进行说服、交往和施压时采用的策略，主要包括：(1)信息政治，即能够迅速、可靠地提供在政治上可以采用的信息，并能使其发挥最大影响作用；(2)象征政治，即能够利用符号、行动或故事让通常生活在偏远地区的听众了解情况；(3)杠杆政治，即能够利用强大行为体影响网络中较弱成员不可能发挥影响的情况；(4)责任政治，即努力让强大行为体遵循自己以前提出的政策或原则。[①]水人权倡议组织综合运用这4种策略，在地方、国家和国际层面积极开展活动，注重积累社会资本，构建互助互信的社会网络。在国际层面上，水人权倡议的草根组织积极参与世界水论坛（尽管在会议中不被充分代表），并创立同世界水论坛针锋相对的民间世界水论坛（People's Water Forum, PWF），又于2003年在意大利佛罗伦萨更名为别样的世界水论坛（Alternative World Water Forum），组织委员会由24个跨国组织构成。2012年，别样的世界水论坛由97个组织联合举办，包括41个马赛当地组织和32个法国组织，超过150个组织和384名个人在"参与者声明"上签字。反对水务私有化的运动取得了一定的成就，根据荷兰跨国研究所发布的一份报告，水务重新公有化成为一个全球性趋势，公共部门逐渐夺回水及卫生服务的控制权，从2000年到2014年这15年间，全球已知的水务重新公有化的案例已有180宗。[②]活动家们还集中力量组织针对特定国家的宪法和法律修正案运动，特别是在拉美地区。2004年，乌拉圭全国运动导致关于水人权的全民公决，由此产生承认水人权的宪法修正案。

---

① 玛格丽特·E.凯克等：《超越国界的活动家：国际政治中的倡议网络》，韩召颖等译，北京大学出版社，2005，第18—19页。

② TNI, "Here to Stay: Water Remunicipalisation as a Global Trend," November 2014, https://www.tni.org/en/publication/here-to-stay-water-remunicipalisation-as-a-global-trend.

二、网络构面、数据来源及相关指标

本文力图对重要全球水治理成员网络和近5年重要全球水治理活动网络进行社会网络分析。其中，重要全球水治理成员网络选取联合国水机制（UN-Water）、世界水理事会（World Water Council, WWC）、蝴蝶效应联盟（Butterfly Effect Coalition）和蓝色社区计划（Blue Communities）4个羽翼组织；重要全球水治理活动网络选取2018年联合国可持续发展高级别政治论坛关于可持续发展目标第六项（SDG 6）的部分及其周边活动、第七届和第八届世界水论坛，以及与第八届水论坛针锋相对的别样的世界水论坛。这两个网络囊括了大多数——尽管不是全部[①]——全球水治理的重要参与者。

联合国水机制于2003年在联合国系统行政首长协调理事会（UN System Chief Executives Board for Coordination）的支持下成立，致力于以影响政策、监管与报告、鼓励行动等方式促进联合国会员国以可持续的方式管理水资源和卫生事业。[②] 世界水理事会成立于1996年，总部设在法国马赛，是一个面向多方利益相关者的国际化平台，着重从政治方面关注水安全、适应性和可持续性，致力于通过积极开展水政治活动、联合主办世界水论坛、酝酿新思想、应对新挑战，来动员各个层面（包括最高决策层）在重大水问题上采取行动。[③] 蝴蝶效应联盟于2010年在第六届世界水论坛的框架下成立，是国际和地方层面的社会组织网络，致力于在地方层面倡导可持续的改善供水和卫生设施以及水资源管理的有效解决方案。[④] 蓝色社区计划于2009年由加拿大公民理事会、蓝色星球计划（Blue Planet Project）和加拿大公务员工会（Canadian Union of Public Employees）倡导

[①] 例如，斯德哥尔摩国际水研究所举办的世界水周（World Water Week）由于数据不全没有纳入重要活动网络。

[②] "About United Nations Water," 联合国水机制官方网站，https://www.unwater.org/about-unwater/。

[③] WWC, "Together We Make Water a Global Priority," WWC Brochure, 2017, http://www.worldwatercouncil.org/sites/default/files/Official_docs/WWC_Brochure_2017_TOGETHER_WE_MAKE_WATER_A_GLOBAL_PRIORITY.pdf.

[④] "About Us," 蝴蝶效应联盟官方网站，http://www.butterflyeffectcoalition.com/en/about-us。

成立，致力于鼓励市政当局和社区将水人权视为基本人权、禁止或逐步停止瓶装水销售、促进水务公有化。① 录入数据时，以水治理组织网络为列，以成员组织为行，若 i 国际组织、政府部门、社会组织、倡议运动、学术机构、媒体机构等在相应网络的成员名单中，则在所在的第 j 列下 i 对应的元素 X_{ij} 记为1，否则记为0。联合国水机制、世界水理事会、蝴蝶效应联盟和蓝色社区计划的成员数据均来自其官网或手册上的成员名单。联合国水机制的成员主要是联合国的部门，只录入成员不能反映其辐射范围，因此，本文中，联合国水机制的成员组织包括成员、合作伙伴和捐赠者。

2015年9月，联合国在联合国可持续发展峰会上提出可持续发展目标（SDGs），从而在千年发展目标（MDGs）到期之后继续指导2015—2030年的全球发展工作。联合国可持续发展目标第六项（SDG 6）内容为"清洁饮水与卫生设施"（Clean Water and Sanitation）。2012年，联合国可持续发展大会（"里约+20"峰会）决定召开一年一度的可持续发展高级别政治论坛，由联合国经社理事会主办。可持续发展目标提出后，该论坛成为审查、追踪《2030年可持续发展议程》和可持续发展目标实施情况的主要平台。世界水论坛是世界上规模最大的水论坛，自1997年起，每3年由世界水理事会与主办国联合举办，为水利界和重要决策者开展合作、应对全球水挑战搭建了重要平台，论坛汇集来自世界各地、各个层面的参会人员，涉及政界、多边机构、学术界、民间团体以及私营部门。② 第七届世界水论坛于2015年4月在韩国大邱举行，第八届世界水论坛于2018年3月在巴西利亚召开。2018年3月，由于与第八届世界水论坛观点相左，巴西全国基督教教会联合会（National Council of Christian Churches of Brazil, CONIC）等组织在巴西利亚大学举办了别样的世界水论坛，该论坛聚集了捍卫水作为生命基本权利的组织和社会运动，共有7000多人参加。③ 录入

---

① The Council of Canadians, "Blue Communities Project Guide," https://canadians.org/sites/default/files/publications/BCPGuide-2016-web.pdf.

② "About Us," 世界水理事会官方网站，http://www.worldwatercouncil.org/en/about-us。

③ "Call to the People for the Alternative World Water Forum," June 12, 2017, https://web.archive.org/web/20181108083210/, http://fama2018.org/manifesto/; "Final Declaration of the Alternative World Water Forum," March 22, 2018, https://web.archive.org/web/20180904011334/, http://fama2018.org/final-declaration-of-the-alternative-world-water-forum/.

数据时，以水治理论坛网络为列，以论坛的重要参与者为行，若 i 参与者在论坛小组讨论会的组织者、发言者名单中，则在所在的第 j 列下 i 对应的元素 X_{ij} 记为 1，否则记为 0。论坛重要参与者名单来自各论坛的手册，世界水论坛录入各小组讨论会和周边活动的组织者和发言者，别样的世界水论坛录入在最后声明上签字的组织。世界水论坛往往分为多个部分，各个部分主题、观点不一，故各个部分分别录入。

本文拟对重要全球水治理成员网络和近5年重要全球水治理活动网络进行中心性分析、结构洞分析以及 QAP 相关分析。

（一）密度

密度是网络层面的最基本测度，它反映了网络中节点与其他节点连接的程度，通过网络中存在的所有两方关系总数除以网络中可能的最大两方关系的数量来计算。总的来说，整体网络的密度越大，该网络对其中行动者的态度、行为等产生的影响也越大。联系紧密的整体网络不仅为其中的个体提供各种社会资源，同时也成为限制其发展的重要力量。[①]

（二）中心性

中心性是社会网络分析的研究重点之一，可以看作从关系的角度出发对权力进行的定量研究。网络上的节点在其嵌入的社会网络中权力的大小或地位的高低是社会网络分析最早探讨的内容之一。[②] 社会网络学者为量化权力／中心性提供了度数中心度（degree centrality）、接近中心度（closeness centrality）、中间中心度（betweenness centrality）等多种指标。

度数中心度用于测量节点拥有关系的数量，节点 i 的度数中心度即与点 i 直接相连的其他点的个数。标准化度数中心度计算公式消除了网络规模的影响。[③] 若某节点度数中心度的值最大，则称该点居于中心，可能是网络中拥有最大权力的节点。[④]

---

① 刘军：《整体网分析讲义：UCINET 软件实用指南》，格致出版社，2009，第11页。

② 同上书，第97页。

③ 杨松等：《社会网络分析：方法与应用》，曹立坤等译，社会科学文献出版社，2019，第53—54页。

④ 刘军：《整体网分析讲义：UCINET 软件实用指南》，第98页。

接近中心度通过计算网络中节点i和所有其他节点的最短路径长度总和的倒数得到，用于测量网络中某一节点i能多快到达其他节点。[①] 一个节点距离网络中心节点越远，在权力、影响力、声望、信息资源等方面越弱，因此，一个节点的接近中心度越大，该节点就越远离网络的核心。[②] 标准化接近中心度控制网络规模，从而使不同规模网络的行动者之间具有可比性。[③]

中间中心度测量一个点在多大程度上居于网络图中其他点的"中间"，可用于判断行动者对资源控制的程度。处于许多交往网络路径上的行动者尽管度数中心度可能较低，却往往居于重要地位，因为"处于这种位置的个人可以通过控制或者曲解信息的传递而影响群体"。[④] 这个度数中心度相对来说比较低的点可能起到重要的"中介"作用，因而处于网络的中心。[⑤] 弗里曼提出了如下测量中间中心度的计算方法：假设$g_{j,k}$是点j和k之间测地距路径的数量，$g_{j,k}(N_i)$是点j和k间所有经过点i的测地距离路径的数量，将$g_{j,k}(N_i)$除以$g_{j,k}$便得到连接点j和k经过点i的测地距离路径的比例，网络中所有其他"点对"（dyads）之间经过点i的测地距路径的数量总和就是节点i的中间中心度测度。[⑥]

（三）结构洞指数

马克·格兰诺维特（Mark Granovetter）在1973年发表的名篇《弱关系的力量》（*The Strength of Weak Ties*）中指出，在求职过程中，弱关系比强关系作用更大，因为弱关系多意味着社会网范围大，且可能成为连接不同群体之间的"桥"（bridge）或"局部桥"（local bridge）。[⑦] 弱关系将除自身之外并没有联系的社会群体整合进更广阔的社会网络当中，对信息流

[①] 杨松等：《社会网络分析：方法与应用》，第58页。

[②] 刘军：《整体网分析讲义：UCINET软件实用指南》，第105页。

[③] 杨松等：《社会网络分析：方法与应用》，第58—59页。

[④] Linton C. Freeman, "Segregation in Social Networks," *Sociological Methods and Research* 6 (1978), 转引自刘军：《整体网分析讲义：UCINET软件实用指南》，第100页。

[⑤] 刘军：《整体网分析讲义：UCINET软件实用指南》，第100页。

[⑥] 杨松等：《社会网络分析：方法与应用》，第55页。

[⑦] Mark S. Granovetter, "The Strength of Weak Ties," *The American Journal of Sociology* 78 (1973): 1360-1380.

动等至关重要。罗纳德·伯特（Ronald S. Burt）进一步提出结构洞的概念，用来描述非重复关系人之间的断裂。"所谓结构洞是指两个关系人之间的非重复关系。结构洞是一个缓冲器，相当于电线线路中的绝缘器。其结果是，彼此之间存在结构洞的两个关系人向网络贡献的利益是可累加的，而非重叠的。"[1] 伯特认为："分散的网络带来信息利益。……密集的网络则看起来像是无用的监测器，因为这类网络中的关系都是强关系，每个人所知道的，别人也都知道，结果导致大家在同一时间发现同一个机会。……从网络提供了多少异质信息的意义上来看，同样在最小成本的约束条件下，密集网络与分散网络相比是没有效率的。"[2] 结构洞之所以能成为社会资本，是因为"群体内的观念和行为比群体间的同质性更高，所以跨群体之人会更熟悉另类想法和行为，因而会给他们更多的观念选择的机会"[3]。同时，伯特给出了结构洞指数，这一指数包含有效规模（effective size）、效率（efficiency）、限制度（constraint）和等级度（hierarchy）4个方面。[4] 有效规模指行动者的个体网规模减去网络的冗余度，效率为行动者的有效规模与实际规模之比，限制度指的是行动者在自己的网络中拥有的运用结构洞的能力，等级度指限制性集中在一个行动者身上的程度。[5]

（四）QAP相关分析

除了在个体层面描述行为体在网络中的地位，本文还对整体层面的网络结构进行初步的统计推断，初步分析矩阵变量之间的相关性。本文试图检验水人权倡议组织是否在全球水治理组织的整体网络中发挥关键作用。本文运用QAP（Quadratic Assignment Procedure，二次指派程序）方法分析水人权倡议组织与其他组织和重要事件的相关关系。

---

[1] 罗纳德·伯特：《结构洞：竞争的社会结构》，任敏等译，格致出版社，2008，第18页。

[2] 同上。

[3] Ronald S. Burt, "Structural Holes and Good Ideas," *The American Journal of Sociology* 110 (2004): 349-350.

[4] 罗纳德·伯特：《结构洞：竞争的社会结构》，第53—57页。

[5] 刘军：《整体网分析讲义：UCINET软件实用指南》，格致出版社，2009，第194—197页。

三、数据运行结果

水人权倡议运动中互助互信的社会网络在全球水治理的整体网络中处于什么样的位置？下文将从国际上重要的水机制、水网络的成员和近5年重要的水治理国际会议的参与者网络两个方面展开分析。

（一）成员网络数据运行结果

本文选取的联合国水机制、世界水理事会、蝴蝶效应联盟和蓝色社区计划4个羽翼组织共拥有581个成员组织，其中，联合国水机制拥有79个成员组织，世界水理事会拥有370个成员组织，蝴蝶效应联盟拥有99个成员组织，蓝色社区计划拥有57个成员组织。共有22个组织同时属于至少两个网络，其中，水人权倡议组织同时是蝴蝶效应联盟和蓝色社区计划的成员，世界自然基金会、世界自然保护联盟和全球水伙伴同时是联合国水机制、世界水理事会和蝴蝶效应联盟的成员，对抗饥饿运动和妇女水伙伴（Women for Water Partnership, WfWP）同时属于世界水理事会和蝴蝶效应联盟，水援助组织（Water Aid）同时属于联合国水机制和蝴蝶效应联盟，联合国教科文组织、联合国粮农组织、联合国人居署、世界银行、法国开发署、AquaFed、全球水资源联盟、国际水文科学学会、国际水利与环境工程学会、国际灌溉排水委员会、国际水电协会、国际水资源管理研究所、国际水资源协会、斯德哥尔摩国际水研究所和国际应用系统分析研究所这15个组织同时是联合国水机制和世界水理事会的成员。这一网络的平均密度为0.4620，属于较为密集的网络（见表1）。从这些基础数据可以大致看出，联合国水机制和世界水理事会联系较为紧密，蓝色社区计划与其他组织网络联系很少。

通过中心性分析可以看出（见图1），仅从成员数量及相互关系来看，世界水理事会是网络中影响范围最大的组织，其度数中心度、接近中心度和中间中心度均居于四大组织网络之首。蝴蝶效应联盟规模较大，开放性强，覆盖面广。联合国水机制最权威、最官方，开放性较强，但成员数量相对较少。蓝色社区计划是成员网络中最草根、最地方化、最封闭，同时也最边缘的组织网络。水人权倡议组织是蓝色社区计划和其他组织网络之间唯一的桥,处于结构洞的地位。水人权倡议组织的加盟让蓝色社区计划这个地方性的社区网络有机会同更大的全球水治理网络相联系。因此,尽管度数中心度相对不高,接近中心度是中间中心度不为0的成员组织中最低的,但水人权倡议组织中间中心度是所有成员组织中最高的,甚至高于世界自然基金会、世界自然保护联盟、全球水伙伴等同时属于联合国水机制、世界水理事会和蝴蝶效应联盟的组织(见表2)。

表1　成员网络密度

	平均值	标准差
成员网络	0.4620	0.5006

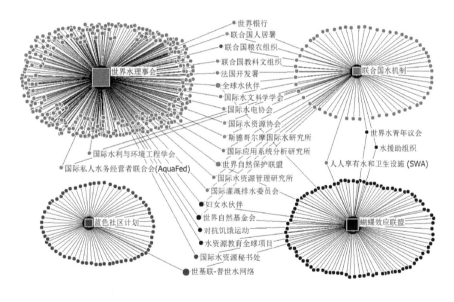

图1　全球重要水治理组织成员网络

表2　成员网络中心度(摘录)

	度数中心度	接近中心度	中间中心度
联合国水机制	0.136	0.344	0.203
世界水理事会	0.637	0.522	0.849
蝴蝶效应联盟	0.170	0.378	0.441

续表

	度数中心度	接近中心度	中间中心度
蓝色社区计划	0.100	0.236	0.186
水人权倡议组织	0.500	0.577	0.239
世界自然基金会	0.750	0.909	0.115
世界自然保护联盟	0.750	0.909	0.115
全球水伙伴	0.750	0.909	0.115
对抗饥饿运动	0.500	0.830	0.086
妇女水伙伴	0.500	0.830	0.086
水援助组织	0.500	0.587	0.020
联合国教科文组织	0.500	0.735	0.009
联合国粮农组织	0.500	0.735	0.009
联合国人居署	0.500	0.735	0.009
世界银行	0.500	0.735	0.009
法国开发署	0.500	0.735	0.009
国际私人水务经营者联合会	0.500	0.735	0.009
全球水资源联盟	0.500	0.735	0.009
国际水文科学学会	0.500	0.735	0.009
国际水利与环境工程学会	0.500	0.735	0.009
国际灌溉排水委员会	0.500	0.735	0.009
国际水电协会	0.500	0.735	0.009
国际水资源管理研究所	0.500	0.735	0.009
国际水资源协会	0.500	0.735	0.009
斯德哥尔摩国际水研究所	0.500	0.735	0.009
国际应用系统分析研究所	0.500	0.735	0.009
其他联合国水机制成员	0.250	0.508	0.000
其他世界水理事会成员	0.250	0.681	0.000
其他蝴蝶效应联盟成员	0.250	0.545	0.000
其他蓝色社区计划成员	0.250	0.379	0.000

结构洞指标和中间中心度指标相关，比中间中心度指标更为精细。水人权倡议组织尽管有效规模较小，等级度更是为0，但限制度是所有成员

组织中最高的。有效规模最大、等级度最高的无疑是同属于3个组织网络的全球水伙伴、世界自然基金会和世界自然保护联盟，但这3个组织限制度相对不高（见表3）。

表3　结构洞分析结果

	有效规模	效率	限制度	等级度	非直接限制度
水人权倡议组织	75.187	0.485	0.025	0.000	0.959
水援助组织	86.716	0.501	0.021	0.009	0.891
联合国教科文组织	106.383	0.247	0.01	0.012	0.991
联合国粮农组织	106.383	0.247	0.01	0.012	0.991
联合国人居署	106.383	0.247	0.01	0.012	0.991
世界银行	106.383	0.247	0.01	0.012	0.991
法国开发署	106.383	0.247	0.01	0.012	0.991
国际私人水务经营者联合会	106.383	0.247	0.01	0.012	0.991
全球水资源联盟	106.383	0.247	0.01	0.012	0.991
国际水文科学学会	106.383	0.247	0.01	0.012	0.991
国际水利与环境工程学会	106.383	0.247	0.01	0.012	0.991
国际灌溉排水委员会	106.383	0.247	0.01	0.012	0.991
国际水电协会	106.383	0.247	0.01	0.012	0.991
国际水资源管理研究所	106.383	0.247	0.01	0.012	0.991
国际水资源协会	106.383	0.247	0.01	0.012	0.991
斯德哥尔摩国际水研究所	106.383	0.247	0.01	0.012	0.991
国际应用系统分析研究所	106.383	0.247	0.01	0.012	0.991
对抗饥饿运动	156.088	0.337	0.009	0.004	0.989
国际水利与环境工程学会	156.088	0.337	0.009	0.004	0.989
全球水伙伴	236.299	0.452	0.008	0.016	0.994
世界自然保护联盟	236.299	0.452	0.008	0.016	0.994
世界自然基金会	236.299	0.452	0.008	0.016	0.994

　　成员网络QAP相关分析结果显示（见表4），水人权倡议组织和联合国水机制呈显著的正相关，与世界水理事会呈显著的负相关，和蝴蝶效应联盟相关关系不显著，即水人权倡议组织的成员更倾向于加入联合国水机

制，不倾向于成为世界水理事会会员，水人权倡议组织和联合国联系较为密切，和世界水理事会则较为疏远。联合国水机制、世界水理事会、蝴蝶效应联盟和蓝色社区计划同其他3个组织网络都呈显著的负相关，说明几个组织网络之间联系较少。

表4　成员网络QAP相关分析

	水人权倡议组织	联合国水机制	世界水理事会	蝴蝶效应联盟	蓝色社区计划
水人权倡议组织	—	0.064*** （0.012）	−0.039** （0.021）	0.001 （0.013）	−0.006 （0.011）
联合国水机制	0.064*** （0.012）	—	−0.099*** （0.018）	−0.022*** （0.011）	−0.014** （0.009）
世界水理事会	−0.039** （0.021）	−0.099*** （0.018）	—	−0.141*** （0.020）	−0.082*** （0.015）
蝴蝶效应联盟	0.001 （0.013）	−0.022*** （0.011）	−0.141*** （0.020）	—	−0.017*** （0.010）
蓝色社区计划	−0.006 （0.011）	−0.014** （0.009）	−0.082*** （0.015）	−0.017*** （0.010）	—

注：括号内为标准差（standard deviation）；*** 为 $p < 0.01$，** 为 $p < 0.05$，* 为 $p < 0.1$。

（二）论坛网络数据运行结果

本文选取的2018年联合国高级别政治论坛关于可持续发展目标第六项（SDG 6）的部分及其周边活动、第七届世界水论坛、第八届世界水论坛、2018年别样的世界水论坛等全球水治理重要论坛包含606个主要参与者，即论坛开闭幕式、小组讨论会和周边活动的组织者、协调者、发言人所在组织。其中，82个组织参加了超过一个论坛或论坛的不同主题、周边活动。论坛网络平均密度为0.2238，是相对松散的网络（见表5）。

表5　论坛网络密度

	平均密度	标准差
事件网络	0.2238	0.4357

根据中心性分析，两届世界水论坛是全球水治理论坛网络中影响最大

的活动，2018年联合国可持续发展高级别政治论坛关于可持续发展目标第六项（SDG 6）的小组讨论会是权威的但参与组织较少的活动。2018年别样的世界水论坛同论坛网络中其他活动联系很弱，只有水人权倡议组织和巴西利亚大学参与组织其他活动，但别样的世界水论坛中间中心度较高，由于参与的草根组织较多，度数中心度也较高。第八届世界水论坛相较于前一届世界水论坛，主题讨论会规模更大，地方性水论坛和市民社会参与规模均缩小，每天140美元的注册费使一些市民社会组织和草根组织望而却步。例如，淡水行动网络在第七届世界水论坛中占有一席之地，却没能成为第八届世界水论坛小组讨论会的重要参与者。巴西利亚大学和水人权倡议组织是在别样的世界水论坛最后声明上签字的组织中为数不多的两个参加了本文所选取的其他重要论坛的组织，二者均有较高的中间中心度。巴西利亚大学是唯一一个既参与组织第八届世界水论坛主题讨论，又参与组织别样的世界水论坛的组织，而这两个活动既规模宏大又观点相左，因而巴西利亚大学成为整体网络中中间中心度最高的组织。水人权倡议组织是2018年联合国可持续发展高级别政治论坛可持续发展目标第六项（SDG 6）周边论坛的组织者，同时是参与别样的世界水论坛的重要组织，其中间中心度仅次于巴西利亚大学、韩国水论坛和联合国教科文组织国际水文计划。第七届世界水论坛在韩国大邱举办，韩国水论坛参与了许多第七届世界水论坛的活动，因而3项中心性指标都很高。联合国教科文组织国际水文计划参与组织第七届世界水论坛的主题、科技、市民社会部分和周边活动，以及第八届世界水论坛的主题和地方部分活动，是两届世界水论坛中参与组织小组讨论会最多的行为体。一些企业在论坛网络中也拥有较高的地位，如威立雅环境集团、苏伊士环境集团、可口可乐公司等，这些企业积极参与世界水论坛，甚至被反对者指责操纵世界水论坛的议程。[①] 表6摘录了中间中心度大于等于0.002的论坛和组织的3种中心度的值。

---

① Blue Planet Project, "World Water Forums," http://www.blueplanetproject.net/index.php/home/the-global-water-crisis/privatization-and-corporate-influence/world-water-forums/.

表6   论坛网络中心度（摘录）

	度数中心度	接近中心度	中间中心度
第七届世界水论坛（周边活动）	0.134	0.313	0.180
第七届世界水论坛（主题）	0.223	0.333	0.310
第七届世界水论坛（科技）	0.064	0.294	0.085
第七届世界水论坛（政治）	0.013	0.212	0.015
第七届世界水论坛（地方）	0.091	0.300	0.116
第七届世界水论坛（市民）	0.096	0.302	0.133
第八届世界水论坛（主题）	0.251	0.404	0.606
第八届世界水论坛（政治）	0.005	0.230	0.005
第八届世界水论坛（地方）	0.031	0.290	0.040
第八届世界水论坛（市民）	0.017	0.258	0.020
第八届世界水论坛（可持续）	0.010	0.268	0.010
2018年联合国高级别政治论坛（SDG 6）	0.018	0.238	0.020
2018年联合国高级别政治论坛（SDG 6 周边）	0.013	0.315	0.043
2018年别样的世界水论坛	0.267	0.297	0.451
巴西利亚大学	0.143	0.659	0.377
韩国水论坛	0.429	0.714	0.049
联合国教科文组织国际水文计划	0.429	0.729	0.049
水人权倡议组织	0.143	0.533	0.037
国际水协会	0.357	0.717	0.036
联合国教科文组织	0.357	0.725	0.036
韩国水资源公司	0.357	0.712	0.033
世界自然基金会	0.286	0.695	0.023
全球水伙伴	0.286	0.655	0.021
联合国教科文组织世界水评估计划	0.286	0.667	0.021
世界青年水议会	0.286	0.660	0.021
联合国粮农组织	0.286	0.691	0.020
国际水资源办公室	0.286	0.691	0.020
联合国水机制	0.286	0.595	0.020
斯德哥尔摩国际水研究所	0.286	0.599	0.015

	度数中心度	接近中心度	中间中心度
对抗饥饿运动	0.214	0.630	0.013
蝴蝶效应联盟	0.214	0.655	0.013
墨西哥国家水资源委员会	0.214	0.632	0.013
国际水资源秘书处	0.214	0.655	0.013
韩国环境研究院	0.214	0.644	0.013
水文化研究所	0.214	0.655	0.013
全球环境基金	0.214	0.664	0.012
国际自然保护联盟	0.214	0.664	0.012
经合组织	0.214	0.664	0.012
妇女水伙伴	0.214	0.631	0.012
世界银行	0.214	0.664	0.012
亚洲发展银行	0.214	0.651	0.011
联合国欧洲经济委员会	0.214	0.651	0.011
韩国建设技术研究院	0.286	0.539	0.010
韩国国土交通部	0.214	0.513	0.010
水环境联合会	0.143	0.579	0.008
国际水资源管理研究所	0.143	0.490	0.006
日本水论坛	0.143	0.605	0.006
可口可乐公司	0.214	0.488	0.006
水青年网络	0.143	0.587	0.006
阿拉伯水理事会	0.143	0.585	0.005
拉丁美洲发展银行	0.143	0.585	0.005
韩国汉江防汛办公室	0.214	0.521	0.005
联合国人居署	0.143	0.489	0.005
世界城市和地方政府联合组织	0.143	0.489	0.005
联合国环境规划署	0.214	0.521	0.005
非洲发展银行	0.214	0.526	0.004
国际私人水务经营者联合会	0.143	0.626	0.004
美国土木工程协会环境与水资源分会	0.143	0.626	0.004
法国电力集团	0.143	0.626	0.004

续表

	度数中心度	接近中心度	中间中心度
国际大坝委员会	0.143	0.626	0.004
国际水培训中心网络	0.143	0.626	0.004
阿拉伯国家联盟	0.214	0.507	0.004
内罗毕供水与污水处理公司	0.143	0.626	0.004
墨西哥全国水和卫生设施协会	0.214	0.486	0.004
国际重要湿地公约	0.143	0.626	0.004
人人享有水和卫生设施	0.143	0.626	0.004
威立雅环境集团	0.143	0.626	0.004
世界水理事会	0.143	0.626	0.004
非洲部长级水理事会	0.143	0.502	0.002
多尔蒂食用水全球研究所	0.143	0.502	0.002
联合国经社理事会	0.143	0.467	0.002
淡水行动网络	0.143	0.504	0.002
淡水行动网络（墨西哥）	0.143	0.504	0.002
国际绿十字会	0.143	0.504	0.002
中国水利水电科学研究院	0.143	0.497	0.002
荷兰水伙伴	0.143	0.502	0.002
亚洲江河流域组织网络	0.143	0.502	0.002
苏伊士环境集团	0.143	0.497	0.002
土耳其水研究所	0.143	0.497	0.002
联合国亚太经社理事会	0.143	0.502	0.002
联合国教科文组织	0.143	0.497	0.002
水援助组织	0.143	0.467	0.002
湿地国际	0.143	0.504	0.002
世界可持续发展工商理事会	0.143	0.488	0.002

表7　论坛网络结构洞分析（摘录）

	有效规模	效率	限制度	等级度	非直接限制度
全球水伙伴（中亚和高加索）	29.959	0.434	0.045	0.022	0.729
联合国经社理事会	28.415	0.323	0.037	0.012	0.774

续表

	有效规模	效率	限制度	等级度	非直接限制度
水援助组织	28.415	0.323	0.037	0.012	0.774
墨西哥全国水和卫生设施协会	80.249	0.573	0.025	0.034	0.796
可口可乐公司	76.995	0.558	0.024	0.017	0.800
联合国人居署	41.457	0.298	0.024	0.007	0.824
世界城市和地方政府联合组织	41.457	0.298	0.024	0.007	0.824
世界可持续发展工商理事会	39.651	0.287	0.024	0.004	0.819
国际水资源管理研究所	47.573	0.333	0.023	0.005	0.822
水人权倡议组织	14.469	0.086	0.023	0.002	0.963
中国水利水电科学研究院	67.229	0.418	0.022	0.026	0.844
苏伊士环境集团	67.229	0.418	0.022	0.026	0.844
联合国教科文组织亚太区域科学局	67.229	0.418	0.022	0.026	0.844
巴西国家水务局	37.578	0.235	0.022	0.007	0.870
土耳其水研究所	67.229	0.418	0.022	0.026	0.844
淡水行动网络	81.377	0.460	0.021	0.030	0.858
淡水行动网络（墨西哥）	81.377	0.460	0.021	0.030	0.858
国际绿十字会	81.377	0.460	0.021	0.030	0.858
湿地国际	81.377	0.460	0.021	0.030	0.858
非洲部长级水理事会	77.323	0.447	0.021	0.030	0.853
多尔蒂食用水全球研究所	77.323	0.447	0.021	0.030	0.853
荷兰水伙伴	77.323	0.447	0.021	0.030	0.853
亚洲江河流域组织网络	77.323	0.447	0.021	0.030	0.853
联合国亚太经社理事会	77.323	0.447	0.021	0.030	0.853
联合国水机制	100.218	0.501	0.020	0.045	0.875
阿拉伯国家联盟	93.087	0.503	0.020	0.040	0.855
韩国国土交通部	93.451	0.479	0.020	0.038	0.878
全球水适应联盟	86.216	0.454	0.020	0.037	0.877
南非水资源与卫生部	86.216	0.454	0.020	0.037	0.877
全球水资源倡议	86.216	0.454	0.020	0.037	0.877
国际流域组织网	86.216	0.454	0.020	0.037	0.877
韩国水资源公司（学术）	86.216	0.454	0.020	0.037	0.877

续表

	有效规模	效率	限制度	等级度	非直接限制度
联合国开发计划署	86.216	0.454	0.020	0.037	0.877
水环境联合会	69.292	0.377	0.020	0.013	0.877
韩国汉江防汛办公室	116.693	0.538	0.019	0.055	0.890
联合国环境规划署	116.693	0.538	0.019	0.055	0.890
斯德哥尔摩国际水研究所	108.043	0.522	0.019	0.050	0.870
水青年网络	82.200	0.415	0.019	0.022	0.889
阿拉伯水理事会	79.273	0.407	0.019	0.021	0.883
拉丁美洲发展银行	79.273	0.407	0.019	0.021	0.883
非洲发展银行	125.103	0.551	0.018	0.056	0.895
韩国建设技术研究院	154.349	0.608	0.017	0.069	0.905
日本水论坛	99.516	0.456	0.017	0.024	0.893
墨西哥国家水资源委员会	145.170	0.561	0.016	0.045	0.903
妇女水伙伴	121.107	0.469	0.016	0.040	0.935
对抗饥饿运动	118.693	0.464	0.016	0.037	0.934
国际私人水务经营者联合会	112.847	0.448	0.016	0.036	0.936
美国土木工程协会环境与水资源分会	112.847	0.448	0.016	0.036	0.936
法国电力集团	112.847	0.448	0.016	0.036	0.936
国际大坝委员会	112.847	0.448	0.016	0.036	0.936
国际水培训中心网络	112.847	0.448	0.016	0.036	0.936
内罗毕供水与污水处理公司	112.847	0.448	0.016	0.036	0.936
国际重要湿地公约	112.847	0.448	0.016	0.036	0.936
人人享有水和卫生设施	112.847	0.448	0.016	0.036	0.936
威立雅环境集团	112.847	0.448	0.016	0.036	0.936
世界水论坛	112.847	0.448	0.016	0.036	0.936
世界青年水议会	167.309	0.558	0.015	0.060	0.950
全球环境基金	167.567	0.548	0.015	0.060	0.960
国际自然保护联盟	167.567	0.548	0.015	0.060	0.960
经合组织	167.567	0.548	0.015	0.060	0.960
世界银行	167.567	0.548	0.015	0.060	0.960
蝴蝶效应联盟	159.486	0.542	0.015	0.057	0.951

续表

	有效规模	效率	限制度	等级度	非直接限制度
国际水资源秘书处	159.486	0.542	0.015	0.057	0.951
水文化研究所	159.486	0.542	0.015	0.057	0.951
全球水伙伴	158.807	0.544	0.015	0.056	0.942
亚洲发展银行	153.485	0.533	0.015	0.054	0.948
联合国欧洲经济委员会	153.485	0.533	0.015	0.054	0.948
韩国环境研究院	144.844	0.521	0.015	0.048	0.941
世界自然基金会	211.488	0.609	0.014	0.074	0.971
联合国粮农组织	204.941	0.601	0.014	0.074	0.971
国际水资源办公室	204.941	0.601	0.014	0.074	0.971
不来梅海外研究发展协会	176.812	0.574	0.014	0.064	0.948
联合国教科文组织世界水评估计划	172.577	0.557	0.014	0.063	0.956
联合国教科文组织国际水文计划	255.630	0.662	0.013	0.089	0.975
联合国教科文组织	248.199	0.650	0.013	0.084	0.980
国际水协会	240.349	0.644	0.013	0.084	0.976
韩国水资源公司	233.970	0.638	0.013	0.084	0.976
韩国水论坛	242.198	0.658	0.013	0.082	0.963

QAP相关分析显示（见表8），参与水人权倡议组织参加的论坛的组织显著地不倾向于参加两届世界水论坛；参加2018年联合国可持续发展高级别政治论坛可持续发展目标第六项（SDG 6）的组织显著倾向于参加其周边活动，但这一高级别政治论坛及其周边活动同其他活动相关性不显著；第七届和第八届世界水论坛参与者差异较明显；参与2018年别样的世界水论坛的组织显著地不倾向于参加两届世界水论坛。联合国主办的论坛、世界水论坛和别样的世界水论坛之间联系较少，几乎可视为3个较为封闭的网络。

表8　论坛网络QAP相关分析

	水人权倡议组织参加的论坛	2018年联合国可持续发展高级别政治论坛（SDG 6）	2018年联合国可持续发展高级别政治论坛（SDG 6周边活动）	第七届世界水论坛	第八届世界水论坛	2018年别样的世界水论坛
水人权倡议组织参加的论坛	—	-0.004（0.005）	0.043***（0.004）	-0.166***（0.022）	-0.091***（0.018）	0.955***（0.017）
2018年联合国可持续发展高级别政治论坛（SDG 6）	-0.004（0.005）	—	0.025***（0.002）	-0.006（0.006）	-0.005（0.005）	-0.005（0.005）
2018年联合国可持续发展高级别政治论坛（SDG 6周边活动）	0.043***（0.004）	0.025***（0.002）	—	-0.001（0.005）	0.001（0.004）	-0.003（0.005）
第七届世界水论坛	-0.166***（0.022）	-0.006（0.006）	-0.001（0.005）	—	-0.131***（0.023）	-0.159***（0.021）
第八届世界水论坛	-0.091***（0.018）	-0.005（0.005）	0.001（0.004）	-0.131***（0.023）	—	-0.087***（0.018）
2018年别样的世界水论坛	0.955***（0.017）	-0.005（0.005）	-0.003（0.005）	-0.159***（0.021）	-0.087***（0.018）	—

注：括号内为标准差（standard deviation）；*** 为 $p < 0.01$，** 为 $p < 0.05$，* 为 $p < 0.1$。

四、小结

总体而言，水人权倡议网络在全球水治理整体网络中的地位不如支持水务自由化的力量高，搭建的平台也不具备能与世界水论坛等抗衡的影响力。因此，水人权倡议最初的核心诉求——反对水务私有化，很难在现有水治理框架内实现。鉴于此，联合国于2010年承认水人权为一项基本人权可能仅仅成为一种话语上的妥协而非实质上的成功。有学者指出，人权这一个人主义、人类中心主义、国家中心论的西方概念同私有化是兼容的，因此，水人权倡议的话语策略具有很强的局限性。① 水人权概念的批评者们提出一系列替代性概念，包括公有物、自由的权利、另类全球化等。② 然而，所有替代性概念都有局限性，现阶段，水人权依然是相对行之有效的提法。③

实际上，解决水危机不应陷入关于私有化的口舌之争，正如一些学者指出，水资源及卫生服务的私有化、商业化并非实现水人权的关键障碍，关于水务私有化的讨论往往陷入情绪化和意识形态化的旋涡，将水危机归因于水务私有化过分简单，缓解水危机、真正实现水人权需要全面的战略，要求政府鼓励多主体参与，建立一整套负责任的、回应性强的机制。④ 从全球水治理网络的角度看，目前，水务私有化的支持者和反对者构成的网络都较为封闭，别样的世界水论坛的举办一定程度上表明世界水论坛代表性不足，反对水资源和卫生设施供给商业化的声音无法在官方的世界水论坛上表达。只有摒弃分歧、开放网络、优势互补，才能有效缓解水危机，实现人们获取安全和清洁的饮用水和卫生设施的权利。

---

① Karen Bakker, "The 'Commons' Versus the 'Commodity': Alter-globalization, Anti-privatization and the Human Right to Water in the Global South," in Becky Mansfield, ed., *Privatization: Property and the Remaking of Nature–Society Relations* (Oxford: Blackwell Publishing, 2008), p.55.

② Oriol Mirosa and Leila M. Harris, "Human Right to Water: Contemporary Challenges and Contours of a Global Debate," *Antipode* 44 (2012): 933-934.

③ Ibid., p.934.

④ Catarina de Albuquerque and Inga T. Winkler, "Neither Friend Nor Foe: Why the Commercialization of Water and Sanitation Services is Not the Main Issue in the Realization of Human Rights," *Brown Journal of World Affairs* 17 (2010): 168-177.

叙以和谈中的水资源分配争端

——一种水安全视角的解读

黄康睿[*]

【内容提要】 戈兰高地被以色列占领已逾半个世纪，当事双方叙利亚与以色列作出大量努力，试图使戈兰高地归属问题能够妥善解决，但最终都事与愿违。2019年3月，特朗普政府承认以色列对戈兰高地拥有主权，掀起了学界对戈兰高地的又一波关注。戈兰高地由于地形地貌等因素具有重要的传统安全价值，也由于蕴含着极为丰富的水资源，还具有水安全的重要价值。这一"水安全"的概念得到叙以双方的认知与行为的共同建构。本文以水安全为研究切入点，探讨叙以谈判进程中各自对戈兰高地水资源的立场，并认为，叙以之间的水资源分配不是单纯的资源问题，是一个直接事关两国水安全、边界划分乃至国家尊严的庞大议题。总体上看，叙以两国在20世纪90年代进行的大量谈判极大消弭了两国分歧，使得双方立场逐渐接近。然而，具体到涉及约旦河流域的水资源议题上，叙以双方在近10年的谈判中裹足不前，直到谈判破裂尚未取得实质性进展。本文通过对比分析叙以和谈总体进程与水议题的进程，指出两国在水议题上不可调和的矛盾是谈判破裂的一个不容忽视的因素。双方没能找到合适的谈判模式来解决水议题上"零和博弈"的困境，最终使近10年的谈判努力功亏一篑。

【关键词】 叙以和谈；戈兰高地；水安全

一、引言

本文选用发生在叙利亚与以色列和平谈判中有关水资源议题的争端作

---

* 黄康睿，复旦大学国际关系与公共事务学院博士研究生。

为研究对象，是考虑到该研究对象的几个重要特点：其一，水资源的稀缺性是水安全化的本质，中东地区水资源丰度极差，重要性高，非常容易使水资源问题安全化，该研究对象有助于理解"水安全"概念的内涵，尤其是进一步理解争端各国将保证水安全视为长期政策目的而非短期的外交手段。其二，叙以和谈的主要争端基本围绕着戈兰高地及其附属权益的归属问题，戈兰高地的地理特征不仅赋予了其在传统安全上的重要价值，也赋予了其在水安全上的重要价值。事关水资源分配的问题成为叙以和谈过程中的重要议题，本文也将指出双方在水议题上的分歧是导致谈判破裂的一个重要因素。其三，叙以和谈的最终结果是失败的，但可以为后人提供诸多启示，更好地规避水资源争端中出现的重大风险。

叙以和谈并不是一个新的学术话题。目前，学界已有从不同角度入手的大量分析成果，这些成果的研究重点大致可分为4类：绝大多数从叙以双方和谈中的战略互动与对戈兰高地的博弈过程入手，对谈判进行概括性分析；[①] 部分研究重点关注第三方作用——谈判进程中区域外大国所扮演的角色；[②] 和谈进程中各位学者对和谈前景、背景和机制的探讨和分

---

① 参见：Marwa Daoudy, "A Missed Chance for Peace: Israel and Syria's Negotiations over the Golan Heights," *Journal of International Affairs* 61 (2008):215-234; Jerome Slater, "Opportunities of Peace in the Arab-Israeli Conflict: Israel and Syria, 1948-2001," *International Security* 27 (2002):79-106; Jonathan Rynhold, "Re-Conceptualizing Israeli Approaches to 'Land for Peace' and the Palestinian Question since 1967," *Israel Studies* 6 (2001):33-52; Patrick Seale, "The Syria-Israel Negotiations: Who is Telling the Truth?" *Journal of Palestine Studies* 29 (2000): 65-77; Alon Ben-Meir, "Reconciling the Arab Initiative with Israel's Core Requirements for Peace," *International Journal on World Peace* 25 (2008): 75-113; Jeremy Pressman, "Mediation, Domestic Politics, and the Israeli-Syrian Negotiations," *Security Studies* 16 (2007): 350-381; 门中国《叙以和谈中的戈兰高地问题探析》，硕士学位论文，兰州大学，2014；柳莉《以色列北部边界与阿以和谈：冲突与合作的博弈》，硕士学位论文，外交学院，2004。

② 参见：Robert Raball, "The Ineffective Role of the U.S. in the U.S.-Israeli-Syrian Relationship," *Middle East Journal* 55 (2001): 415-438; Alain Gresh, "Turkish-Israeli-Syrian Relations and Their Impact on the Middle East," *Middle East Journal* 52 (1998):188-203; Jeremy Pressman, "Mediation, Domestic Politics, and the Israeli-Syrian Negotiations," *Security Studies* 16 (2007): 350-381；孙德刚《1973年第四次中东战争与美国的斡旋外交》，《美国问题研究》2010年第1期，第116—129页。

析；[①] 事后直接当事人——叙以双方首席谈判代表瓦立德·穆阿利姆
（Walid al-Moualem）、伊塔马尔·拉宾诺维奇（Itamar Rabinovich）及其他
事件亲历者披露的谈判进程中的大量细节。[②]

众多研究者的成果极大丰富了学界乃至公众对叙以和谈问题的认识，
随着研究的深入与细化，已经有部分学者意识到戈兰高地的水源问题对叙
以两国战和产生的影响[③]，但是就水资源分配涉及的安全性认识仍显不足。
如果认真分析以色列历届政府与叙利亚政府的谈判过程，不难发现，双方
都赋予戈兰高地的水资源以相当高的政治价值。以色列方面为了追求自己
在用水安全方面的绝对掌控，在作出其他领土让步的同时，坚持叙利亚在
太巴列湖（加利利海）沿岸的领土不能接触湖面。这种对绝对水安全的追
求与叙利亚的立场产生了不可调和的矛盾，因此，在缺乏合作基础、政治

---

① 参见：Muhammad Muslih, "The Golan: Israel, Syria, and Strategic Calculations," *Middle East Journal* 47 (1993): 611-632; Raymond A. Hinnebusch, "Does Syria Want Pease? Syrian Policy in the Syrian-Israeli Peace Negotiations," *Journal of Palestine Studies* 26 (1996): 42-57; 徐向群，宫少朋主编《中东和谈史：1913—1995年》，中国社会科学出版社，1998；余国庆《阿以和谈若干因素分析》，《西亚非洲》1995年第2期；宋德星《阿拉伯被占领土与以色列安全防务政策的关系探析》，《西亚非洲》1997年第2期；余建华《1996年中东和平进程回眸》，《中东研究》1997年第2期；陈佩明《佩雷斯的叙以和谈方针与以国内局势发展》，《世界经济与政治》1996年第4期。

② 参见：Walid al-Moualem, "Fresh Light on the Syrian-Israeli Peace Negotiations," *Journal of Palestine Studies* 26 (1997): 81-94; Itamar Rabinovich, *The Brink of Peace: The Israeli-Syrian Negotiations*(Princeton: Princeton University Press, 1998); Itamar Rabinovich, *Damascus, Jerusalem, and Washington: The Syrian-Israeli Relationship as a U.S. Policy Issue* (The Saban Center for Middle East Policy at the Brookings Institution, 2009); Helena Cobban, *The Israeli-Syrian Peace Talks: 1991-96 and Beyond* (Washington D.C.: United States Institute of Peace, 2000); Itamar Rabinovich, "Israel, Syria, and Lebanon," *International Journal* 45 (1990): 529-552。

③ 参见：W. W. Harris, "War and Settlement Change: The Golan Heights and the Jordan Rift, 1967-77,"*Transactions of the Institute of British Geographers* 3 (1978): 309-330; Marwa Daoudy, "A Missed Chance for Peace: Israel and Syria's Negotiations over the Golan Heights," *Journal of International Affairs* 61 (2008): 215-234; Moshe Gat, "The Great Powers and the Water Dispute in the Middle East: A Prelude to the Six Day War," *Middle Eastern Studies* 41 (2005): 911-935; Munther J. Haddadin, "Water in the Middle East Peace Process,"*The Geographical Journal* 168(2002): 323-340; Julie Trottier, "A Wall, Water and Power: the Israeli 'Separation Fence'," *Review of International Studies* 33 (2007): 105-127; Donald Neff, "Israel-Syria: Conflict at the Jordan River," *Journal of Palestine Studies* 23 (1994): 26-40。

互信的前提下，双方尚不具备解决这一矛盾的能力。

二、戈兰高地的水安全价值：存在、认识、行为

目前，学界对"水安全"这一概念的过热现象进行了一定的反思与批判。部分学者认为，在水资源合作与争端上出现了"泛安全化"的现象。究其实质，水资源的泛安全化是一种"认识论"超越"存在论"的唯心主义，这种现象出现的根本原因是部分国家将追求水安全作为一种短期的临时的外交手段，而非长期的根本的政策目标。

对"泛安全化"概念的批判也促使笔者在本文中就戈兰高地的水安全价值进行"存在"与"认识"这两个维度的探讨，以避免本文滑入泛安全化的概念困境。在下文中，本文将先介绍戈兰高地的水资源丰度，继而分析叙以两国对戈兰高地水资源的认识以及采取的相关行动，以此来论证戈兰高地的水安全价值。

（一）作为客观存在的戈兰高地的水资源

戈兰高地面积约1800平方公里，平均海拔约1000米，目前大部分[①]处于以色列控制之下。[②]戈兰高地有着丰富的地表水资源与降水资源，被誉为"中东水塔"。约旦河流域（包括若干条支流与太巴列湖）组成了戈兰高地上的主要地表水系。上约旦河有3条河源：源于叙属戈兰高地的巴尼亚斯河（Banias Spring/River）、源于以色列境内的丹河（Dan River）、源于黎巴嫩境内的哈斯巴尼河（Hasbani River），三者在以色列北部的胡拉谷地（Huleh Valley）汇聚，后注入太巴列湖。

1923年，英法托管当局对所占中东殖民地进行了分割，并就戈兰高地的地表水资源做了一定的分配。根据1923年的英法边界协议，英属巴勒

[①] 以控戈兰高地面积约1295平方公里，参见美国中央情报局官网相关信息：https://www.cia.gov/library/publications/the-world-factbook/geos/sy.html。

[②] 戈兰高地具体地理环境可参见：Muhammad Muslih, "The Golan: Israel, Syria, and Strategic Calculations," *Middle East Journal* 47(1993):621。

斯坦获得太巴列湖、胡拉湖、上约旦河干流，以及耶尔穆克河的一段。[①][②]
为了保证英属巴勒斯坦对太巴列湖的绝对控制，协议不仅把整个太巴列湖
划归英属巴勒斯坦，还另外将湖东岸、北岸10米宽的湖滩地带一并附带
划入。此外，从太巴列湖北部至胡拉湖段，边界线确定在约旦河东岸50—
400米处，这样一来便避免了叙利亚与太巴列湖、约旦河干流的直接接
触。[③]协议将太巴列湖的"主权"给予英属巴勒斯坦，但仍然保留了叙利亚
人利用太巴列湖、巴尼亚斯河、哈斯巴尼河水资源从事捕鱼、农业生产的
权利。[④]

太巴列湖目前是以色列境内最大的淡水湖，是以色列极为重要的水
源。太巴列湖及其周围流域每年能给以色列提供约5.6亿立方米的水量，
能有效解决以色列北部地区的用水问题。占领戈兰高地后，以色列国内
60%的用水量取自约旦河流域[⑤]，其中有30%是直接来自戈兰高地。[⑥]而随

---

① 徐向群：《叙以和谈的症结：安全与水资源问题探析》，《西亚非洲》1996年第2期，
第13页。

② 关于1923年英法划定的国际边界线更为详细的描述，可参见：宫少朋《戈兰高地
与叙利亚—以色列关系》，载殷罡主编《阿以冲突——问题与出路》，国际文化出版公司，
2002，第113—116页。

③ Muna Dajani, "Dry Peace: Syria-Israel and the Water of the Golan," in *The Atkin Paper
Series* (The International Center for the Study of Radicalisation and Political Violence, 2011): 7.

④ Ibid.

⑤ 不同学者及相关文献对以色列关于戈兰高地、约旦河水资源依赖程度的数据有所
出入。笔者认为，这是统计方法的不同造成的。比如，美国中央情报局的情报显示，1976
年时，以色列30%的水源来自约旦河，这不包括约旦河流域的其他地表水，所以统计结
果数据偏低。见美国中央情报局情报评估："Israel: Water and Its Implications for Middle
East Peace," Central Intelligence Agency, https://www.cia.gov/library/readingroom/docs/CIA-
RDP83B00231R000100100001-2.pdf. 还有学者认为，以色列对约旦河的取水量达到了国内
用水总量的60%左右，这一数据应当涵盖了整个约旦河流域（包括三大支流、太巴列湖等）
的用水量。可参见：Marwa Daoudy, "A Missed Chance for Peace: Israel and Syria's Negotiations
over the Golan Heights," *Journal of International Affairs* 61 (2008): 220. 其他有关戈兰高地供水
量占以色列用水量的比例可参见：Gurtler A., Haimann J. and Simmons C., "Syrian-Israeli Peace
in the Golan: No Walk in the Park," *The Institute of Middle East Studies Paper Series* (Washington
D.C.: George Washington University, 2010), p.14; Shuval H., "Are the Conflicts between Israel and
Her Neighbours over the Waters of the Jordan River Basin an Obstacle to Peace? Israel-Syria as a
Case Study," *Water, Air and Soil Pollution* 123 (2000): 614.

⑥ 张倩红：《以色列的水资源问题》，《西亚非洲》1998年第5期，第44页。

着取水来源的多元化，以色列对戈兰高地水资源依赖程度不断降低，据相关统计，戈兰高地的供水量已降至占以色列境内用水量的15%左右。[①] 戈兰高地的水资源对叙利亚而言也同样重要，因为其叙利亚一侧拥有众多河流，经估算，每年流失在"以占区"的水量大约有2.5亿立方米。[②] 此外，戈兰高地的降水量非常丰富，叙境内60%的土地年降水量不到250毫米，而戈兰高地年均降水量为728毫米，远远高于叙全国平均水平，接近叙利亚西部海岸地区的900毫米。

（二）叙以对戈兰高地水资源的认识与行为

戈兰高地相对充足的水资源丰度与整个中东地区水资源的稀缺性形成对比，突出了其客观上的安全价值。此外，叙利亚与以色列对戈兰高地水资源的认识也从主观上建构了水安全的概念。

戈兰高地上的水源对叙以两国都具有战略层面的意义，两国对双方在利用约旦河水资源的动作极为敏感。长期以来，阿拉伯国家方面把与以色列有关的水资源作为重要的战略资源。叙以两国对戈兰高地水资源的争夺早在第三次中东战争前就已经达到了相当的烈度。当1963年以色列宣布"全国输水工程"即将全部完工时，叙利亚将其视为对安全的严重威胁。在次年1月于开罗召开的第一次阿拉伯国家首脑会议上，与会国家通过决议，把对约旦河水资源的分配作为对以战略的重要组成部分，将以色列的输水工程定义为"损害下游国家利益的进攻性计划"（aggressive plan），会议同意成立监管约旦河水利用的专门机构，成立统一军事指挥部，应对可能的冲突。[③] 1964年，叙利亚与黎巴嫩合作开展"约旦河水改道计划"，试图开凿人工渠将巴尼亚斯河与哈斯巴尼河引入耶尔穆克河，使约旦河整体"改道"。以色列把保护和利用水资源作为自身国家安全层次的水战略地位（hydrostrategic position）来考虑，控制戈兰高地意味着以色列从一个约旦河的下游国家成为一个能够控制约旦河上游的国家。以色列的降水极为不

---

① "Golan Heights," *Wikipedia*, https://en.wikipedia.org/wiki/Golan_Heights.

② Khaldoon A. Mourad and Ronny BernnyBerndtsson, "Syrian Water Resources between the Present and the Future," *Air, Soil and Water Research* 4 (2011): 96.

③ Moshe Gat, "The Great Powers and the Water Dispute in the Middle East: A Prelude to the Six Day War," *Middle Eastern Studies* 41 (2005):920.

平衡，反映在时间的不平衡和区域的不平衡两个方面：几乎所有的降水集中在每年的 10 月至 4 月，而不是作物生长的春夏两季；降水集中在北部山区，这些地区缺乏耕地，人口稀少。此外，历年的降水也有较大的差异：从旱季的 4 亿立方米的降水资源量到涝季的 24 亿立方米。[①] 降水的不平衡与不稳定加重了以色列对地表水的依赖。以色列的"全国输水工程"便是基于这种地理背景，从 20 世纪 50 年代开始，以色列便开始建设由北部向南部干旱地区的输水系统，以期南部的内盖夫地区能得到有保证的用水。当面临叙利亚针锋相对的"约旦河改道计划"的威胁后，以色列直接开展军事行动破坏了叙利亚的工程。[②] 第三次中东战争的最后一日，以军夺占戈兰高地。战后的以色列当局马上宣布将新占领土地的水资源列为"战略资源"，置于以色列军事控制之下。[③] 至此，叙利亚人彻底失去了对巴尼亚斯河和约旦河上游的控制和用水资格。

从行为模式上看，叙以双方将保证戈兰高地水资源控制权作为自身核心利益，无论是以色列的"全国输水工程"还是叙利亚的"约旦河改道计划"，都是为了扩大对水资源的控制权，叙以甚至不惜动用军事力量来捍卫自身的水安全。因此，追求戈兰高地的水安全对叙利亚和以色列两国是政策本身，而非外交工具。

三、谈判意向与水资源分配议题的提出

基于对戈兰高地水资源安全角度的认识，叙利亚与以色列在开展和平谈判时便考虑到了水资源分配及相关附属议题。从以色列的角度看，在以色列与约旦、巴勒斯坦达成不同程度的和平协议时，都能够在水资源分配上达成一定的共识，然而在与叙利亚的谈判中，双方对水资源分配及其附属议题的争议贯穿了和平谈判始终。

---

① 美国中央情报局情报评估，参见："Israel: Water and Its Implications for Middle East Peace," Central Intelligence Agency, https://www.cia.gov/library/readingroom/docs/CIA-RDP83B00231R000100100001-2.pdf。

② Donald Neff, "Israel-Syria: Conflict at the Jordan River, 1949-1967," *Journal of Palestine Studies* 23 (1994): 37.

③ 参见：张倩红《以色列的水资源问题》，《西亚非洲》1998 年第 5 期，第 44—46 页。

与埃及不同，叙利亚对以和谈的立场受到诸多国际和国内因素的制约。哈菲兹·阿萨德作为一个出身于阿拉维派的总统，其合法性一直受到国内逊尼派的质疑。一些激进的逊尼派视阿拉维派为比犹太人更为邪恶的异端，其他阿拉伯国家对叙利亚的援助与支持也是基于叙利亚的反以立场。如果叙利亚与以色列和解，在未得到背后的"金主"——阿拉伯君主国的首肯下，阿萨德政权将受到来自国内外的全面挑战。埃及在埃以和谈后陷入"可怕孤立"的情景，这对阿萨德而言就是一个鲜明的反例。因此，在整个20世纪80年代，叙利亚丝毫没有考虑过对以和谈。

20世纪90年代后，在美国的介入与主导下，阿以之间的敌对状态有大幅度的缓和，苏联的解体使叙利亚失去了数十年来完全倚仗的强大盟友。在与以色列的对抗中，叙利亚孤木难支，开始寻求和谈的机会。1991年马德里会议的召开标志着中东和平进程的开启，也意味着叙以关系即将翻开一个新的篇章。在整个阿以缓和的大背景下，叙以缓和表现出一定的"特殊性"。双方都有达成和平的意愿，但是在一些议题上互不相让，斤斤计较，以致当约以、巴以分别达成不同程度的和平时，叙以谈判仍旧逡巡不前。主要原因在于，双方的初始谈判立场极为强硬，后续的谈判中又缺乏一定的灵活性。

（一）叙利亚的谈判意向与立场

从叙利亚的角度来看，其强硬态度大致体现在3个方面：其一，不同于萨达特，有"领土洁癖"的阿萨德要求戈兰高地必须完璧归赵。第三次中东战争中，阿萨德时任叙利亚国防部部长，需要为失地负责，因此必须一次性并一寸不少地把戈兰高地拿回来。这不仅是一个安全问题，也是一个荣誉问题。[1] 完全恢复在戈兰高地上的主权，恢复至战前状态成为叙利亚在谈判中的底线。其二，阿萨德不仅要求以色列完全撤出，还要求以色列先行完全撤出，并明确以色列的完全撤军是所有和谈的前提条件。但是，在叙利亚构不成对以色列生死存亡威胁的情况下，以色列并不急于达成与阿拉伯人的和平。其三，目睹埃及单方面媾和后遭遇的"可怕孤立"，

---

[1] Raymond A. Hinnebusch, "Does Syria Want Pease? Syrian Policy in the Syrian-Israeli Peace Negotiations," *Journal of Palestine Studies* 26 (1996): 50.

叙利亚方面强调了自己是阿拉伯国家的立场，一度将"巴勒斯坦问题"与叙以和谈挂钩，非常重视其他阿拉伯国家对叙利亚立场的态度。但是，这极大地加剧了谈判的复杂性。叙利亚也给自身设置了一个难以化解的矛盾：叙利亚为了"巴勒斯坦人"的利益失去了自己的领土，继续照顾其他阿拉伯人的情绪又极大地增加了收复戈兰高地的难度，最终导致一定程度的"人（阿拉伯人）地（戈兰高地）皆失"。埃及之所以能够成功收复西奈半岛的一个相当重要的原因，就是把西奈半岛问题与巴勒斯坦问题脱钩。埃及国家安全事务顾问哈菲兹·伊斯梅尔（Hafiz Ismail）曾指出，埃及的首要关切不是戈兰高地，不是耶路撒冷的归属问题，也不是巴勒斯坦问题，而是希望通过政治手段收回西奈半岛。[①]

（二）以色列的谈判意向与立场

从以色列的角度来看，国际环境与国内政治压力共同促成其采取强硬的谈判立场。20世纪90年代的以色列处于一个极为有利的国际环境，新生的俄罗斯在中东的硬实力与影响力大幅衰退，而美国则通过海湾战争来宣告其强势接盘。20世纪80年代长达8年的两伊战争不仅吸引了大量逊尼派阿拉伯国家的仇恨，更抽走了阿拉伯诸国难以估量的财富与战争潜力。这一时期，除国防压力得到缓解以外，以色列仍在享受《戴维营协议》带来的舆论红利。对以色列而言，历次战争使以色列对阿拉伯国家有着非常强烈的不信任感。以色列人认为，以方的让步是具体的"土地"，而阿拉伯国家的让步是无形的"保证"。这让以色列认为这种交换是不平等的：阿拉伯国家可以收回承诺，以色列却无法收回放弃的土地。[②] 在这样的认知下，20世纪70年代，《戴维营协议》的成功签署向世界展示了以色列谋和平而非贪图土地的姿态，赢得了大量舆论资本，此时的以色列正处于一个前所未有的"轻松"时代。

如果说国际环境带给以色列"主动"强硬，那么以色列的国内政治压力则迫使以色列"被动"强硬。受到国内选举机制影响，在以色列总理主

---

① 孙德刚：《1973年第四次中东战争与美国的斡旋外交》，《美国问题研究》2010年第1期，第118页。

② 宋德星：《以色列安全防务政策的关系探析》，《西亚非洲》1997年第2期，第37页。

导下的以色列对外关系中，重大决策往往注重短期利益。这使以色列在公开的外交谈判，尤其是以阿拉伯国家为对象的谈判中，很难采取相互妥协的立场。即使以色列高层愿意作出合理的让步，也将以异常严格的保密措施来保护自身形象。

（三）拉宾提出的水议题

当阿以相互拉开缓和的帷幕后，为体现谈判的诚意，以色列首先释放出积极信号。1992年，伊扎克·拉宾赢得以色列大选后，多次正式表达了至少从戈兰高地部分撤出的意愿。1993年8月4日，美国国务卿沃伦·克里斯托弗（Warren Christopher）在大马士革会见了阿萨德，并传达了拉宾的绝密口信："如果满足其对安全和关系正常化的要求，以色列已准备好全面撤出戈兰。"[①] 当然，以色列的叫价也不低：不拆除以色列定居点；撤军需要一个5年的期限，在此期间，只有当叙利亚不断表现出"可见的安全保证"后，以色列才会逐步撤军；将巴勒斯坦问题与叙以和谈内容脱钩。此外，关于以色列撤退至叙以之间哪条界线，拉宾并未明确表明。[②] 但不管怎么说，拉宾的这一姿态为谈判作了必不可少的铺垫。

就谈判议题而言，拉宾希望签订的是"一揽子方案"的和平协议，他形象地把叙以之间最重要的4个议题——全面撤军、水资源安排、安全保证、关系正常化，比喻成桌子的4条支柱，少了任何一条，叙以之间的协议就是不稳定、不完整的。在拉宾眼里，"水资源安排"之重要性，赋予其成为独立议题的资格。在水资源安排议题上，以色列的目标是目前已经使用的戈兰高地水资源能够得到持续、完全的保证，这意味着即使叙利亚拿回戈兰高地，对领土内的用水也将受到严格约束。拉宾试图以此达到以色列在水资源安排上"赢者通吃"的目的。就双方分歧点而言，具体则是：阿萨德要求以色列全面撤军，且撤退到1967年6月4日的实际控制线，这样，叙利亚就能够接触太巴列湖，叙利亚人的用水需求也会得到保障；而以色列则要求撤至1923年的国际边界线，避免叙利亚人与太巴列湖直接接

---

① Patrick Seale, "The Syria-Israel Negotiations: Who is Telling the Truth?" *Journal of Palestine Studies* 29 (2000): 66.

② Ibid., pp.66-67.

触。粗看之下，两条线差距甚微，但就是这一事关水资源的获取、主权与控制的地带，成为叙以谈判长期纠缠的症结。[①]

四、水议题分歧与谈判进展

（一）拉宾时代：有限的和平进程

马德里中东和平会议之后，阿以双方基本接受了"土地换和平"的原则，开启双边谈判与多边谈判同时进行的"双轨道"谈判模式。叙以和平进程主要是在双边谈判模式下进行。这一阶段，双方怀着敌意进行接触，最主要的成就莫过于表达出和谈的意愿，明确双方和谈的前提条件。但是，由于双方在几个主要议题上立场相差甚巨，以色列要求"土地换水权"，保证以色列方面在约旦河及太巴列湖绝对的用水安全，而叙利亚方面甚至拒绝将水资源列入谈判议程，谈判在此阶段谈不上有何实质性进展。

在1992年8月24日至12月17日举行的华盛顿和平会谈（Washington Peace Talks）中，双方代表团进行了多轮谈判。主要的让步出现在第六轮谈判中，以色列方面有保留地承认联合国第242号决议适用于戈兰高地，愿意将军队撤出在第三次中东战争中占领的土地，但是不认为以色列应当完全撤出所有占领的土地。[②] 由于以色列方面坚持部分撤军，与叙方秉持的以色列完全撤军是谈判前提的立场相去甚远。因此，在华盛顿会谈中，充满怀疑的双方实际上没有达成丝毫有意义的成果。1993年8月，拉宾通过时任美国国务卿克里斯托弗秘密向阿萨德传达口信，表达了以色列全面撤军的意愿。叙利亚方面则投桃报李，表示愿意考虑接受以色列在所有安全方面的要求。[③] 经过近一年时间的磋商，到1994年7月，双方同意撤军至1967年6月4日线。[④] 以方愿意全面撤军，来换取剩下3个议题——水资

① Muna Dajani, "Dry Peace: Syria-Israel and the Water of the Golan," in *The Atkin Paper Series* (The International Center for the Study of Radicalisation and Political Violence, 2011):1.

② Raymond A. Hinnebusch, "Does Syria Want Peace? Syrian Policy in the Syrian-Israeli Peace Negotiations," *Journal of Palestine Studies* 26 (1996): 52.

③ Itamar Rabinovich, *The Brink of Peace: The Israeli-Syrian Negotiations* (Princeton: Princeton University Press,1998), pp.5-6.

④ Walid al-Moualem, "Fresh Light on the Syrian-Israeli Peace Negotiations," *Journal of Palestine Studies* 26 (1997):84.

源安排、安全保证与关系正常化的要求得到满足。双方的主要矛盾聚焦在对"6月4日线"的划定上。由于双方没有一致的关于"6月4日线"的地图,因此就"6月4日线"的定义引起了很大的争议。拉宾认为,以色列可以通过表达自身的利益需求来调整、议定"6月4日线",而阿萨德坚持1967年6月4日开战前夕双方的实际控制线就是界线,界线调整没有丝毫可谈判的余地。

阿萨德将任何界线的调整都视为对自身荣誉的损害。但是,太巴列湖自身的水文变化则需要叙以两国对湖岸边界重新勘定。1964年,以色列关闭了太巴列湖对约旦河的出水口,使太巴列湖变成一座巨大的蓄水池。1967年,太巴列湖的湖面比蓄水前的湖面上升了4米,湖岸越过1923年叙以国际分界线向叙利亚一侧推进,湖水"侵占"了叙利亚的部分领土。因此,对太巴列湖的划界已经从一个单纯的水资源分配问题上升到边界问题。[1] 叙以双方都承认,太巴列湖的水资源对以色列国家安全至关重要的意义。拉宾更是毫不讳言:"在与叙利亚的谈判中,以色列所面临最危险的后果就是可能丧失对戈兰高地水资源的控制权。"[2] 但是,阿萨德希望通过"保证"而不是领土的调整来满足以色列在水与安全方面的需求。[3]

阿萨德在湖岸问题上的要价是让叙利亚人获得湖岸地带,认为叙利亚和以色列双方都有用水方面的需求,即使给予以色列人用水的保证也应当满足叙利亚人的用水需求。以色列则视戈兰高地水资源为事关生存的安全问题,要求己方从约旦河取水必须不受任何干扰。由于双方立场毫无调和的可能,以色列又完全控制着戈兰高地的水资源,阿萨德认为,把水议题列入议程将迫使叙方作出非常大的让步。因此,在1995年至1996年举行的怀伊河谈判(Wye River Negotiations)之前,关于水的议题从未单独出现在正式谈判程序中。

概而言之,在拉宾时代,尽管叙以双方互有让步,但是与约以、巴以

---

[1] Munther J. Haddadin, "Water in the Middle East Peace Process," *The Geographical Journal* 168 (2002): 330.

[2] Frederic C. Hof, "The Water Dimension of Golan Heights Negotiations," *Middle East Policy* 5 (1997): 134.

[3] Jeremy Pressman, "Mediation, Domestic Politics, and the Israeli-Syrian Negotiations," *Security Studies* 16 (2007): 361.

和谈相比，叙以谈判进展尤为缓慢。叙以双方对谈判的迟滞都负有一定的责任：阿萨德在全面撤军、领土调整问题上缺乏一定的灵活性。实际上，在埃及与以色列的和平进程中，以色列也是用了3年左右的时间才逐步从西奈半岛完全撤出。而在约旦与以色列的和平进程中，双方采用了交换、租界等非常灵活的方式解决了领土争端。[①] 应当说，埃及、约旦这两个阿拉伯国家已经开创了与以色列和谈极为良好的可供叙利亚学习的模式，但是阿萨德始终在太巴列湖沿岸问题上不松口。以色列方面，拉宾以国内民众需要时间消化约以、巴以之间的协定为借口，有意地一再迟滞叙以谈判进度[②]，以此迫使叙利亚作出更大的让步。正如一些学者所言，拉宾确实愿意与叙利亚达成和平，但是他又不情愿给出一个公平的价码来实现叙以和平。[③]

（二）佩雷斯时代：谈判焦点的转移

拉宾遇刺后，西蒙·佩雷斯继任总理，加速了谈判进程。佩雷斯志在打造一个设想中的繁荣、安全、经济一体化的"新中东"（New Middle East），将和谈的焦点转移到了经济合作上。所以，在对叙谈判中，佩雷斯一改拉宾时期的"缓和"姿态，代之以"急和"。佩雷斯政府很快承认了拉宾在以色列撤军问题上的保证。在1995年12月至1996年2月于美国马里兰州怀伊河庄园（Wye River Plantation）举行的磋商中，以色列驻美大使、谈判代表拉宾诺维奇首次将水资源安排与经济合作议题正式纳入谈判中。[④] 这意味着，水资源安排与土地、安全保障等重大问题的讨论被列入谈判议程同时开展。

在这一阶段，佩雷斯承认了撤军保证，但考虑到以色列国内民意的影响，未将撤军议题列入谈判议程，而水议题则被佩雷斯政府拿来当作重要的交换筹码。佩雷斯同意叙以边界可在距太巴列湖10米之内。作为补偿，

---

① 参见：梁林《功能性合作与约旦——以色列和平进程（1967—1994）》，硕士学位论文，外交学院，2002，第35页。

② Walid al-Moualem, "Fresh Light on the Syrian-Israeli Peace Negotiations," *Journal of Palestine Studies* 26 (1997): 85.

③ Patrick Seale, "The Syria-Israel Negotiations: Who is Telling the Truth?" *Journal of Palestine Studies* 29 (2000): 71.

④ Marwa Daoudy, "A Missed Chance for Peace: Israel and Syria's Negotiations over the Golan Heights," *Journal of International Affairs* 61 (2008): 226.

一方面，以色列要求叙利亚解除与黎巴嫩的特殊联系。[①] 另一方面，最关键也是最难令叙利亚接受的是，佩雷斯政府不再以有限的外交互认、共同安全作为谈判的中心点，而是希望建立一个以戈兰高地为开放市场的叙以一体化经济体。[②]

有学者认为，佩雷斯执政时期是叙以达成协议的黄金时期，这种提法准确概括了谈判的主要走势，但仍有进一步探讨的余地。诚然，以色列在撤军问题以及太巴列湖划界问题上作出了一定让步，并由此推动了谈判。然而，以方的让步是要叙方在"经济合作"上进行补偿的。叙以两国经济体量与发展水平的巨大差距无疑让"阿以一体化"成为让以色列单方面经济掠夺的平台，叙利亚难以接受这种"经济合作"模式。进入1996年后，新的谈判僵局让双方都打起了退堂鼓：1996年3月，巴勒斯坦人接连在耶路撒冷、特拉维夫制造了两起袭击，以色列将其定性为恐怖事件，要求叙利亚进行公开谴责，但遭阿萨德拒绝；佩雷斯将原定于1996年11月的大选提早至5月，谈判又一次搁置。

从1991年马德里会议召开到佩雷斯输掉1996年的大选，5年的时间里，叙以甚至没能达成阶段性协议，这是叙利亚方面的严重失误。阶段性协议的缺失使双方艰难取得的有限共识因以色列政府的更迭而被轻易否认，令双方重回谈判原点。代表利库德集团的内塔尼亚胡在竞选时就展现出一副对叙利亚的强硬态度，批评了拉宾和佩雷斯在戈兰高地上的立场。内塔尼亚胡要按照自己的意愿塑造未来的叙以关系。他曾公开表示，他的政府将不会承认任何未写明以及未签署的事项。[③] 在内塔尼亚胡政府时期，叙以双方不再开展和谈。

（三）巴拉克时代：谈判的终结

谈判又延宕至1999年出身工党的埃胡德·巴拉克上台才得以恢复。巴

---

① Marwa Daoudy, "A Missed Chance for Peace: Israel and Syria's Negotiations over the Golan Heights," *Journal of International Affairs* 61 (2008): 226.

② Allison Astorino-Courtois and Brittani Trusty, "Degrees of Difficulty: The Effect of Israeli Policy Shifts on Syrian Peace Decisions," *The Journal of Conflict Resolution* 44 (2000): 370.

③ Walid al-Moualem, "Fresh Light on the Syrian-Israeli Peace Negotiations," *Journal of Palestine Studies* 26 (1997): 84.

拉克时代的和谈主要有叙以部长级会谈——谢波兹敦谈判，以及克林顿和阿萨德在日内瓦举行的峰会这两起标志性事件。重启谈判前，双方就谈判基础并未取得一致的意见。叙方认为，拉宾与佩雷斯已经承诺以色列全面撤军至1967年6月4日线，但是巴拉克政府并不承认此番承诺。这样看来，谈判进度实际上是倒退了。由于阿萨德的健康原因，这个阶段反而是叙利亚更急于达成和约，但由于缺乏达成和平的国内条件，谈判最终功亏一篑。

经过一番谈判前期准备工作后，三方公开宣称，谈判在1996年的基础上继续推进。因此，在这一轮谈判中，以色列在水议题上坚持原先立场："确保在以军撤出的地区里，以色列目前在地表、地下用水的质量与数量能够持续得到保证。"这表明，以色列想继续拥有对约旦河、戈兰高地上支流及太巴列湖的完全使用权[①]，同时仍然拒绝让叙利亚领土与太巴列湖接壤。叙利亚则一反常态。在谢波兹敦谈判中，叙利亚方面不再拘泥于细节问题，作出非常大的让步。在巴拉克政府还未承认撤军至1967年6月4日线是拉宾时代双方达成的共识时，叙利亚就愿意派遣高级官员前往谈判。急于求和的姿态令叙利亚在各议题上都大幅让步，包括：不声索对太巴列湖的水资源，叙以之间的边界不与太巴列湖接壤；同意在黑门山的山顶保留一座非以色列控制的预警站；愿意划出比以色列更大的非军事区。[②] 在水资源分配议题上，叙方代表也认可由克林顿政府提供方案：各方支持以色列保证可从以军撤出地区获得水资源。这实际上保证了以色列完全继承对戈兰高地水资源既有的控制权，也意味着叙利亚人只能非常有限地使用自己领土内的水资源。[③] 叙利亚一方毕其功于一役的意图已经很明显了，但即使是这样，阿萨德也没得到以色列方面在太巴列湖沿岸立场上的让步。叙方的让步被泄露给了阿以双方的媒体，而叙利亚正处于一个权力交接的敏感时期，担心国内过度反应的阿萨德不得不叫停谈判。

---

① Jerome Slater, "Lost Opportunities for Peace in the Arab-Israeli Conflict: Israel and Syria, 1948-2001," *International Security* 27 (2002): 98.

② Jeremy Pressman, "Mediation, Domestic Politics, and the Israeli-Syrian Negotiations," *Security Studies* 16 (2007): 368.

③ Kathy Keary, "Water is Life: A Consideration of the Legality and Consequences of Israeli Exploitation of the Water Resources of the Occupied Syrian Golan," 2013, p.98, http://golan-marsad.org/wp-content/uploads/Water_is_Life_2013.pdf.

2000年3月，克林顿和阿萨德举行的峰会旨在推进谈判的重启。阿萨德认为，对以的让步将对其子巴沙尔·阿萨德接管权力产生负面影响，便收回了在谢泼兹敦谈判中作出的所有让步。双方互相指责对方破坏和平，使形势与1996年谈判中止时相比没有大的进展。2000年底，阿萨德因病去世，叙以和谈无限期搁置。

（四）后续影响

谈判破裂后，由于以色列继续保持着在戈兰高地上的战略优势、资源控制，以及与叙以关系的主动权，因此，和谈失败给叙利亚带来的负面影响要远远大于以色列。20世纪90年代是阿以关系整体缓和的时代，叙利亚遗憾地错过了时代的便车，不仅没有在以色列展现出让步意愿的时候果断签署和平条约，甚至没有与以色列达成任何阶段性的协议来巩固谈判共识。相比几乎是同步开始谈判的约旦，不难发现，约以双方就主权问题、水资源分配问题展现出高度的灵活性，约旦在1994年便与以色列达成了和平协议，并且很好地处理了水资源分配问题。在巴沙尔·阿萨德上台后，美、以、叙三方曾多次尝试重启谈判，但均无果而终。此后，叙利亚经济衰退，政局逐渐生乱，丧失了与以色列谈判的稳定的国内条件。在叙国内动荡的诸多因素中，水资源短缺成为一个非常直接的原因。据统计，1992年至2012年，叙利亚每年平均用水缺口达12.4亿立方米，在个别极端年份甚至接近30亿立方米。[①] 严重的水资源短缺极大地打击了叙利亚的农业经济，并且对上游国家土耳其对幼发拉底河的取水多寡极为敏感。2006年至2011年，叙利亚持续遭遇了有气象记录以来最严重的旱灾。2012年，叙利亚的小麦产量不到灾前的一半。用水短缺、粮食危机与过快的城市化导致叙利亚各大城市供需矛盾极为严重，青年人口失业率居高不下，对现政权越发不满。上述因素成为叙利亚"阿拉伯之春"的重要诱因。

五、结论

水资源的稀缺性赋予其独特的安全价值。戈兰高地的水资源在叙以关

---

① 数据可参见："Water Fanack," https://water.fanack.com/syria/water-use/。

系中扮演了"破坏者"的角色，无论是战前两国各自的用水计划引发矛盾，还是战后影响谈判进程，双方在水资源问题上始终陷入"零和博弈"的困境。在和谈中，两国既缺乏功能性合作，亦缺乏战略互信，在水议题上迟迟没有进展。

叙以和谈中，水议题与资源分配、边界划分等重要问题相互交织。以色列从保证绝对"水安全"的角度出发，希望对戈兰高地的水资源完全控制，这个"赢者通吃"的想法与阿萨德的"领土洁癖"产生不可调和的矛盾，使双方在水议题上锱铢必较。应当承认，叙以双方都有达成和平的意愿，然而尽管双方达成了不少共识，大量的分歧得到解决，但这是双方已经交出所有筹码后才有的结果。总体看来，谈判中，数次在撤军、边界方面的让步主要是由以色列作出的，这也可以反映出叙利亚相对缺乏谈判的条件，并且缺乏一定的谈判灵活度。面对水议题，以方没有让步的空间，叙利亚与以色列在水议题方面的矛盾贯穿历次谈判。除在非常时期克林顿和阿萨德在日内瓦举行的峰会上，叙利亚愿意就太巴列湖沿岸边界问题松口之外，多数情况下，叙以之间的争议是无任何调和可能的，水议题也由此成为谈判的一个休止符。

总体来看，叙以双方，尤其是叙利亚方面，对水议题的"高政治性"认识不够，将谈判的重点放在全面撤军、安全保证等传统议题上，却没有认识到水资源分配也是以色列非常渴求的安全需求之一。当以色列在撤军、边界等问题上给予一定的让步时，阿萨德仍然将水议题与领土问题挂钩，拒绝就太巴列湖沿岸作出边界调整。而当阿萨德在迟暮之年愿意作出领土方面的让步时，已经失去了最佳的谈判对手和较为稳定的国内环境。此外，双方对谈判的艰难度认识不够，缺乏应对冗长谈判的必要准备。双方没有用阶段性协议的形式将达成的共识巩固下来，这使谈判的进度受到以色列政府换届、叙利亚权力交接、信息泄露等外部因素的严重干扰。

叙以和谈的破裂对叙利亚负面影响巨大。当约旦、巴勒斯坦在阿以缓和大背景下各自达成不同程度的和平之际，叙利亚却没能抓住改善与以色列关系的历史机遇。在巴沙尔时代，叙利亚的经济、安全形势逐渐恶化，遂失去了与以色列和谈的最佳国内条件。时至今日，戈兰高地丰富的水资源不能为叙利亚所用，不仅使叙利亚失去优化农业地区分布结构、缓解粮食安全压力的机会，也极大削弱了叙利亚应对长期旱情的能力。

非对称权力关系视域下的以色列水政策

张 璇*

【内容提要】在国家间对水的控制、分配、利用和管理维护领域，权力发挥着基础性的作用，是水资源控制战略得以成功实施的主要决定因素。以色列在跨境水资源的分配和利用中属于拥有较高权力的国家，它的水政策是其维护不对称性水权力的重要手段。长期以来的国内规划、技术开发，以及军事行动和强制管理措施，使以色列在区域地表水和地下水的利用和控制方面占据了极具优势的地位。以色列通过水外交和水合作的方式，增强了处于弱势权力地位的国家在水资源领域对以色列的依赖，从而进一步巩固了实质性的水权力。

【关键词】水资源；中东；以色列；水权力；水政策

长期以来，水和灌溉农业是中东地区经济发展的核心①，而水安全问题则是导致该地区冲突频生的重要因素之一。该地区各国在水问题领域的权力对比，尤其是各国在跨境水资源问题上的权力不对称，对于区域国家围绕水展开的冲突和外交活动具有基础性的影响。将权力不对称视角应用于区域水安全与水争端的分析中，对于进一步深入理解围绕区域水资源而展开的冲突与合作，有着重要的学术意义。

与周边国家相比，以色列在跨境水资源的分配和利用中属于极具权力的国家。它在同巴勒斯坦、约旦、叙利亚和黎巴嫩的水争端及水外交中处于优势地位。水安全是以色列国家安全的一个重要内容，自建国以来，以

---

* 张璇，复旦大学国际关系与公共事务学院博士研究生。

① Committee on Sustainable Water Supplies for the Middle East, *Water for the Future: The West Bank and Gaza Strip, Israel, and Jordan* (Washington D.C.: National Academies Press, 1999), p.16.

色列在中东战争以及相关军事行动中逐步确立了对区域地表水与地下水的占有和控制，并通过立法、管理与外交活动等方式，维护其相对于邻国的不对称性水权力。

一、跨境水资源中的非对称权力关系

对权力的讨论始终是国际政治研究中的一个核心问题。在研究强国与弱国的权力关系时，威廉·M. 哈比（William Mark Habeeb）从结构性权力和行为性权力两种权力路径进行了分析。其中，结构性权力既包括一个整体的外部世界所拥有的资源、能力和位置，由行为者的全部资源和财富界定，也包括行为者在具体问题领域所拥有的资源、能力和地位。行为性权力是指行为者操控和运用其权力资源以实现其所追求的结果的过程。哈比的权力分类把具体领域和范围之内的资源以及行为和策略单独作为一种权力，对于分析强弱不同的国家间关系具有启发意义。[1]

在中东地区，权力在国家间对水的控制、分配、利用和管理维护领域发挥着基础性的作用，是成功实施水资源控制战略的主要决定因素。在中东区域跨境水资源的分配和谈判中，以色列同其周边国家的水分配充分反映了权力的不对称。因此，这一分析强国与弱国权力的路径同样适用于研究以色列在跨境水资源中的权力。

水资源问题是导致中东国家发生冲突与争夺的焦点问题之一，水争端和水谈判中的每一方都会运用自己所拥有的全部资源，向其他相关方施加影响，以求获得有利于己方的结果。在水资源这一具体问题领域，影响国家水权力的因素一方面来源于包括行为者的地理位置、军事实力、经济实力、外交支持等在内的物质性要素，另一方面则体现在对水问题相关谈判议程的影响力和控制力。

从物质性要素来看，以色列系中东地区唯一的发达国家，作为经济合作与发展组织（OECD）成员，其人均国民总收入处于OECD国家平均水

---

① 丁韶彬:《国际政治中弱者的权力》,《外交学院学报》（现名《外交评论》）2007年第3期，第90—91页。

平。① 在权力的物质来源维度，政治、经济和军事实力的优势为以色列追求和维护其水权力提供了保障，构造了以色列对外交往所依赖的资源和总体结构权力框架；而在水问题领域，以色列拥有技术和管理等方面的特定资源，并能对水谈判和水合作的议程进行一定程度的控制，能够充分发挥问题结构权力。

5次中东战争以来，以色列逐渐确立了在经济和军事权力维度相对于周边阿拉伯国家的优势地位。世界经济论坛发布的《全球竞争力报告》显示，2017—2018年，以色列在国家竞争力排名中位居全球第16位（它在制度方面位列第29位、宏观经济环境位列第39位、金融市场环境位列第11位、技术成熟度和创新力分别位列第7位和第3位）。而在与以色列共同拥有跨境水资源的主要周边国家中，约旦位列第65位，黎巴嫩位列第100位，叙利亚和巴勒斯坦则未进入前137个国家的排名。②

在政治能力方面，以色列的政治选举相对而言是自由和透明的。如此便能确保其政策能够代表广泛的政治观点，保持政治的相对稳定性，同时能够保证拥有和充分调动包括军事力量、经济实力、生产方式、获取知识的途径等在内的国家能力。以色列国防军是该地区最强大的部队之一③，2017年，以色列国内生产总值（GDP）达3233亿美元④，当年军费开支占以色列GDP的5.62%。⑤ 来自美国的国际支持是以色列的另一个重要权力来源，从1949年到2016年，美国对以色列的援助总额约为1250亿美元，截至2019—2028年的10年军事援助计划结束时，援助总额将接近1700亿美元。⑥

物质性权力不对称主要包括军事力量和经济发展、技术和人力资源等

---

① "Israel Infrastructure Report-2018," *Business Monitor International* (2018): 5.

② 参见：Klaus Schwab, "The Global Competitiveness Report 2017-2018," in *World Economic Forum*, 2018, p.ix, p.154。

③ "Israel Country Risk Report-Q2 2018," *Business Monitor International* (2018): 23.

④ "Gross Domestic Product (GDP) - International Comparisons," Central Bureau of Statistics, Israel, April 9, 2018, https://www.cbs.gov.il/he/publications/doclib/2018/14.%20shnatonnationalaccounts/st14_24.pdf.

⑤ "The World Fact Book: Israel," Central Intelligence Agency, Last Updated on July 2, 2019, https://www.cia.gov/library/publications/the-world-factbook/geos/is.html.

⑥ Charles D. and Freilich, "Can Israel Survive Without America?" *Survival* 59 (2017): 136.

方面的差距。① 以巴以为例，它们之间"不公平的"水分配正是双方力量失衡的直接体现，巴以强弱分明的态势决定了水争端从来就不是平等的博弈。② 在1967年的"六日战争"中，以色列控制了约旦河西岸和加沙地带，从而开启了以色列对巴勒斯坦的军事占领和巴以之间的严重不对称，以色列在西岸和加沙地带占主导地位，巴勒斯坦人在政治和经济上处于从属地位。③ 2018年，由于加沙问题恶化、国外援助减少、巴以冲突抬头，巴勒斯坦国内生产总值仅为147亿美元，几乎没有达到正增长。④ 巴勒斯坦在经济上极度依赖以色列，以色列长期把控巴勒斯坦的金融体系，使新谢克尔成为双方主要流通货币，巴勒斯坦的银行业务、关税业务都受到以色列的影响。此外，以色列能够通过停止移交代收税款等手段，对巴勒斯坦权力机构的财政状况产生重要影响。而在军事力量方面，相比以色列而言，巴勒斯坦人几乎没有强迫性权力，巴方对以色列造成伤亡和惨重代价的能力极为有限，其行动也会立即受到以色列的果断报复。⑤

在问题结构权力的维度，以色列的权力一方面表现在技术和创新领域的绝对优势，另一方面则表现为对谈判议程和规则的影响力。在水技术方面，以色列可以通过技术创新手段建立或改善其供水系统、促进农业现代化和减少用水量、通过新的监测和计费设施有效地征收水费、投资于海水淡化或废水管理设施等方式，满足其用水需求。对比而言，其邻国则需要在这些领域同以色列进行合作。例如，巴勒斯坦人需要依靠以色列来满足他们的用水和用电需求，并提供污水处理设施；约旦由于没有地表水储存能力，因此依赖以色列在雨季储存水、旱季释放水，并依赖以色列的海水淡化技术和抽水运水技术，将海水从红海转移到死海及其首都安曼

---

① Shinar D. and Bratic V., "Asymmetric War and Asymmetric Peace: Real Realities and Media Realities in the Middle East and the Western Balkans," *Dynamics of Asymmetric Conflict* 3 (2010):126.

② 曹华：《巴以水争端》，社会科学文献出版社，2018，第190页。

③ Dean G. Pruitt, "Escalation and De-escalation in Asymmetric Conflict," *Dynamics of Asymmetric Conflict* 2 (2009):27.

④ World Bank, "Palestine's Economic Update — April 2019," April 1, 2019, https://www.worldbank.org/en/country/westbankandgaza/publication/economic-update-april-2019.

⑤ Lee Ross, "Barriers to Agreement in the Asymmetric Israeli-Palestinian Conflict," *Dynamics of Asymmetric Conflict* 7 (2014): 121.

地区。[①]

目前，以色列参与的水谈判和水合作中，业已形成的合作主要在约以和巴以之间，而叙以水谈判并未达成有效协议。合理的议程设置是水谈判得以进行的前提，然而，以色列在谈判中始终坚持"先前利用原则"，认为谈判应主要关注如何对区域水资源进行合作和开发，而不是讨论水资源的主权和平等分配问题。例如，在巴以水争端的谈判中，巴勒斯坦主张首先解决水权利问题，因此，以色列的宣传和叙事中将主张"权利优先"的巴勒斯坦人描述为破坏合作、不通事理的人，而更强调"水需求"话语的巴勒斯坦人则被外界视为合作的榜样[②]，推动议程设置向水合作的方向倾斜。

对"合作"的强调是掩盖权力不对称性的谈判策略。以色列与其周边国家在跨境水资源中的权力不对称表现在结构性不平等和议程控制能力的不平等，从而导致资源和利益的不公平分配。由于以色列在物质性实力、水开发和利用相关技术方面具有他国难以企及的优势，缺乏技术和管理经验的阿拉伯国家在相关问题上不得不考虑以色列的提议。相较而言，在水资源问题上，阿拉伯国家对于同以色列的谈判筹码不足，因此在谈判中缺乏相应权力。

马克·泽图恩（Mark Zeitoun）和吉荣·华纳（Jeroen Warner）在跨境水资源研究中提出了"水霸权"的概念，指出跨境河流沿岸国家之间的权力关系是决定沿岸国对水资源控制程度的主要因素。水霸权是指在流域内通过资源获取、整合和遏制等水资源控制策略来实现的霸权，水霸权是在薄弱的国际体制背景下利用现有的权力不对称来实现的，并通过胁迫/压力、签订条约、知识建设等手段得以执行。[③]以色列对于区域水资源的行动多为寻求实现和巩固对水资源的最大控制，维护其水霸权地位。

作为有能力规划、建造和运营大型水利基础设施项目的国家，以色列

---

① Lawrence E. Susskind, "The Political and Cultural Dimensions of Water Diplomacy in the Middle East," in Jean Axelrad Cahan, eds., *Water Security in the Middle East: Essays in Scientific and Social Cooperation* (London: Anthem Press, 2017), p.193.

② 曹华：《巴以水争端》，社会科学文献出版社，2018，第202页。

③ Mark Zeitoun and Jeroen Warner, "Hydro-Hegemony—A Framework for Analysis of Trans-Boundary Water Conflicts," *Water Policy* 8 (2006): 436.

具有改变资源水文地质的实际能力，如以色列通过"国家输水系统"的建设而创造了新的区域水政治现实。而即使通过水外交达成协议、将其优势地位以条约形式制度化后，在协议的执行方面，以色列也表现出支配性的权力。一方面，协议本身的确立可以有效地排除未签署该协议的区域其他国家的参与，且协议并不能保证强制执行，以色列作为权力较强的一方，违反条约并不会产生重大后果；另一方面，以色列对以巴以联合水委员会为代表的合作机制的议程具有控制权，有时甚至能提前决定会谈的结果。①

二、以色列水权力的形成与表现

以色列及其周边地区气候炎热干燥，沿海地区为干燥的海岸和森林高地地带，内陆分为亚热带灌木林、半荒漠和沙漠地区，北部为温带草原和半荒漠，南部是广阔的内盖夫沙漠。② 该地区的跨境水资源主要包括以约旦河及其支流在内的地表水，以及多个蓄水层蕴含的地下水。

（一）以色列对地表水资源的权力

约旦河水系是以色列地表水的主要来源。约旦河是中东三大水系之一，发源于以色列、黎巴嫩和叙利亚三国交界处的山区。约旦河的北部源头主要由3条河流组成：一是发源于黎巴嫩和以色列边境的丹河（Dan River），该河是约旦河最大的源头，正常年份每年供水约2.45亿至2.6亿立方米，流量最为稳定；二是发源于戈兰高地的巴尼亚斯河（Banias River），正常年份每年供水约1.22亿立方米；三是发源于黎巴嫩南部的哈斯巴尼河（Hasbani River），是约旦河最长的源头，正常年份每年向约旦河供水约1.17亿至1.4亿立方米，河水主要来自冬季降水，流量最不稳定。3条支流汇合成上约旦河，在以色列境内注入加利利海（Sea of Galilee, Kinneret）。

---

① 曹华：《巴以水争端》，社会科学文献出版社，2018，第200页。

② Committee on Sustainable Water Supplies for the Middle East, *Water for the Future: The West Bank and Gaza Strip, Israel, and Jordan* (Washington D.C.: National Academies Press, 1999), p.34.

加利利海是以色列最大的淡水湖，供水量约占以色列水消费总量的25%。[①]
约旦河向南继续接纳了发源于叙利亚南部的耶尔穆克河（Yarmouk River）
等支流，流经西岸地带和约旦后最终注入死海。[②]

自犹太复国主义兴起以来，犹太复国主义者就多次公开表示，戈兰高
地、约旦河谷（和如今的西岸地区）以及黎巴嫩的利塔尼河等地区"对国
家必要的经济基础而言是至关重要的……必须控制这些河流和它们的源
头"[③]。1939年，英国发布限制犹太移民的白皮书，该声明产生的第一个原
因就是"因为水资源不足，巴勒斯坦托管地必须限制人口增长"[④]。1939年
7月，为响应白皮书，犹太复国主义者制订了一个国家水务计划，进行精
密的综合水资源计划和管理。通过第一次中东战争，以色列扩大了领土范
围，占领了"一些大面积的水域、约旦河系统中上游的很大部分"，以及
胡拉湖、加利利海和死海西岸的一部分。[⑤]

为促进南部沙漠的农业发展和移民安置工作，以色列自1953年9月开
始兴建"国家输水系统"，将水从加利利海通过水渠和输水管与内盖夫水
道相连，把水引到内盖夫地区。由于该工程分引了约旦河水，且输水点位
于非军事区内，项目自动工伊始就遭到了约旦和叙利亚等国的反对。同
年，美国开始展开针对阿以水冲突的穿梭外交，埃里克·约翰斯顿（Eric
Johnston）在经过多次斡旋后提出了联合开发并分配水资源的"约翰斯顿
方案"。根据这一方案，约旦河与耶尔穆克河的河水将按比例进行分配，
以色列获得40%，包括西岸在内的约旦获得45%，叙利亚和黎巴嫩共用

---

① "אגןהכנרת," Water Authority, Israel, April 9, 2018, http://www.water.gov.il/Hebrew/
WaterResources/Kinneret-Basin/Pages/default.aspx.

② 参见：朱和海《中东，为水而战》，世界知识出版社，2007，第245—247页；陈献耘、
沈建国《巴以冲突：为水而战》，《改革与开放》2011年第15期，第23页；陆怡玮《水资源
与叙利亚国家安全》，《阿拉伯世界》2002年第3期，第24页。

③ Martin Asser, "Obstacles to Peace: Water," BBC News, September 2, 2007, https://www.
bbc.com/news/world-middle-east-11101797.

④ 赛斯·西格尔：《创水记——以色列的治水之道》，陈晓霜、叶宪允译，上海译文出
版社，2018，第1页。

⑤ 居伊·奥利维·福尔、杰弗里·Z.鲁宾：《文化与谈判——解决水争端》，联合国教
科文组织翻译组译，社会科学文献出版社，2001，第191页，转引自张燕《阿以约旦河水问
题研究》，硕士学位论文，西北大学，2009，第12页。

15%。① 尽管经历多轮美以、美阿谈判，该方案仍未得到阿以双方的签署，但直到1967年战争爆发之前，双方都基本遵守了该方案的水份额分配。②

随着以色列"国家输水系统"修建项目的推进，阿拉伯世界担心该项目将使以色列国的存在永久化、加强以色列的国家力量。以色列"国家输水系统"工程于1964年6月完工，工程费用约4.2亿谢克尔。③ 在1964年9月的第二届阿拉伯国家首脑会议上，阿拉伯国家决定共同出资在约旦河上游修建大坝，控制以色列的水源。"约旦河上游改道计划"是第三次中东战争爆发的一个重要原因，因为该工程将会分流哈斯巴尼河与巴尼亚斯河，严重减少约旦河水量，对以色列的水资源产生极大威胁。加之联合国紧急部队撤离、埃及封锁蒂朗海峡、阿拉伯多国部队进入战争状态等因素影响，1967年6月5日，以色列对埃及发起"先发制人"的攻击，并随后摧毁埃及、叙利亚、约旦的空军力量，在6天之内占领了西奈半岛、部分戈兰高地以及西岸和加沙地带。

第三次中东战争的结果奠定了以色列在区域水资源问题中的权力基础。占领戈兰高地一方面极大弥补了以色列战略纵深不足的缺陷，另一方面，以色列对巴尼亚斯河从源头到约旦河的交汇点都取得了完整的控制权，并完全控制了丹河和加利利海地区④，能够充分利用耶尔穆克河、戈兰高地的泉涌以及赫尔蒙山的丰沛降水，以色列自此从国际河流的下游国家跻身中游行列。1978年和1982年，以色列与黎巴嫩的两次战争又使以色列控制了含盐量较低的利塔尼河和扎赫兰尼河，并将河水通过地下水渠引入了国家输水系统。

（二）以色列对地下水资源的权力

世界上大多数淡水供应都在地下，超过50%的世界人口依赖地下水获

① Shmuel Kantor, "The National Water Carrier," University of Haifa, http://research.haifa.ac.il/~eshkol/kantorb.html.

② 朱和海：《中东，为水而战》，世界知识出版社，2007，第309页。

③ Shmuel Kantor, "The National Water Carrier," University of Haifa, http://research.haifa.ac.il/~eshkol/kantorb.html.

④ Frederic C. Hof, "The Water Dimension of Golan Heights Negotiations," *Middle East Policy* 5 (1997):133.

取饮用水。被可渗透和迁移的岩石所覆盖、能够储存和输送水的地层被称为"蓄水层"。① 以色列在蓄水层问题上存在的争端主要是同巴勒斯坦之间的竞争。

巴以共同拥有山地蓄水层和沿海蓄水层两个主要蓄水层。山地蓄水层大致处于约旦河西岸及以色列中北部，水量丰富。以色列水务局的资料指出，山地蓄水层位于以色列地下的面积为8900平方公里，位于西岸的面积为5600平方公里②，分为水量最大的雅孔—塔尼尼姆蓄水层（Yarkon-Taninim Aquifer）、北区蓄水层和完全位于约旦河西岸的东区蓄水层。③ 沿海蓄水层与山地蓄水层相分离，从以色列北部的卡迈尔山（Mount Carmel）延伸到加沙地带，绵延超过150公里，是整个巴勒斯坦地区的第三大水源，自然补给量每年约达2.5亿立方米。④ 沿海地区由于地势平坦，50%的降水可以为蓄水层提供补给。而约旦裂谷两侧山区尽管只有约30%的降水可渗透进石灰石和白云石蓄水层，但由于该地区降水量相对更大，因此，蓄水层补给量更高。⑤

在英国委任统治时期，巴勒斯坦地区超过96%的水井是由犹太人挖掘的。在许多地方，犹太移民克服重重困难，开垦新的土地，以发展农业生产。⑥ 但20世纪20年代中期，美国联邦垦殖局的专家代表团受犹太复国主义领袖哈伊姆·魏茨曼（Chaim Azriel Weizmann）邀请考察以色列，对以色列的水源只关注了沿海蓄水层，而忽略了加利利海和山区蓄水层，未能

---

① W. Todd Jarvis, *Contesting Hidden Waters: Conflict Resolution for Groundwater and Aquifers* (London: Routledge, 2014).

② "The Water Issue between Israel and the Palestinians-Main Facts," Water Authority, 2012, p.6.

③ "אגניהההררהמזרחיי," Water Authority, Israel, April 9, 2018, http://www.water.gov.il/Hebrew/WaterResources/Eastern_basins/Pages/default.aspx.

④ Ibid.

⑤ Committee on Sustainable Water Supplies for the Middle East, *Water for the Future: The West Bank and Gaza Strip, Israel, and Jordan* (Washington D.C.: National Academies Press, 1999), p.35.

⑥ 曹华:《以色列对水资源开发的水政策研究》,《求索》2016年第12期，第88页。

从区域角度看待水资源规划。[①] 在1947年的联合国分治决议中，规定的以色列边界线内唯一的水源只有沿海蓄水层。[②]

巴以关于地下水的争端主要来源于对山地蓄水层的争夺。不同于可以根据领土边界划分的其他固体资源，地下水是可渗透且不断流动的，因此，以色列与约旦河西岸的水资源是共享的。以色列通过第三次中东战争实现了对这一地区的占领，很重要的一个原因就是对约旦河流域地下水资源的争夺。1967年以色列完全占领西岸地区以后，以色列从雅孔—塔尼尼姆蓄水层获取的水量占国内用水的1/3，并对巴勒斯坦人取用地下水进行了严格的立法限制和军事管控。尽管巴勒斯坦水务机构的建设和发展是巴以和谈在水管理方面取得的最重要的成果，但在西岸南部，控制大部分水资源的不是巴勒斯坦的市政部门，而是由以色列的国家水务公司麦克洛特（Mekorot）负责将水提供给巴勒斯坦水务机构。[③]

沿海卡迈尔山区到加沙地带的蓄水层水量较小，但自1967年战争到2007年以色列撤出加沙，40年里，以色列始终对于该区域的地下水掌握控制权。由于长期以来阿拉伯人和犹太定居者过度抽取地下水，加沙地带蓄水层发生海水倒灌、水质恶化，其中超过97%的水已经不适合饮用。[④] 2007年，以色列通过"单边行动计划"撤出犹太定居点和驻军，用水问题是其中一个重要的原因。

西岸和加沙地带总体而言缺水状况较为严重。巴勒斯坦经济相对依赖水，但其供水量主要是通过与以色列谈判达成的协定确定的，巴勒斯坦的水安全状况在地缘政治环境中处于边缘和弱势。[⑤] 由于政治和技术等方面原因，巴勒斯坦在面临用水缺口时并未依《奥斯陆第二号协议》从山区蓄水层东部盆地中抽水，而是更依赖于从以色列购买水。巴勒斯坦在2016年

---

① Committee on Sustainable Water Supplies for the Middle East, *Water for the Future: The West Bank and Gaza Strip, Israel, and Jordan* (Washington D.C.: National Academies Press, 1999), p.4.

② 李豫川：《以色列的水政策》，《国际论坛》1999年第3期，第70页。

③ 曹华：《巴勒斯坦地区水资源管理探析》，《中东研究》2017年第2期，第94页。

④ "Groundwater Resources: Utilization 2015(MCM)," Water Authority, Palestine, http://www.pwa.ps/page.aspx?id=NL8EMVa2547842781aNL8EMV.

⑤ World Bank, *Securing Water for Development in West Bank and Gaza* (Washington D.C.: World Bank, 2018), p.1.

向以色列购水的总额约7900万欧元，并在"红海—死海运输项目"下同意再购水3200万立方米，总计从以色列麦克洛特公司购买了约1.45亿欧元的水。[①] 由于水务局无力向以色列支付购水的费用，巴勒斯坦对以色列的债务欠款正在逐年累积。而以色列会从代收的税款中扣除这一数额，从而加剧巴勒斯坦的财政负担，导致巴勒斯坦对以色列更为依赖。

三、以色列的水政策——维护不对称水权力的手段

以色列对于区域水资源（包括地表水和地下水）的掌控主要是通过国内立法与规划、战争和强制手段以及水外交三方面的水政策来实现的，以色列的水政策是维护其相对于流域其他国家不对称性水权力的重要手段。

（一）国内立法与规划

以色列建国初期，急需解决大量新移民的生活和粮食问题、发展以农业为主的经济，水资源是至关重要的战略资源。从20世纪50年代起，以色列对国内水资源进行了集体管理。海法大学地理系的创始人阿尔农·索弗（Arnon Soffer）教授表示："以色列是一个西方国家，我们拥护这里的个人主义，但是在水资源方面，集体所有权是我们能够在险恶的周边环境中创建庄园的原因之一。"[②]

以色列于1955年制定了《水灌溉控制法》《排水及雨水控制法》和《水计量法》，规定了水资源的管道运输制度和分配制度。1959年，以色列正式颁布《水法》，制定并逐步完善水政策网络。《水法》使以色列的水成为公共财产，水资源国有制至今仍然是以色列水政策和水管理的基础。以色列的一切水资源都由政府控制，归国家所有，土地所有者对流经所在土地的水资源并不具备所有权。政府规定农业、工业、村政、市政每年的水配给量，任何单位和个人都必须持有水委员会签发的用水许可证，方可按计划定量开发和使用水源。后续《水法》的修订也增加了关于改善水质和防

---

① World Bank, *Securing Water for Development in West Bank and Gaza* (Washington D.C.: World Bank, 2018), p.4.

② 赛斯·西格尔：《创水记——以色列的治水之道》，陈晓霜、叶宪允译，上海译文出版社，2018，第12页。

治水污染的条款。[①]

《水法》为国家对供水系统的控制、保护和管理提供了法律框架，使国家有权对水资源的配给范围及额度、水价等进行调控，有利于采取政策措施推动国家农业的发展。[②] 农业部在这一时期对以色列的水资源规划拥有绝对的影响力。隶属于农业部的以色列水务委员会（Water Commission）负责执行《水法》，规划、开发、分配和管理水，并经一个特别议会委员会批准，制定和每年修订水价。农业部在水管理方面的权力给予了以色列农业部门巨大的福利。除了农业部和基础设施部之外，财政部和商业部对水务部门也有很大的影响。在运作层面上，水务委员会依赖于国有水务公司麦克洛特，该公司生产和分配全国约70%的供水。[③] 以色列在2006年成立了国家水务局，取代了之前的水务委员会，其职能主要覆盖水政策、水管理、水分配、水供应、水行业发展、水价格、水保护等方面。

在水资源的规划方面，自英国委任统治时期起，犹太复国主义先驱就将河水改道与"北水南调"工程纳入了未来的宏伟蓝图中。1951年到1958年，以色列在胡拉湖及其周边沼泽地区总面积约70公里的区域实施了排干计划，减少蒸发造成的水资源损失，为农业发展收集水资源，增加农业土地资源，并减轻地区疟疾疫情。[④] 这一工程增加了大片耕地，并把胡拉湖和沼泽地的水汇集起来引入约旦河，增加了约旦河上游的水资源。

尽管1953年以色列接受德国赔款的决策在国内引发了大范围的抗议甚至暴乱，但20世纪五六十年代来自德国和世界犹太人的大量资金的注入，为以色列实施沼泽排干计划和建设国家输水系统提供了资金保障。以色列

---

① Zhou Gangyan and Jeremy Warford, "Water Resources Management in an Arid Environment: The Case of Israel," *China Addressing Water Scarcity Background Paper Series*(Washington D.C.: World Bank, 2006), p.3.

② 王参民:《以色列水政策的演进》,《安庆师范大学学报（社会科学版）》2017年第3期，第67页。

③ R. Maria Saleth and Ariel Dinar, "Water Challenge and Institutional Response: A Cross-Country Perspective (English)," in *The World Bank, Research Working Paper, No. WPS 2045* (Washington D.C.: World Bank, 1999), p.15.

④ Committee on Sustainable Water Supplies for the Middle East, *Water for the Future: The West Bank and Gaza Strip, Israel, and Jordan* (Washington D.C.: National Academies Press, 1999), p.77.

从加利利海与约旦河引水注入内盖夫沙漠的工程引发了以色列与叙利亚、约旦以及巴勒斯坦解放组织的多次冲突与危机。但自1953年至1967年5月，凭借以色列的军事实力与背后的大国支持，以色列历时14年完成了国家输水系统的建设，将加利利海的水经过扬水站、输水管道、水库、蓄水池、泵站和机井最终引入南部内盖夫沙漠，建设了可以将水运输到国家主要城市的输水网络。国家输水系统的建成使大量约旦河淡水被引到了干旱的内盖夫，为以色列的生存发展和经济开发提供了极大的助力。[1] 该系统不仅改善了水源的可靠性、易得性和质量，在时间和经费有限的情况下，以色列完成的这一大规模基础设施项目同样增强了民族自豪感、认同感和国家凝聚力。[2]

以色列政府同样大力支持发展与采水用水相关的技术，先进的技术优势赋予了以色列在区域水资源开发和谈判中无可比拟的权力。在水开发方面，以色列大力发展水淡化、人工降雨等先进技术，并聘请世界一流的水利专家，全面勘测地下蓄水层，研究科学的提水方法。[3] 曾为以色列总理沙龙和奥尔默特担任总理办公室总干事的伊兰·科恩（Ilan Cohen）说："即便我们缩减了国家其他预算，也要推进海水淡化基础设施建设。这让我们得以控制自己的命运，对于任何国家来说这都是至关重要的，对于我们而言尤其重要，因为我们被敌国包围。"[4] 海水淡化已成为以色列增加水资源供应的主要途径，减轻了以色列对加利利海和国家输水系统的依赖。[5] 以色列的海水淡化生产能力为6.6亿立方米/年，淡化水占以色列所有需水部门供给量的50%，家用和工业部门供给了需水量的80%。[6]

在节水用水方面，以色列开发利用滴灌和微灌技术，运用数据精准控

① 张燕：《阿以约旦河水问题研究》，硕士学位论文，西北大学，2009，第20页。

② 赛斯·西格尔：《创水记——以色列的治水之道》，陈晓霜、叶宪允译，上海译文出版社，2018，第34页。

③ 张倩红：《以色列的水资源问题》，《西亚非洲》1998年第5期，第43页。

④ 赛斯·西格尔：《创水记——以色列的治水之道》，陈晓霜、叶宪允译，上海译文出版社，2018，第126—127页。

⑤ 王参民：《以色列水政策的演进》，《安庆师范大学学报（社会科学版）》2017年第3期，第70页。

⑥ "התפלה," Water Authority, Israel, April 9, 2018, http://www.water.gov.il/Hebrew/WaterResources/Desalination/Pages/default.aspx.

制农业用水，发展耐旱作物，节约了农业使用的大量淡水；并发展地下水库储水技术，减少存水的蒸发量，将雨季储水下渗到蓄水层中变为地下水。在污水处理方面，以色列将处理后的污水用于农业灌溉、工业生产等不可食用的用途，增加可用净水量。[①] 以色列的污水回收率约为75%，回收水的使用占该国水供应总量的18%。[②] 以色列国家水务局的数据显示，该国满足了800多万居民的生活用水、超过1000家工厂的工业用水以及14000多家农场约20万公顷农田的灌溉用水。以色列不仅没有出现水危机，水资源还有盈余，甚至将水出口到巴勒斯坦和约旦[③]，极大增加了以色列在水谈判中的筹码，扩大了外交周转的余地。

（二）战争和强制手段

在跨境水资源争夺中，暴力冲突的情况可能会在区域国家对流量的控制受到质疑时发生。[④] 1948年至1967年，以色列通过国内立法和引水调水规划政策，相对于叙利亚和约旦积累了重要且显著的水权力。因此，在这一关系不稳定的时期，以色列同叙利亚、约旦和巴勒斯坦解放组织就水资源问题发生过多次短暂的军事冲突。以色列对胡拉湖和沼泽的排干工程引发了叙以之间的激烈水冲突，而为了回应以色列国家输水系统的建设，阿拉伯联盟一方面通过了叙利亚和约旦对约旦河的改道计划，通过充分开发约旦河上游水资源，将约旦河的河水引入耶尔穆克河，使以色列的"北水南调"输水系统无水可调；另一方面，叙利亚还训练巴勒斯坦游击队从黎巴嫩和约旦对以色列输水管道发起破坏行动，以色列也对叙利亚的约旦河改道工程进行了多次大规模的空袭。[⑤]

---

① Committee on Sustainable Water Supplies for the Middle East, *Water for the Future: The West Bank and Gaza Strip, Israel, and Jordan* (Washington D.C.: National Academies Press, 1999), p.132.

② "קולחין," Water Authority, Israel, April 9, 2018, http://www.water.gov.il/Hebrew/WaterResources/Effluents/Pages/default.aspx.

③ 高阳：《中国和以色列水经济合作研究》，《信阳农林学院学报》2018年第4期，第53页。

④ Mark Zeitoun and Jeroen Warner, "Hydro-Hegemony—A Framework for Analysis of Trans-Boundary Water Conflicts," *Water Policy* 8 (2006):453.

⑤ 张燕：《阿以约旦河水问题研究》，硕士学位论文，西北大学，2009，第24页。

自1967年第三次中东战争后，以色列对戈兰高地和约旦河西岸的占领有效地巩固了对资源的控制，标志着以色列在水资源领域"霸权时代"的开始。自1967年至今，该区域在水资源问题上维持着"控制下的不稳定"状态。[①] 以色列在其占领的戈兰高地地区逐步建设定居点、农场和水公司，以开发高地泉涌和地下水，并在哈斯巴尼河附近派驻军队。而在约旦河西岸，以色列实施了军事管控，将西岸的水资源纳入以色列国家输水系统。

1967年8月15日，以色列颁布第92号军事命令，授权以色列驻军长官限定巴勒斯坦人的用水配额[②]，限制巴勒斯坦人的水井深度不得超过100米，禁止在获得以色列军事长官许可前私自开凿新井，停止向阿拉伯市政机构提供用于水资源建设的经费，并规定了巴勒斯坦人远高于犹太定居者的用水费用。以色列又于1968年12月颁布第291号军事法令，宣布西岸地带的水资源属于以色列国家财产。1974年，以色列颁布第498号军事法令，进一步限制巴勒斯坦人扩大耕种面积，禁止巴勒斯坦人种植柑橘树、自主开发和使用水源，并对加沙也实行水资源配额制，只有以色列有权发放许可证、规定水配额和调节水价格。[③]

西岸地区的水井由以色列供水公司麦克洛特拥有和管理，这些水绝大部分被分配给犹太定居者，首先是供给约旦河谷的农业用地和以色列军事基地，在上述水需求得到满足的情况下，其中小部分才会供应巴勒斯坦村民。[④] 2003年，以色列兴建隔离墙的行动也直接阻碍了巴勒斯坦人对水资源的获取，许多原属于巴勒斯坦人的水井被分割到了以色列一侧，导致巴勒斯坦人无法继续使用。[⑤] 以色列在被占领土上所推行的水政策严重冲击了巴勒斯坦的农业发展。

通过1982年黎巴嫩战争，以色列取得了对利塔尼河的控制，对哈斯巴尼河的控制也进一步加强。以色列在对黎巴嫩南部占领期间可以从利塔

[①] Mark Zeitoun and Jeroen Warner, "Hydro-Hegemony—A Framework for Analysis of Trans-Boundary Water Conflicts," *Water Policy* 8 (2006):453.

[②] 杨中强:《水资源与中东和平进程》,《阿拉伯世界》2001年第3期, 第27页。

[③] 参见:曹华《以色列在巴被占领土上的水政策及其后果》,《西北大学学报（哲学社会科学版）》2013年第5期, 第70页; 李豫川《以色列的水政策》,《国际论坛》1999年第3期, 第75页。

[④] 曹华:《巴勒斯坦地区水资源管理探析》,《中东研究》2017年第2期, 第86页。

[⑤] 曹华:《巴以水争端》, 社会科学文献出版社, 2018, 第194页。

尼河取水，并通过修建地下水渠将河水引入以境内。2001年以色列从黎巴嫩撤军后，联合国将哈斯巴尼河划定为黎以两国的边界。黎巴嫩试图切断以色列从利塔尼河引水的水渠，并在哈斯巴尼河兴建抽水站向黎以边界村庄供水，计划每年增加抽水350万立方米。黎巴嫩的行动引起了以色列的激烈反应，以色列认为黎巴嫩企图实行哈斯巴尼河改道计划，严重减少以色列可使用的约旦河水量。以色列对黎巴嫩提出了警告，要求黎巴嫩停止建设，并出动武装直升机到该河上空盘旋侦察，以武力相威胁。[①] 哈斯巴尼河水问题、萨巴阿农场归属问题以及利塔尼河的控制权问题，也是导致2006年黎以战争爆发的重要原因。

（三）水外交

1979年，埃及总统萨达特在签订埃以和平协议后称，除非是为了保护水资源，他的国家再也不会向另一个国家开战。约旦国王侯赛因也把水源之争视为导致约旦与以色列开战的唯一理由。[②] 水外交是以色列在中东地区改善安全环境、缓和同周边国家关系的一个重要手段。

20世纪90年代中东和平进程开启以来，为营造友好安全的周边环境，以色列主张在巴以和谈的同时优先改善与其他阿拉伯国家的关系[③]，因而同包括约旦和叙利亚在内的阿拉伯国家以及巴勒斯坦当局展开了和平谈判。关于水资源问题，以色列在与约旦和巴勒斯坦的谈判中取得了重要进展，并在和平条约中分别规定了双边水分配和水合作的内容。条约以文本形式确立了水权力的分配，约以和巴以水外交的成果反映了约旦、巴勒斯坦同以色列之间不对称的水权力。而受到政治关系的影响，以色列同叙利亚的水外交未收到显著成果。

1. 以色列对约旦的水外交

早在1950年约旦和以色列秘密签订的《约旦王国与以色列和平条约》中，关于水力发电的合作条款就反映了双方在约旦河问题上和解与让步的

---

① 孙志松：《水，21世纪的资源战》，《当代世界》2002年第32期，第28页。

② 曹华、刘世英：《巴以水资源争端及其出路》，《西亚非洲》2006年第2期，第41页。

③ 张权春子：《权力建构主义视角下以叙和约建构分析》，硕士学位论文，外交学院，2018，第1页。

信号。① 随着20世纪80年代约以双方在冲突后围绕耶尔穆克河与约旦河达成谅解，双方的信任和透明度提高，约以在流量监测、联合清理河床、交换技术数据等方面建立了务实合作。②

随着阿以逐步走向和解，约旦作为"温和派"阿拉伯国家，同以色列在和谈中取得了重要的成果。1994年10月16日，以色列和约旦缔结了关于涉水和环境等问题的和平条约，并建立了水资源合作框架。该条约是以色列与其阿拉伯邻国唯一直接解决水资源共享问题的条约。《约以和约》规定，各国根据条约附件二关于水量、水储存和质量的原则和详细规定，承认双方对约旦河、耶尔穆克河水和阿拉瓦地下水的"合法分配"。在第6条第（4）款（D）项中，两国同意在"关于水的信息转让以及联合研究与开发"方面开展合作。附件二要求成立一个约以联合水事委员会来执行该协定，双方同意"通过联合水事委员会交换有关水资源的数据"，并"在双边、区域或国际合作范围内合作制订计划，以增加供水和提高用水效率"。③ 附件四主要是关于在约旦河生态修复、水源保护以及自然保护区问题上的合作，"这一承诺加强了对生物多样性和水资源问题的关注"。④

约旦和以色列在和平条约中同意共同探索增加两国可用水的方式。条约规定，以色列在夏季有权抽取1200万立方米的耶尔穆克河水，其余归约旦使用；在冬季，以色列有权抽取2000万立方米的河水。约旦可以投资建设堤坝和其他水利基础设施建设，并每年为犹太定居点提供1000万立方米的水；而以色列则每年在加利利海地区淡化2000万至3000万立方米的微咸水，并将其中1000万立方米输送给约旦。⑤ 不同时间段的水资源份额分配，使以色列可以在雨季将水储存在加利利海中，并使约旦能够在旱季

① 张燕：《阿以约旦河水问题研究》，硕士学位论文，西北大学，2009，第31页。

② J. K. Sosland, *Cooperating Rivals: The Riparian Politics of the Jordan River Basin* (New York: State University of New York Press, 2007), p.202.

③ "Israel-Jordan Peace Treaty," Israel Ministry of Foreign Affairs, October 26, 1994, https://www.mfa.gov.il/mfa/foreignpolicy/peace/guide/pages/israel-jordan%20peace%20treaty.aspx.

④ Committee on Sustainable Water Supplies for the Middle East, *Water for the Future: The West Bank and Gaza Strip, Israel, and Jordan* (Washington D.C.: National Academies Press, 1999), p.12.

⑤ 王晓娜：《约旦河流域水资源国际政治问题研究》，硕士学位论文，青岛大学，2013，第21页。

通过部分位于以色列领土上的管道输送5000多万立方米水源。① 该条约允许约旦使用该区域唯一的主要地表水库——以色列的加利利海来储存水径流，而以色列则被允许使用位于约旦领土的地下水井和管道运输系统。

2013年12月，在没有任何外部国家斡旋的情况下，以色列、约旦和巴勒斯坦三方自行达成了实施"红海—死海水运输项目"第一阶段的谅解备忘录。在以色列的参与下，该项目将从约旦南部港口城市亚喀巴抽取红海海水，以色列利用海水淡化技术取用海水并运送至死海，作为交换，以色列将从北部加利利海中的淡水储备中为约旦供水，为约旦节省巨额的抽水成本。② 该项目能够每年将多达20亿立方米的海水从红海转移到死海。③ 2017年以来，约旦与以色列多次爆发外交危机，以色列以退出此项合作为筹码向约旦数次施压，因为一旦以色列撤出其资金和技术支持，约旦将很难单独建设和运转这一耗资巨大的工程。

2. 以色列对巴勒斯坦的水外交

在巴以水谈判中，议程设置问题是导致谈判长期难以达成一致、协议无法得到完全执行的重要原因。巴勒斯坦对水资源的首要诉求是水的主权归属问题，要求以色列归还占领的水资源，希望对水资源进行自主开发与管理，并要求以色列对先前占有的巴勒斯坦水资源进行赔偿。而以色列则坚持"先前和目前利用"的国际法原则，认为蓄水层的归属问题不容谈判，因而希望将合作开发水资源等技术问题作为谈判的核心内容，首先在争议较少的问题上达成突破。水的开发、管理和运输需要巨大的资金支持和技术、安全方面的保障，在这些方面，以色列比巴勒斯坦拥有更大的发言权，因此，在巴以谈判中，以色列对于议程设置具有更强的主导权。在谈判初期，巴以双方达成的协议多数聚焦于水开发和合作问题，关于水主权问题则被推迟到最终地位谈判中。

---

① Lawrence E. Susskind, "The Political and Cultural Dimensions of Water Diplomacy in the Middle East," in Jean Axelrad Cahan, eds., *Water Security in the Middle East: Essays in Scientific and Social Cooperation* (London: Anthem Press, 2017), p.195.

② 赛斯·西格尔：《创水记——以色列的治水之道》，陈晓霜、叶宪允译，上海译文出版社，2018，第196—197页。

③ Hana Namrouqa, "Jordan To Go Ahead with Red-Dead Water Project Despite Israel Withdrawal," The Jerusalem Post, February 12, 2018, https://www.jpost.com/Arab-Israeli-Conflict/Jordan-to-go-ahead-with-Red-Sea-Dead-Sea-project-542417.

　　作为一个双方争议巨大的焦点问题，水问题自巴以和谈伊始就被纳入了总体谈判议程。在1993年9月奥斯陆谈判的第一阶段，巴以签署的《临时自治安排原则宣言》（Declaration of Principles on Interim Self-Government Arrangements）中，双方同意巴勒斯坦临时自治机构下设水管理局，负责开发和管理巴勒斯坦水资源、修建水利工程，并成立双边经济合作委员会，在未来将确定双方共同管理约旦河西岸和加沙地带水资源的合作方式，就各方水权利以及公平利用共有水资源进行研究、规划并提出建议，以便在过渡期内及过渡期结束后付诸实施。① 在1994年的《加沙—杰里科协议》（The Gaza–Jericho Agreement）中，双方同意巴勒斯坦民族权力机构有权管理和开发加沙和杰里科的水资源；以色列不得增加犹太定居者的水消费量，并向巴民族权力机构提供犹太人定居点内水井数量、每月水消费量及水质等方面的资料。② 此外，双方认识到有必要进行数据交流以防止蓄水层进一步恶化。③

　　1995年9月28日，巴以在埃及塔巴签署《奥斯陆第二号协议》（Oslo II Accord），亦称《西岸和加沙地带过渡协议》（The Interim Agreement on the West Bank and the Gaza Strip），以色列首次正式承认了巴勒斯坦的水权利，但认为该权利的落实应该在最终地位谈判中加以确定和解决。该协议提出了关于用水和污水处理的一般性原则，指定了巴以双方的承诺和责任，确定了相互合作的领域，并设置了成立联合水事委员会和联合监督执行小组的时间表。以色列同意增加西岸和加沙地带巴勒斯坦人的生活用水供应量，在过渡时期，以色列负责每年为西岸和加沙地带共提供2860万立方米淡水④，并在东区蓄水层增加水井数量。

　　经过中东和平进程水资源多边工作组的努力，1996年2月13日，以色

---

① "Declaration of Principles on Interim Self-Government Arrangements," Israel Ministry of Foreign Affairs, September 13, 1993, https://www.mfa.gov.il/mfa/foreignpolicy/peace/guide/pages/declaration%20of%20principles.aspx.

② "Main Points of The Gaza-Jericho Agreement," Israel Ministry of Foreign Affairs, May 4, 1994, https://mfa.gov.il/mfa/foreignpolicy/peace/guide/pages/main%20points%20of%20gaza-jericho%20agremeent.aspx.

③ 朱和海：《中东和平进程中的以巴水问题》，《西亚非洲》2002年第3期，第48页。

④ "The Water Issue between Israel and the Palestinians—Main Facts," Water Authority, 2012, p.5.

列、约旦和巴解组织在挪威签署《核心缔约方就与水有关的事项及新的和额外的水域进行合作的原则宣言》（Declaration of Principles for Cooperation Among the Core Parties on Water-Related Matters and New and Additional Waters），该宣言具体规定了建议各方采取的自愿行动，确定了应列入水资源立法和管理的共同问题以及关于开发新水源的合作机制，并就可能的合作领域提出了建议。[①]

在以上协议和条约关于水资源管理的规定下，巴以就水资源的分享和合作达成了一定共识。但由于在以色列长期占领下，巴勒斯坦人不可避免地形成了对以色列当局政治管理的依赖，即使巴勒斯坦水务局正式独立管理巴勒斯坦水事务，其水价政策以及水井开发和管理也依然深受以色列影响，而以色列的麦克洛特水务公司依然是西岸巴勒斯坦城镇和乡村用水的主要供应者[②]，加沙地区同样至今依赖以色列进行供水和污水处理。由于巴以的权力严重不对称，双方联合水事委员会也在很大程度上受到以色列控制，相对于巴勒斯坦而言，以色列仍然掌握主导性的水权力。同时，气候变化以及人口增长导致巴勒斯坦的水资源需求继续增加，以色列在海水淡化、污水处理等先进水技术方面的优势加深了巴勒斯坦对以色列的依赖程度。针对加沙的海水淡化计划，巴勒斯坦水务局前局长范德·卡瓦什（Fadel Kawash）表示："在加沙建造海水淡化工厂要从以色列购买额外的电力，可能甚至要接受以色列的技术支持来运营工厂，并且需要以色列协助开发加沙的水系统。"[③]

3. 叙以之间未成功的水外交

以色列对叙利亚水外交的核心在于戈兰高地的水资源归属问题。自第三次中东战争后以色列控制戈兰高地以来，直到20世纪80年代，叙利亚仍然希望通过军事行动夺回失地，通过对以色列发起第四次中东战争、在黎巴嫩贝卡谷地部署导弹等方式同以色列多次发生军事冲突。以色列于

---

① Committee on Sustainable Water Supplies for the Middle East, *Water for the Future: The West Bank and Gaza Strip, Israel, and Jordan* (Washington D.C.: National Academies Press, 1999), p.12.

② 曹华：《巴勒斯坦地区水资源管理探析》，《中东研究》2017年第2期，第100页。

③ 赛斯·西格尔：《创水记——以色列的治水之道》，陈晓霜、叶宪允译，上海译文出版社，2018，第190页。

1981年12月14日通过议会法案，对戈兰高地实施以色列法律，并于1982年6月发起"加利利和平行动"，摧毁叙军在贝卡谷地的导弹基地，进而将叙军从黎巴嫩驱除出境。

在中东和平进程开启之后，叙以在美国的斡旋下针对戈兰高地展开了多次双边和谈。以色列表示，戈兰高地同西岸地区一样适用"土地换和平"原则，以总理拉宾甚至提出以色列有可能将戈兰高地交还给叙利亚以换取和平，佩雷斯也发表声明承认叙利亚对戈兰高地的主权。[①] 然而，以色列工党政府在国内面临以利库德集团为首的右翼集团及其选民群体的巨大压力，而叙以双方对于戈兰高地边境划分问题、戈兰高地泉涌和河流以及加利利海的水资源归属等问题的立场差异巨大，谈判并未取得显著成果。叙利亚认为，以色列从1967年战争期间占领的叙利亚土地上完全撤出是实现正式和平的必要条件。而以色列右翼政府对建立在"全面撤军"基础上的谈判并无兴趣，无论是撤回1923年国际边界线还是1967年6月4日的边界线。[②]

1996年，利库德集团的上台导致叙以和谈停滞。直到1999年，巴拉克领导的工党政府上台后，谈判才得以再次展开。叙以双方专门就水问题谈判成立了水资源委员会，尽管此次谈判取得了较大进展，但由于双方在加利利海的主权归属问题上触及了不可让步的底线，因此未能达成协议。叙利亚坚持要求对加利利海东北岸享有主权，因此主张以色列退回1967年战争前的边界线[③]，以色列则认为加利利海的主权问题不容谈判。2008年，叙以双方在土耳其的主持下再次进行谈判，但最终仍然因为戈兰高地边境线和水资源问题而导致谈判破裂。

以色列对于戈兰高地拥有实际控制和开发利用权，因此在戈兰高地水资源问题上具有远胜于叙利亚的权力。2019年3月，美国总统特朗普在会见以色列总理内塔尼亚胡时签署公告，正式承认以色列对戈兰高地的主权，此举使叙以双方就戈兰高地问题再次展开公开和谈的可能性更加渺茫。

---

① 徐向群：《叙以和谈的症结：安全与水资源问题探析》，《西亚非洲》1996年第2期，第16页。

② Frederic C. Hof, "The Water Dimension of Golan Heights Negotiations," *Middle East Policy* 5 (1997):138.

③ 张燕：《阿以约旦河水问题研究》，硕士学位论文，西北大学，2009，第33页。

四、结 语

在区域跨境水资源的分配和利用问题上，以色列仍享有主导性的权力。以色列目前仍然实际掌握着巴勒斯坦的大部分水资源。美国公布的巴以问题"世纪协议"已经实际上放弃了两国方案，这与西岸和加沙的供水问题以及蓄水层控制权问题也有着密切的关系。在约旦河流域的水资源问题上，以色列和约旦的和平条约承认了以色列在约旦河河水分配中的强势地位，和平条约的执行以及双方后续的水合作也体现了以色列的不对称性水权力。尽管叙以之间从未签订和平条约，但作为双方争议焦点的戈兰高地仍然由以色列实际控制，以色列对戈兰高地的水资源享有完全的使用权。这些对比充分反映了区域跨境水资源中的权力不对称问题。

以色列通过其长期以来的国内规划、技术开发，以及军事行动和强制管理措施，使其在区域地表水和地下水的利用和控制方面占据了极具优势的地位，并通过条约签署和合作的方式更加巩固了其实质性的水权力，使该权力进一步合法化。以色列的水政策作为维护不对称性水权力的重要手段，深刻影响着区域水资源问题的动向。尽管中东和平进程已经陷于停滞，但以色列与周边国家围绕区域水资源进行的务实合作与谈判仍在持续进行。以色列的水权力赋予了其在水资源问题上谈判与让步的余地，能够推动在水资源领域的双边及区域合作，这也将进一步增强了处于权力弱势的国家对以色列的依赖，并在一定程度上导致"经济和合作"在巴以问题中比"政治和主权"更受重视，更加难以在最终地位谈判的基础上以"两国"方案解决巴以问题。

图书在版编目（CIP）数据

水外交与区域水治理 / 张励主编. —北京：世界知识
出版社，2021.12

　　ISBN 978-7-5012-6362-2

　　Ⅰ. ①水… Ⅱ. ①张… Ⅲ. ①水资源管理—研究—中
国 Ⅳ. ①TV213.4

中国版本图书馆CIP数据核字（2021）第015692号

书　　名	**水外交与区域水治理** *Shuiwaijiao yu Quyu Shuizhili*
主　　编	张　励
责任编辑	余　岚　刘　喆
责任出版	王勇刚
责任校对	陈可望
封面设计	张　维
出版发行	世界知识出版社
地址邮编	北京市东城区干面胡同51号（100010）
电　　话	010-65265923（发行）　010-85119023（邮购）
网　　址	www.ishizhi.cn
经　　销	新华书店
印　　刷	北京虎彩文化传播有限公司
开本印张	710毫米×1000毫米　1/16　18印张　2插页
字　　数	290千字
版次印次	2021年12月第一版　2021年12月第一次印刷
标准书号	ISBN 978-7-5012-6362-2
定　　价	78.00元